滋賀でいちばん大切にしたい会社

SHINCO METALICON

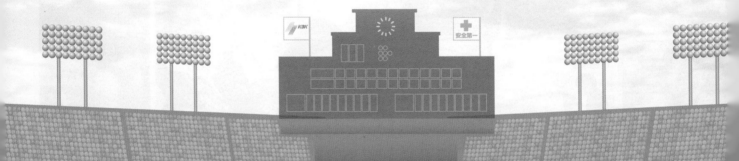

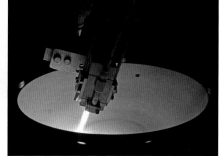

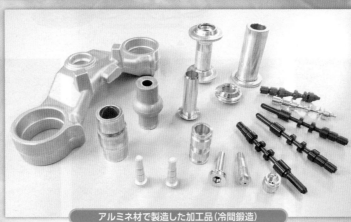

溶射のお悩みにピッタリの
パウダーソリューションを

POWDER SOLUTION

今の溶射皮膜に欠けているものは何ですか？

安定した品質、トータルコスト、それとも対応の誠実さ？

求めるカタチは千差万別。

フジミインコーポレーテッドは、きめ細かい丁寧なサポートで、

それぞれの問題（パズル）に合わせたオンリーワンの解決法（ピース）を提案いたします。

〈フジミのソリューション〉
- 溶射材SURPREX®
  サーメット、セラミック粉末など
- 粉末調整技術
- 安定した品質
- お客様の価値向上
- スピーディーな納期対応
- 粉末試作
- 粉末・皮膜評価技術
- トラブルシューティング

GTV社 レーザークラッド用（LMD用）周辺機器

クラッドノズル GTV6625

◆GTVのレーザークラッドノズル PN6625
（6ジェットパウダー送給、25mmスタンドオフ距離）

内径肉盛用クラッドノズル I-Clad

◆GTV社の内径コーティング用クラッドノズル "I-Clad"（アイクラッド）
　最小肉盛内径：60mmφ
　内径肉盛長さ：500mm（標準品）

パウダー送給装置（パウダーフィーダー）PFシリーズ

◆溶射用（プラズマ溶射、HVOF用）や
　レーザークラッド用（レーザー肉盛）の粉末送給装置として
　世界中での実績あり

◆1塔式（パウダーホッパー1本）から
　最大4塔式（オプションで更に増設可）まで用途に応じて供給可能

◆稼働中には実際値もパネルに表示

◆その他、多彩なオプションが選択可能

レーザークラッド装置、設備の導入は是非ご相談ください。

貴社とメーカーを直結する技術専門商社

 SBK 三 興 物 産 株 式 会 社
〒550-0013 大阪市西区新町2丁目4番2号なにわ筋SIAビル7F
TEL. 06-6534-0534　FAX. 06-6534-0532
URL. http://www.sanko-stellite.co.jp/　E-MAIL. sanko.b@crocus.ocn.ne.jp

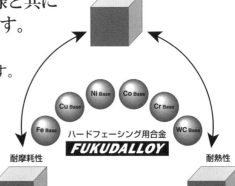

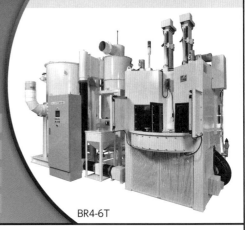

TPF-1012型 POWDER FEED SYSTEM
（粉末連続定量供給装置）

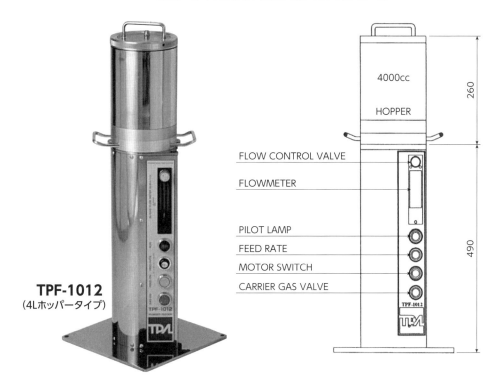

TPF-1012
（4Lホッパータイプ）

4000cc
HOPPER

FLOW CONTROL VALVE
FLOWMETER
PILOT LAMP
FEED RATE
MOTOR SWITCH
CARRIER GAS VALVE

260
490

カートリッジ型
ホッパー

項　目	仕　様
使用ガス	N2、Ar、Air（DRY）
粉末供給量	① 50〜500cc/hr:KU
	② 100〜1000cc/hr:S
	③ 400〜4000cc/hr:M
	④ 1000〜10000cc/hr:L
ホッパー容量	4L（標準）、8L、12L、20L
電源	AC100V（50/60Hz）
サイズ	φ165×750H
重量	約25kg

- 粉末の連続定量供給制御を可能にし、±5％で供給制御が可能です。
- カートリッジ型ホッパーを採用のため、複数ホッパーを所有することで、粉末のコンタミがありません。
- 軽量コンパクトな設計で移動も簡単、出張工事に最適です。
- レーザークラッド用粉末供給機としての実績があります。
- 3Dプリンター用としての微量供給も制御可能にしました。
- その他、不明な点がありましたらお問い合わせ下さい。

島津工業有限会社
〒500-8333 岐阜市此花町6-1
TEL.058-253-3691　FAX.058-253-4356

九溶技研株式会社
〒812-0007 福岡市博多区東比恵3-21-19-102
TEL.092-441-5787　FAX.092-481-5071

http://www.tpajp.com/

職人たちが
あってこそ。

ムラタでは高精度溶射技術を
核としたトータルな表面加工を
提案しております。
この業界のリーディングカンパニー
としてのムラタを支えているのが
弊社が誇りとする職人達であり、
使われるお客様の喜ぶ顔を想像
しながら今日もモノづくりを続
けています。

elcometer®

エルコメーターの検査機器

デジタル膜厚計
A456C

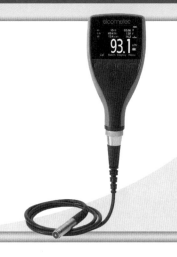

高耐久性で防塵防水(IP64)の、使いやすい膜厚計です。
70回/分以上の高速読み取り。
セパレート型では豊富なプローブを揃えています。

自動プルオフ式 付着性試験機
F510

自動ポンプにより、再現性良く塗膜の
付着力を測定し、データを保存します。

超音波厚さ計
MTG/PTGモデル

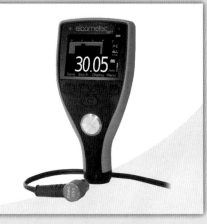

防塵防水仕様で、優れた操作性。
豊富な探触子により、鋼鉄だけでなく、
他の金属・ガラスなどの厚さを測定。

Elcometer株式会社

〒140-0011 東京都品川区東大井5-14-11 セントポールビル 6F　TEL.03-6869-0770　FAX.03-6433-1220

www.elcometer.co.jp

◇表紙説明

溶射技術 Vol.41 No.4 広告索引　　(五十音順)

溶射技術の活用・展開

　金属材料の固相接合法である摩擦撹拌接合（FSW）の原理を表面改質技術に応用したのが摩擦撹拌プロセス（FSP）。溶射皮膜にFSPを適用することで，よりち密な皮膜が得られるだけでなく，プロセス条件によっては，FSPに用いるツールよりも高硬度な領域を形成することができる。ここではFSPを用いた各種溶射皮膜の改質について，その原理と改質領域の特徴について解説する。

　一方，コールドスプレー法（CS）における金属成膜は基材の影響が知られているが，セラミック成膜においては，その成膜メカニズムを含め不明な点が多い。CSによる光触媒酸化チタン皮膜の作製に取り組んできた筆者が，その研究過程での体験をもとに，CSによる酸化チタン成膜における基材種の影響について紹介する。

　さらに，金属粉末材料の開発・製造を手掛ける福田金属箔粉工業㈱が近年を集めるアディティブマニュファクチャリング（AM）で使用される金属粉末の特性について解説するとともに，Cu造形のプロセスとAMで作成されたCu合金の特性について紹介する。

摩擦攪拌プロセスを用いた
溶射皮膜の改質

森貞　好昭, 藤井　英俊

大阪大学接合科学研究所

1　はじめに

　金属材料の固相接合手法である摩擦攪拌接合（FSW: Friction Stir Welding）の原理を表面改質技術に応用したのが摩擦攪拌プロセス（FSP: Friction Stir Processing）である[1,2]。FSW は回転するツールを材料中に圧入するという原理から，主にアルミニウムを始じめとする軽金属材料を対象に発展してきた。軽金属材料の FSW に関しては技術・ノウハウの蓄積が進んでおり，これらを FSP に適用することは比較的容易である[3-7]。

　近年では，ツールの特性向上により，鋼やチタン合金等の高融点金属に対する FSW および FSP も盛んに検討されているが[8-11]，ツールの高強度化や高靭化にも限界があり，極めて融点の高いタングステンや硬質セラミックス粒子を鉄系金属で焼結した超硬合金に FSP を施すことは困難である。これらの材料は希少元素を多く含有する高価なものであり，所望の領域のみにこれらの皮膜を形成させる溶射技術の活用が期待されている。しかしながら，溶射皮膜には不可避的に欠陥やラメラ界面が存在し，基材と溶射皮膜との密着性も問題となる。

　これに対し，我々は，溶射皮膜への FSP を検討し，焼結体等のバルク体には FSP を施すことができない材料であっても，微小な欠陥等が内在する溶射皮膜に対しては FSP が可能であることを明らかにしている[12]。また，FSP によってち密な溶射皮膜が得られるだけでなく，プロセス条件によっては，FSP に用いるツールよりも高硬度な領域を形成することができる。本稿では，FSP を用いた各種溶射皮膜の改質について，その原理及び得られる改質領域の特徴を概説する。

2　摩擦攪拌プロセス

　FSP の基礎となる FSW の原理を図 1 に示す。先端部にプローブと呼ばれる小突起を有する円柱状の金具（ツール）を高速回転させながら被接合材に押し付け，プローブ部を母材中に圧入する（FSP の場合，浅い改質領域を広範囲に形成させる際にはプローブは必ずしも必要ではない）。母材はプローブ側面およびツール底面との摩擦熱により加熱されて塑性変形抵抗を失い，ツールの回転に引きずられる形で塑性流動を起こす。この状態を保持しながら接合線に沿ってツールを移動させると，接合界面同士は順次塑性流動によって攪拌・一体化されて接合が達成される。ここで，溶融溶接では凝固組織となり結晶粒の粗大化が起こるのに対し，FSW では再結晶組織となり結晶粒が母材より微細化し，高い機械的特性を有する接合部（FSP の場合は改質部）が得られる[13-15]。ここで，軽金属の FSW ／ FSP には安価な工具鋼製のツールが好適に用いられ，ツール寿命の観点からも問題は生じない。一方で，高融点金属を摩擦攪拌するツールの材質としては，超硬合金，サーメット，セラミックス（窒化ケイ素, サイアロンおよび pc － BN 等），タングステン合金，イリジウム合金およびコバルト合金等が検討されている。

3　溶射タングステン皮膜の FSP

　核融合炉のプラズマ対向面は良好な耐熱性と耐スパッタ性を有し，核融合中性子による重照射に耐えることが求められる。これに対し，高い熱伝導率と低いスパッタリングレートを兼ね備え，高い融点を有するタングステ

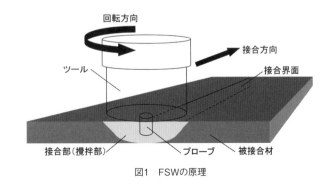

図1　FSWの原理

ンでプラズマ対向面を被覆する技術が期待されているが，減圧プラズマ溶射法（VPS）で得られるタングステン皮膜には多くの欠陥が導入され，熱伝導率はバルクタングステンの1/3以下となる。また，強度も低く，熱応力により剥離しやすいという問題がある。このような背景から，溶射タングステン皮膜の機械的性質と熱的性質に及ぼすFSPの影響を検討した[16, 17]。

3.1　実験方法

　減圧プラズマ溶射を用い，板厚15 mmの低放射化フェライト・マルテンサイト鋼板（F82H: Fe-8Cr-2W-0.1C-0.2V-0.04Ta）の表面に，厚さ2 mmのタングステン皮膜を形成させた。原料には純タングステン粉末を用い，減圧チャンバー内でアルゴン‐水素のプラズマジェットを発生させた。また，比較材として，粉末焼結および熱間圧延によって製造されたタングステン板（A.L.M.T. Corp., purity: >99.95%）を準備した。

　タングステン皮膜の表面にφ12 mmの超硬合金製ツールを圧入することで，FSPを施した。ツールの底部はフラット形状となっており，プローブは有していない。ツール移動速度は50 mm/minで一定とし，ツール回転速度及び印加荷重を400～600 rpmおよび1～2 tonとした。また，3°のツール前進角を設けFSPはAr雰囲気中で行った。

3.2　FSPによる溶射タングステン皮膜の改質効果

　図2に各種タングステン材のBEIイメージを示す。減圧プラズマ溶射ままのタングステン皮膜には，原料粉末界面における未接合部や欠陥が顕著に観察される。また，原料粉末の未溶融領域が比較的粗大な粒子として残存している。これに対し，FSPを施したタングステン皮膜にはこれらの欠陥がほとんど認められず，極めて効果的にち密化が進行していることが分かる。加えて，バルク材（タングステン板）よりも微細な組織が得られている。タングステンは高融点材料であり，バルク材に関しては摩擦撹拌が困難であるが，欠陥を大量に有する皮膜を被処理材とすることで，材料流動が促進されたものと思われる。

　各種タングステン材の硬度および熱伝導率を図3および図4にそれぞれ示す。2回のFSPを重畳させた領域の室温硬度は溶射まま材の約2.5倍となっており，バルク材よりも高い値を示している。さらに，温度上昇に伴う硬度減少は他のタングステン材と同程度であり，1,000℃においてもより高い値を維持している。また，FSP材は800℃を超える高温域においてバルク材よりも優れた熱伝導率を有している。タングステン皮膜の硬度に及ぼすイオン照射の影響を図5に示す。800℃でイオン照射した場合，1dpa以上では空孔の形成や回復に起因すると思われる軟化が認められる。しかしながら，500℃でイオン照射した場合，タングステン板には典型的な硬化現象が認められるが，タングステン皮膜の硬度は変化しないことが確認された。これらの結果は，FSPを施した溶射タングステン皮膜は核融合炉の第一壁のプラズマ対向材として，極めて有望な部材になり得ることを示唆している。

4　溶射超硬合金被膜のFSP

　超硬合金は優れた耐摩耗性と破壊靭性を両立することから，各種切削工具や摺動部材等に幅広く利用されている。超硬合金の製造には加圧焼結を用いるのが一般的であるが，高価なだけでなく，焼結体の大きさや形状が制限されてしまう。これらの問題を克服する手法として，溶射法を用いた超硬合金皮膜の形成技術が期待されてい

図2　各種タングステン材のBEIイメージ

る。基材表面に超硬合金皮膜を形成させることで，超硬合金の使用量を低減できるだけでなく，種々の部材形状に対応することができる。しかしながら，溶射超硬合金皮膜には不可避的に欠陥が存在し，焼結した超硬合金と比較すると機械的特性が大幅に低下してしまう。加えて，基材と溶射超硬合金皮膜との密着性向上に対する要求も大きい。このような背景から，溶射超硬合金皮膜の微細組織と機械的性質に及ぼすFSPの影響を検討した[12]。

4.1 実験方法

高速フレーム溶射（HVOF，溶射装置：ユテクジャパン社製 JP5000）を用い，SKD61の板材（17 mm × 175 mm × 230 mm）表面に厚さ約300 μmの超硬合金皮膜（WC-CrC-Ni および WC-Co）を形成した。原料粉末としては，ガスアトマイズ法で製造された平均粒径40 μm の WC-20mass%CrC-7mass％ Ni 造粒焼結粉末および WC-12mass％ Co 造粒焼結粉末を用いた。図6にWC-CrC-Ni 皮膜の断面写真を示す。巨視的には，クラック・剥離等が存在しない良好な皮膜が形成されているが，皮膜内部には多数の欠陥が確認された。溶射超硬合金皮膜に対し，高速回転させた超硬合金製のツールを圧入し，FSPを施した。なお，FSP中は20 ℓ /min の流量でアルゴンガスをフローさせた。FSP前後における溶射超硬合金皮膜の微細組織をSEM-EDSおよびTEMを用いて詳細に観察し，マイクロビッカース硬さ試験機を用いて微小硬さを測定した。

4.2 FSP による溶射超硬合金皮膜の改質効果

FSP前後における WC-CrC-Ni 皮膜の TEM 観察を行ったところ，図7に示すように，溶射後の状態で存在していた気孔がFSPによって消失していることが確認された。また，ツールの撹拌効果による WC 粒子の再配列，部分的に破砕された Cr_3C_2 粒子の分散が観察

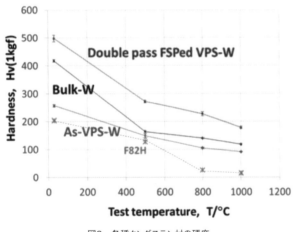

図3　各種タングステン材の硬度

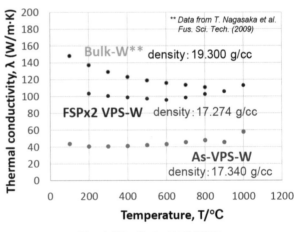

図4　各種タングステン材の熱伝導率

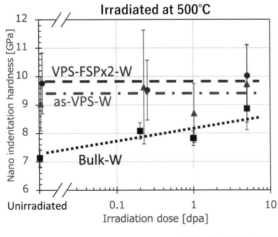

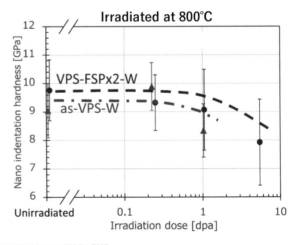

図5　タングステン皮膜の硬度に及ぼすイオン照射の影響

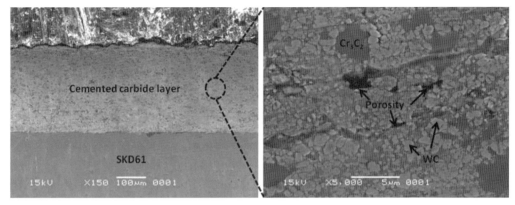

図6　WC-CrC-Ni皮膜の断面写真

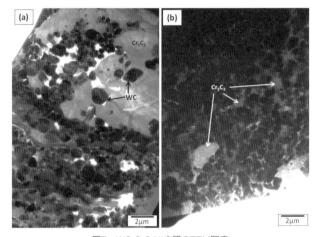

図7　WC-CrC-Ni皮膜のTEM写真
(a):FSP前,(b):FSP後

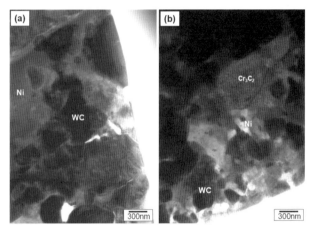

図8　Ni結合相のTEM写真
(a):FSP前,(b):FSP後

される。WC-CrC-Ni 皮膜の Ni 結合相および WC-Co 皮膜の Co 結合相の TEM 写真を図8 および図9 にそれぞれ示す。Ni および Co の結晶粒は FSP によって大幅に微細化されており，共に～ 200nm のナノ組織となっている。

　図10 に FSP 前後における溶射超硬合金皮膜のビッカース硬度（溶射超硬合金皮膜表面から深さ 150 μm の位置に置ける水平方向プロファイル）を示す。FSP 前における溶射超硬合金皮膜の硬度は WC-CrC-Ni，WC-Co 共に約 1200 HV 前後であり，欠陥が存在する領域では 1000 HV を下回る硬度となっている。これに対し，FSP 後では硬度が大幅に向上し，1800 ～ 2,000 HV の領域が広範囲に確認された。当該硬度は同様の組成を有する超硬合金焼結体と同等以上の硬度である。また，FSP の影響は基材にも現れており，SKD61 基材表面の硬度は約 900HV を示した。当該硬度は SKD61 に対する通常の熱処理では得られない値であり，FSP による SKD61 基材表面の結晶粒微細化に起因する変化であると思われる。SEM-EDX マッピングにより溶射超硬合金

図9　Co結合相のTEM写真
(a):FSP前,(b):FSP後

皮膜 /SKD61 基材の界面近傍における元素分布を観察したところ，FSP 後の試料では，SKD61 基材に含まれる Fe が溶射超硬合金皮膜へ拡散していることが確認された（図11）。当該結果は，FSP が基材と溶射超硬合金皮膜との密着性向上にも寄与することを示している。

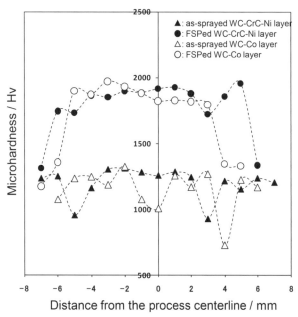

図10　FSPによる溶射超硬合金皮膜の硬度変化
（水平方向プロファイル）

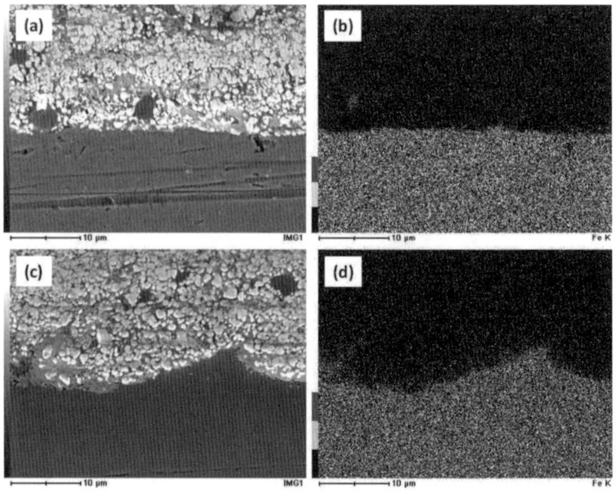

図11　溶射超硬合金皮膜/SKD61基材界面のSEM-EDXマッピング
（a）:FSP前 SEM,（b）:FSP前 Feマッピング
（c）:FSP後 SEM,（d）:FSP後 Feマッピング

5　おわりに

　溶射技術はバルクタングステンや超硬合金焼結体等が有する種々の問題点を克服し得る可能性を秘めているが，溶射皮膜に特有の微細組織や不可避的に存在する欠陥が種々の用途に対する大きな障害となってきた。これに対し，FSPを用いることで溶射皮膜に均質な微細組織を形成し，ち密な焼結体と同等以上の機械的性質や熱的性質等を付与することができる。即ち，これまでは高価な焼結体が使用されてきた多くの領域に関し，溶射皮膜で代替できる可能性がある。また，大型部材の焼結は非常に困難であるが，溶射であれば容易にスケールアップすることができる。溶射とFSPの組合せは，従来の概念を大きく変えることができる表面改質技術として大いに期待できる。

参　考　文　献

1）R.S. Mishra, Z.Y. Ma, and I. Charit, Mater. Sci. Eng. A, 341 (2003) 307.

2）T. Shinoda and M. Kawai, J. Jpn. Inst. Light Met., 53 (2003) 405.

3）Y.S. Sato, H. Kokawa, M. Enomoto, S. Jogan, Metall. Mater. Trans. A, 30, 2429 (1999).

4）Y.S. Sato, H. Kokawa, Metall. Mater. Trans. A, 32, 3023 (2001).

5）H.J. Liu, H. Fujii, M. Maeda, K. Nogi, J. Mater. Sci. Lett., 22, 1061 (2003).

6）H.J. Liu, H. Fujii, M. Maeda, K. Nogi, J. Mater. Sci. Lett., 22, 41 (2003).

7）H.J. Liu, H. Fujii, M. Maeda, K. Nogi, J. Mater. Proc. Tech., 142, 692 (2003).

8）L. Cui, H. Fujii, N. Tsuji, K. Nogi, Scripta Mater., 56, 637 (2007).

9）K. Kitamura, H. Fujii, Y. Iwata, Y. S. Sun, Y. Morisada, Materials and Design, 46 348 (2013).

10）Y. Morisada, H. Fujii, T. Mizuno, G. Abe, T. Nagaoka, M. Fukusumi, Mater. Sci. Eng. A, 505 (2009) 162.

11）Y. Morisada, H. Fujii, T. Mizuno, G. Abe, T. Nagaoka, M. Fukusumi, Surface and Coatings Technology, 205 3397 (2011).

12）Y. Morisada, H. Fujii, T. Mizuno, G. Abe, T. Nagaoka, M. Fukusumi, Surface and Coatings Technology, 204 (2010) 2464.

13）H. Okamura, K. Aota, M. Ezumi, J. Jpn. Inst. Light Met., 50, 166 (2000).

14）M.R. Johnsen, Weld. J., 78, 35 (1999).

15）K.E. Knipstron, B. Pekkari, Weld. J., 76, 55 (1997).

16）H. Tanigawa, K. Ozawa, Y. Morisada, S. Noh, H. Fujii, Fusion Engineering and Design, 98-99 2080 (2015).

17）K. Ozawa, H. Tanigawa, Y. Morisada, H. Fujii, Fusion Engineering and Design, 98-99 2054 (2015).

コールドスプレー法による酸化チタン成膜における基材種の影響

山田　基宏

豊橋技術科学大学 機械工学系

1　はじめに

　溶射法は厚膜形成技術として耐食・耐摩耗を筆頭に幅広い分野で適用されている。皮膜を形成する技術であることから，その対象となる部材，すなわち基材の存在は不可欠であり，基材への溶射皮膜の密着性は極めて重要な特性といえる。溶射皮膜の基材への密着メカニズムとしては，ブラスト処理等によって形成された基材表面の凹凸によるアンカー効果が主因子とされており，このような形状因子によるものであれば基材種による影響はほぼないといえる。しかし，実際には溶射法は原料粉末の溶融を前提とする高温プロセスであることから，皮膜－基材間の熱膨張係数差は重要な因子であり，両材料間における熱膨張係数差が大きい場合は冷却時の収縮によって剥離が生じてしまう。また，運用中に熱負荷のかかる熱遮蔽皮膜（Thermal Barrier Coating：TBC）などではボンドコートと呼ばれる中間層を用いることで基材種による影響を軽減させている。このように溶射法における基材種の影響としては，熱によるものが一つの大きな因子となっている。

　一方で，低温で成膜を行うコールドスプレー法では従来の溶射法で問題となった皮膜－基材間の熱膨張係数差の影響は小さいように思われる。コールドスプレー法では窒素，ヘリウム，空気またはそれらの混合ガスを作動ガスとして用い，ヒーターにより原料粉末の融点以下の温度（常温～ 1,000℃程度）に加熱され，先細末広型の加速ノズルにより超音速まで加速される。そのため，実際には粒子の軟化および加速のために高温のガス流を用いることから，成膜中に基材の温度も上昇し，熱膨張係数差を無視することはできない。さらにコールドスプレー法における皮膜の密着メカニズムとして，衝突時の粒子および基材表面の自然酸化膜の破壊による新生面同士の接合が有力とされている。これには粒子衝突時に基材が変形するとともに，新生面が露出しやすい材料が基材として望ましいことになる。

　コールドスプレー法における金属成膜においては基材の影響が知られているが，セラミック成膜においてはその成膜メカニズムも含めて不明な点が多い。筆者らはこれまでにコールドスプレー法により光触媒酸化チタン皮膜の作製に取り組んでき，熱的相変態を伴わないアナターゼ型酸化チタンの厚膜形成が可能であること，そのため高い光触媒特性を有することなどを示してきた。その過程での様々な結果をもとに，本稿ではコールドスプレー法による酸化チタン成膜における基材種の影響について，いくつかの実験結果をもとにした体験談的になるが紹介していく。

2　実験方法

　成膜実験には自作のコールドスプレー装置を使用した。ノズルには半径方向投入のサクション式を使用した。作動ガスは N_2 を使用し，粉末の供給にはスクリューフィーダー（日清エンジニアリング㈱製：FEEDCON - μ M - 030F）を用いた。成膜条件を表1に示す。基材には純アルミニウム，純銅，軟鋼（SS400），ステンレス鋼（SUS304），純チタン，およびセラミックタイル（INAX 製 ADM-155M）の6つの平板を用い成膜前処理としてブラスト処理を行いその後，エタノールにより表面を洗浄した。

　皮膜の密着強度試験は JIS H 8402 に表記されている「溶射皮膜の引張密着強さ試験方法」（セバスチャン

表1　コールドスプレー条件

ガス圧力（MPa）	0.7
ガス温度（℃）	500
パス回数	2
成膜距離（mm）	20
トラバース速度（mm/s）	20

法）を参考に，膜厚を300μm程度に調整した皮膜の引張試験を行った。基材の表面粗さは走査型共焦点レーザー顕微鏡（オリンパス㈱：LEXT OLS3100）により7点測定し，最高値と最小値を除いた5点の平均値により評価した。基材硬さは微小硬度計（㈱島津製作所：HMV-1）により7点測定し，最高値と最小値を除いた5点の平均値により評価した。また，基材種によって基材の表面状態に何らかの変化が生じていることが予想され，特に酸化物層の厚さには大きな違いがあるものと予想される。そこで，X線光電子分光法（X-ray Photoelectron Spectroscopy：XPS）による深さ方向分析（Depth profiling）を行い，基材表面近傍における原子組成を調査した。分析には走査型X線光電子分光分析装置（アルバック・ファイ㈱：Quantera SXM）を用いた。また粒子捕集を行い，FIB装置（FEI Company製：Quanta 3D 200i）を用いて単一粒子の断面を作製し，走査型イオン顕微鏡（Scanning Ion Microscopy：SIM）（FEI Company製：Quanta 3D 200i）を用いて断面観察を行った。

3 実験結果と考察

3.1 各基材種への酸化チタン皮膜の作製

各種基材に対しコールドスプレー法により作製した酸化チタン皮膜の密着強度評価結果を図1に示す。図より純銅基材を用いた場合の密着強度が最も高いことがわかる。各基材の硬さ，ブラスト処理後の表面粗さを表2に示す。表では左のタイルから密着強度の低かった順に並べてあるが，密着強度と基材の硬さや表面粗さに顕著

な相関性は見られない。コールドスプレー法により付着するセラミックス粒子である酸化チタンが，基材への埋没等による機械的なアンカー効果による付着であった場合，基材の硬さは最も重要な因子になると考えられる。しかしながら，基材硬さと相関性が見られず，また表面粗さとも相関がないことから，コールドスプレー法による酸化チタン成膜の付着メカニズムにおいては，アンカー効果は主因子ではないと考えられる。

アンカー効果が主因子ではない場合，金属成膜と同様に基材最表面の酸化物が粒子衝突時に除去され，新生面が露出したことによって粒子と結合したことが考えられる。

一方で，酸化チタン成膜に関する種々の実験の中で鏡面研磨したSUS304基材に成膜したところ，図2（a）に示すように，成膜初期の基材上部は皮膜が剥離して成膜できていないのに対し，途中から皮膜が形成されていることが見受けられた。このような現象が起こった要因として，成膜中に高温ガス流に基材が曝されることで基材温度が上昇し，密着強度が向上して皮膜剥離が抑制された可能性が考えられた。実際に基材を300℃まで加熱してから同様に成膜したところ，図2（b）に示すように成膜初期から剥離することなく皮膜が形成されることが確認できた。従来の溶射法においては，基材温度の上昇とともに溶射粒子の偏平・付着形態が変化するとともに形成される皮膜密着強度が向上することが確認されている。ただし，これは基材加熱に伴う溶融粒子と基材表面との濡れ性の改善による効果が大きいと考えられ，固体同士の接合であるコールドスプレー法においては同様の現象が起こっているとは考えにくい。しかしながら，図2のように基材温度が酸化チタン成膜に影響を与えた

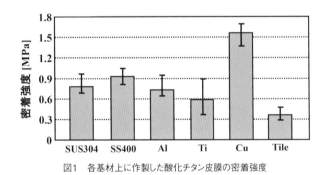

図1　各基材上に作製した酸化チタン皮膜の密着強度

図2　鏡面研磨したSUS304基材上の皮膜外観
（a）室温基材，（b）300℃加熱基材

表2　各基材の硬さおよび表面粗さ

基材	タイル	Ti	Al	SUS304	SS400	Cu
硬さ(Hv)	713	150	45	127	127	100
表面粗さ(μm)	17.2	11.3	22.0	9.8	11.5	15.8

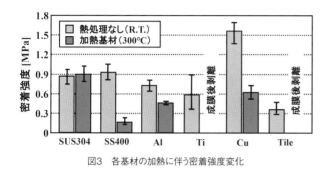

図3　各基材の加熱に伴う密着強度変化

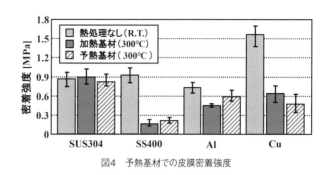

図4　予熱基材での皮膜密着強度

と考えられることから，基材温度による影響についても考慮する必要があると考え，次節に示すような実験を試みた。

3.2　基材温度による影響

　各種基材を成膜中に裏面から温度制御できるヒーター付き治具に固定し，基材温度を300℃に設定して成膜実験を行った。得られた皮膜に対して密着強度を測定した結果を図3に示す。この結果から，鏡面基材で密着性の改善が期待できたSUS304基材においてはわずかながら密着強度の向上が確認できるのに対し，それ以外の基材では大きく低下することが明らかになった。このように加熱に伴う皮膜密着強度変化の要因として，①基材表面酸化，②基材の軟化，③熱膨張係数差による影響が考えられる。これらについて検証するため，基材をいったん300℃に加熱し，その後に常温に戻す予熱処理を行ってから成膜実験を行った。このようにして作製した皮膜の密着強度評価結果を図4に示す。この実験で用いた基材はSUS304，SS400，純アルミニウム，純銅の4種類であるが，予熱処理を行った基材での皮膜密着強度は加熱しながら成膜したものとほぼ同程度の密着強度を示した。予熱基材は常温で成膜を行っていることから，基材軟化および熱膨張係数差による影響であったとは考えにくい。これに対し，加熱によって成長する表面酸化物は常温に戻しても維持されるため，加熱基材と予熱基材で同程度の密着強度になったのは基材表面酸化物による影響だと考えられる。

　これらの結果からSUS304およびタイル基材以外においては，基材温度の上昇に伴い表面酸化物が厚く成長し，皮膜の密着性に対する阻害要因になったと考えられる。これはコールドスプレー法による金属成膜においても同様であり，その有力な付着メカニズムである粒子―基材間の新生面同士の結合において，粒子衝突時に基材表面の酸化物が除去されて新生面が露出することが求められる。そのため，表面酸化物はより薄い方が皮膜密着

強度の向上には望ましいといえる。酸化チタン成膜においても金属成膜と同様に新生面同士の接合が皮膜の密着強度に影響を与えていると考えると，常温基材において純銅が他の基材に比べて高い密着強度を示していたことも表面酸化物の影響が大きいといえる。今回準備した基材種の中では純アルミニウムと純銅が比較的硬さが低く，粒子衝突時に変形しやすい材料といえる。実際に鏡面研磨を施した常温の各基材上に粒子捕集を行い，その断面を観察した結果を図5に示す。鏡面研磨を施した基材と粒子との界面を観察したところ，純アルミニウムと純銅についてはわずかながら基材が変形しているのに対し，他の基材では変形が見られなかった。このことから，純アルミニウムと純銅基材については変形に伴う新生面形成が起こり，密着強度が他に比べて高くなるはずであるが，実際には純銅のみが高い結果であった。そのため，純アルミニウムと純銅基材表面の酸化物層についてXPSによって分析したところ，図6のように純アルミニウムが純銅に比べて厚い酸化膜を有していることが示された。アルミニウムはその表面に厚く安定な酸化物を有していることは知られており，それを確認しただけであるが，コールドスプレー法における粒子衝突時の新生面形成において，この厚く安定な酸化物が阻害要因となり，基材が変形しても十分な新生面形成に至らず，密着強度は高くならず，一方で比較的酸化物層が薄く，硬さも低い純銅基材が他と比べて高い密着強度を示したものだと考えられる。

　これらのことから，コールドスプレー法によるセラミック材料である酸化チタンの成膜においても，金属材料の成膜と同様に粒子衝突時の基材新生面の形成が皮膜の密着強度に大きく関与し，金属成膜と同様の付着メカニズムを有していることが示唆された。ただし，この考察において例外が含まれる。今回用いたタイル基材において，純アルミニウムや純銅などと同様に加熱によって密着強度は低下するが，元々酸化物であるタイルの表面酸化物が密着性に影響したとは考えにくい。金属成膜にお

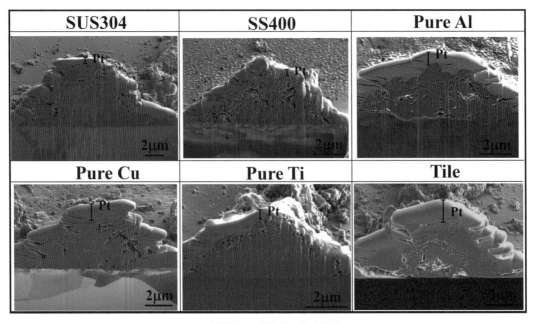

図5　各基材上での捕集粒子断面観察結果

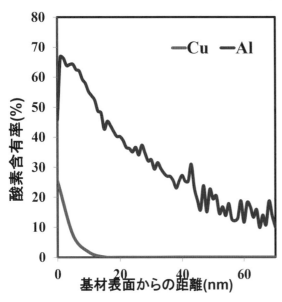

図6　純アルミニウムと純銅基材の表面酸化物

いてもセラミック材料を基材にした場合の付着メカニズムなどは不明瞭な点が多く，今後の検証が必要だと思われる。そして SUS304 基材の事例が挙げられる。他のすべての基材種において，基材加熱および予熱によって密着強度が低下する中，SUS304 のみが同程度か若干向上する傾向が見られた。これは他の基材とは逆の現象であ

り，これまでのコールドスプレー法におけるメカニズムの考察からすると，基材表面酸化物の存在が皮膜密着強度の向上に寄与することになる。これについてもいくつかの調査を行っているが，それについては別の機会でまとめて報告させていただきたい。

4　おわりに

　コールドスプレー法による酸化チタン成膜において，基材種が皮膜密着強度に与える影響について，これまでに行った取り組みを紹介した。基本的には金属成膜の場合と同様に，高速で衝突する粒子が基材表面の酸化物を破壊し，新生面を露出させることで粒子と結合するという付着メカニズムと考えてよいと思われる。ただし，一方で SUS304 については表面酸化物が厚くなる基材加熱によって密着性が向上することも事実であり，これまでのコールドスプレー法における知見とは全く異なる。このようにコールドスプレー法における酸化チタン成膜においては，そのメカニズムにおいて不明瞭な点が残されており，これは他のセラミック材料への展開への課題であるとともに期待にもなると考えている。このような特異な現象を示すコールドスプレー法によるセラミック成膜について，皆様にも関心を持っていただければ幸いである。

Characteristics and development of powders for Metal Additive Manufacturing

Yuji Sugitani

福田金属箔粉工業㈱

1 緒言

　積層造形技術（Additive Manufacturing 以下 AM と称す）は従来の機械加工とは異なり一層毎に積み重ねる加算加工と言われ，従来技術では加工が難しいラティス構造や複雑な冷却配管構造を内包した部材の作製が可能となる。使用される材料は，Ni 基，Ti 基，Al 基，Fe 基の合金開発が進められ，航空宇宙分野や自動車分野などへの展開が始まっている[1]。しかし，Cu は AM の熱源に使用されているレーザ光の波長域（1060 nm）近傍での反射率が前述する材料よりも低く造形が難しいとされ Cu 合金の検討が進められている[2]。

　本稿では AM の粉末床溶融法（PBF：Powder Bed Fusion）の概要と使用される金属粉末の特性について解説し，Cu 造形のプロセスと AM で作製された Cu 合金の特性について報告する。

2 積層造形技術

　AM は，2009 年に ASTM F42 委員会により 7 つのカテゴリーに分類され，バインダジェッティング方式，マテリアルジェッティング方式，材料押出（FDM:Fused Deposition Modeling）方式，指向性エネルギー堆積（DED:Directed Energy Deposition）方式，粉末床溶融（PBF:Powder Bed Fusion）方式，シート積層方式，光重合硬化（光造形）方式に分かれる。金属粉末を直接溶融凝固するプロセスは DED 方式，PBF 方式の 2 種類となり，金属粉末が供給される機構によって求められる粉末特性に変化が生じる。

　DED 方式は積層したい部位にレーザ照射および金属粉末が供給されるノズルを稼働させレーザ照射部に金属粒子をガスによって搬送する。そのため，一定のガス流で一定量の金属粉末をノズルから供給することが求められる。

　PBF 方式では定量供給された金属粉末をリコータ（またはスキージ）と呼ばれる機構によって均一に敷き詰め

た粉末床を形成し，3D-CAD データによって指定された範囲を溶融する。いずれの方式においても粉末の流動性が重要となる。溶融するための熱源は 2 種類あり電子ビーム式（EB-PBF 法）とレーザ式（LB-PBF 法）が存在する。

　EB-PBF 法では熱源に電子ビームを用いるため高真空下で造形を行うことで酸化の影響がない。EB-PBF 法では粉末床に電子ビームを照射し溶融する前に粉末床の予備加熱（ホットプロセス）を行う必要がある。金属は電気的に良導体であり，EB-PBF 法で用いる電子ビームが照射される際，アースがとられていれば粉末床が負に帯電することはないが，金属粉末は粒子同士の接触抵抗が高く，その堆積物である粉末床は半導体的に振る舞う。このため，電子ビームを粉末床に照射すると個々の粒子が負に帯電（チャージアップ）し，粉末同士が斥力によって飛散する現象（スモーク現象）が生じる。EB-PBF 方式ではこのスモーク現象を防止するために粉末床を加熱し，仮焼結体を生成してから電子ビームを照射するプロセスとなる[3]。EB-PBF 方式におけるホットプロセスは造形中の熱応力による残留ひずみや造形体内部のき裂を抑制でき，造形体の材質制御に重要なプロセスといえる[3]。ただし，電子ビームで溶融していない金属粉末は造形後にブラストなどで取り除くことが必要となり，複雑な配管内部に焼結した粉末が残存するなどの課題がある。

　LB-PBF 法は粉末床に対してレーザ光によって金属粉末を溶融するプロセスであるため，装置に搭載されているレーザ光の波長と被照射体の金属粉末の組成によってその反射率は大きく変化することが知られている[4]。2020 年時点で LB-PBF 方式の装置に搭載されているレーザ光のほとんどは 1060 nm 近傍のファイバーレーザが使用されており，反射率が高い Cu は造形が難しいとされ，Cu 合金の検討がされている[2]。

　LB-PBF 法では EB-PBF 法とは違い，仮焼結体を生成するホットプロセスがなく造形後の未溶融の金属粉末の

除去は比較的容易であるが，熱ひずみによる造形体の反りが発生することで，造形体の変形や崩れが発生する。造形体の反りを抑制するためには反りが発生する箇所のサポートを増強し，造形体を固定することや，造形体の向きを工夫することで改善できる。

3 粉末製造方法と粉末の特徴

　AM に求められる粉末特性の一つとして前述している流動性が挙げられる。金属粉末の流動性は形状，表面状態，大きさ，分布などの金属粉末の特性と粉末中の水分量などの環境要因が複合的に合わさることで発生する特性である。一般的に AM の造形条件の指標として知られているエネルギー密度 E は，レーザ光の出力 P，レーザ光の走査速度 v，レーザ光の走査間隔 s，粉末床の厚さ t から次式によって求められる。

$$E = P/vst \quad (1)$$

　しかし，（1）式は均一な粉末床が形成されていることを前提としているため不均一な粉末床に対して同じ造形条件を用いても均一な造形体は得られない。均一な粉末床を形成するためには Fig.1 に示す金属粉末の流動を阻害する要因を取り除き，造形装置の粉末供給機構に合わせた粉末特性や作業環境が必要となる[5]。金属粉末の流動を阻害する要因を取り除くためには金属粒子の形状が球状で粒子径が揃ったものが必要となる。

　球状の金属粒子を作製する製法は，アトマイズ法，プラズマ回転電極法（P-REP 法）などが挙げられ，アトマイズ法は任意の合金粉末を大量に生産できることから AM では多く使用されている。アトマイズ法は溶融した金属に対して高圧のガスや水を吹き付けることで非常に小さな液滴に分裂させてチャンバー内で凝固させるプロセスである。噴霧媒体に水を用いる水アトマイズ法による粉末は冷却速度の影響から不規則形状となるが，ガスを用いるガスアトマイズ法による粉末は Fig.2 に示す様に球状となっていることから AM 用として適している。

　LB-PBF 法では造形体の表面粗度をより小さくするために出来るだけ金属粉末の粒子径を小さくする必要がある。しかし，粒子径が小さくなると粒子同士の摩擦力が増大し流動性が低下することで均一な粉末床を形成できなくなる。Table.1 に LB-PBF 法用で一般的な粒度範囲とされている 10-45μm の粒度範囲を持つ Cu ガスアトマイズ粉末の特性と粉末床の形成結果を示す。

　粒子径が小さくなるにつれて JIS-Z2502 で測定した F.R 値は粉末が流動せずに測定ができなくなる傾向を示し，見掛密度（A.D.）が低下し，粉末床が形成できなくなる。これは粉末床を形成する機構が装置によって違うため，装置に応じて粉末床が形成できる最小の粒子径を選定する必要がある。

　Fig.3 にガスアトマイズ法で作製された球状の Cu 粉末をフリーマンテクノロジー社製の FT-4 を用いたせん断試験[6]で測定した付着力（Cohesion）と平均粒子径の関係を示す。粉末の平均粒子径が小さくなることで付着力が増大していることが確認できるが，付着力の高い微粒子の存在する割合や，湿度などの粉末を取り扱う環境によっても変化する。これらのことから，AM 用の金属粉末は微粉量が少ない粒度分布であることが望まれ，使用環境は装置メーカーから温度湿度の指定がされていることが一般的である。

　金属粉末の形状や粒子径は熱源のレーザ光の反射量に

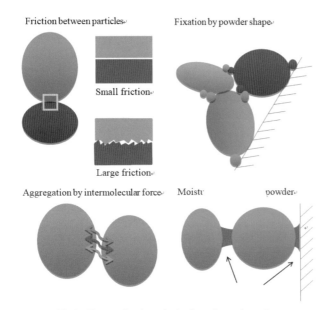

Fig.1　Factors that impede the flow of metal powder

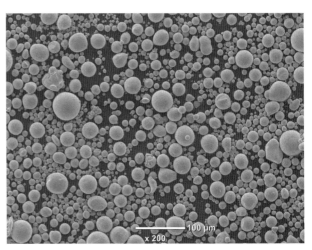

Fig.2　Pure Cu powder for LB-PBF produced by the gas atomization method（SEM image）

Table.1 Formation of powder bed depending on powder properties

Appearance of powder (SEM image) 10 μm	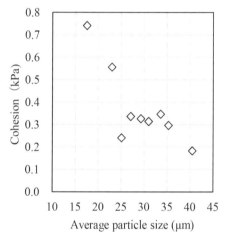			
A.D. (Mg/m³)	3.44	4.41	5.88	5.09
F.R. (s/50g)	-	-	-	15.0
50%D (μm)	16.0	20.7	25.1	29.9
Formation of powder bed				
Judgment of powder bed	×	×	△	○

Fig.3 Relationship between average particle size and cohesion force by FT-4 shear test

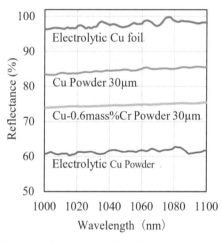

Fig,4 Change in reflectance depending on the shape of Cu

も影響を与える。前述の通り，レーザ光の波長と被照射体の材質によって反射率が変化することが知られているが，粒子に対してレーザ光を照射する場合は粒子間の乱反射などの影響からバルク体に対して照射した場合と比べ反射率に変化が生じる。Fig.4 に電解法で作製した Cu 箔と樹枝状の Cu 粉，アトマイズ法で作製した球状の Cu 粉に 1,000 ～ 1,100 nm の波長域の光を照射した際の反射率を示す。

AM で使用されているレーザ光の波長 1,060 nm 近傍ではバルク体である電解 Cu 箔は照射されるほとんどの光を反射しているのに対し，粉末は比較的に反射率が低下する傾向にある。これは，粒子径や電解法で作製された樹枝状の Cu 粉のような形状や粉末の分布に依存して粒子間の乱反射が発生し，結果として反射率が低下して

いると考えられる。また，Cu では微量な添加材でも電気伝導性などの特性が変化するため，1% 以下の添加元素でも反射率が変化し，造形条件に影響を与える。そのため，安定した造形を行うためには，金属粉末の不純物量や組成範囲を管理することが重要となる。

4 LB-PBF 法を用いた Cu の造形事例

LB-PBF 法を用いた Cu の造形は Fig.5 に示す様に前述したレーザ光の波長による反射率の高さによって入熱量が減少する点と，高い熱伝導率による熱拡散によってメルトプールが維持できず不均一な溶融になるため造形が困難とされている[7]。

Table.2 に熱伝導率の異なる Cu, 64 黄銅, S50C, SUS304 を用いて，Cu 粉末の粉末床を形成し，1,000 W

のレーザを走査して溶融凝固した結果を示す。同じ粉末，同じ溶融条件にもかかわらず，下部材料の熱伝導率が低いSUS304やS50Cでは連続した溶融ビード痕が確認できるが，Cuではビードが連続せずボーリングと呼ばれる不連続な凝固となっていることから，熱伝導率により造形が困難となることが確認できる。そのため，造形する際に用いるベースの材料の熱伝導率によって造形条件を変更する必要がある。Fig.6にCu粉末を用いて造形面の直径がφ14 mmとφ70 mmとなる円柱状造形体の造形事例を示す。同じ粉末，同じ溶融条件にもかかわらず造形面積が大きくなるにつれ造形体の電気伝導率が低下し，断面SEM観察からも断面の空隙率が上昇していることが確認できる。これは造形面積が増大することで，溶融時に発生するスパッタ量が増加し，造形面にスパッタが付着することで粉末床の厚みが不均一になった結果と考えられる。このことからAMでは溶融・凝固のための造形条件だけでなく，モデルの配置を工夫することで一層当りの造形面積を調整する必要がある。

5　LB-PBF用の金属粉末開発

　前述の通り，Cuではレーザ光の反射や熱拡散によって造形が困難となっているため，合金化により上記現象を抑制し，造形を可能にするための開発が進められている。特にCu合金の中でもCu-CrやCu-Zrといった析出硬化型合金ではAMプロセスでの造形が容易となり，造形後の時効処理で高強度・高伝導率となることから着目されている。Cu-Cr合金の析出硬化の機構はCu母相に固溶しているCrが時効処理によって析出することで強度が得られる。そのためCrの含有量の増加に伴い高強度化が望めるが，Cu母相へのCrの最大固溶限は0.6 mass%程度とされている。最大固溶限以上のCrを固溶させるためには速い冷却速度で凝固させ，過飽和に固溶する必要があるが，鋳造法などにおいては冷却速度が遅

く困難であった。AMプロセスは金属粉末にレーザ光を照射することで瞬間的に溶融・凝固するプロセスであり，速い冷却速度で凝固されるため，Crの最大固溶限以上にCrを過飽和に固溶した部材の作製が期待できる。

　AMプロセスの速い冷却速度でCrが過飽和に固溶するか確かめるため，著者ら[8]はCrの最大固溶限の前後であるCu-1.0 mass% CrとCu-0.5 mass% Cr（以下Cu-1.0 Cr，Cu-0.5 Crと称す）のガスアトマイズ法で作製された粉末をSLM solutions社製SLM280HLを用いて，レーザ出力400 W，走査速度1,000 mm/sec，ハッチピッチ0.03 mm，積層厚さ0.05 mmの条件でφ14 mm×10 mmの試験片を作製した。一方，溶製体は前記のガスアトマイズ法で作製された各種粉末を12×12×30 mmのサイズにプレス成形したものをアーク溶解炉で溶解し，1273 K，3.6 ksで溶体化処理を施した。作製したサンプルは673～973 K，N 2雰囲気で3.6 ksの時効処理を施し，試験片の垂直断面に対し微小硬さ試験機を用いて荷重245.2 mN，保持時間10 sでビッカース硬さを測定した。

　Fig.7に時効処理後の硬さを示す[8]。ビッカース硬さの最大値は時効処理温度723 Kで得られ，Crの最大固溶限以下のCu-0.5 Crでは製法による硬さの違いは見ら

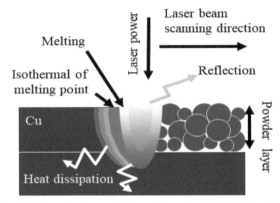

Fig.5　Schematic diagram of Cu modeling using the LB-PBF method

Table.2　Thermal conductivity of base material and melting change of Cu powder

Base material	Copper C1020	Brass C2801	Carbon steel S50C	Stainless steel SUS304
Thermal conductivity	389 W/m·K	121 W/m·K	47.3 W/m·K	16.5 W/m·K
Laser irradiation surface (SEM image)	x 20	x 20	x 20	x 20
AM conditions	P: 1000 W v: 400 mm/sec s: 0.10 mm t: 0.05 mm			

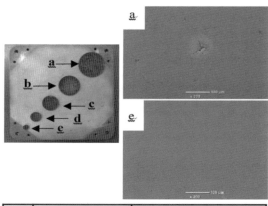

Fig.6 Change in model density depending on the model area of the LB-PBF method (Pure Cu)

	Modeling diameter (mm)	Electrical conductivity (%IACS)
a	φ 70	49.1
b	φ 56	54.9
c	φ 42	63.6
d	φ 28	71.9
e	φ 14	87.3

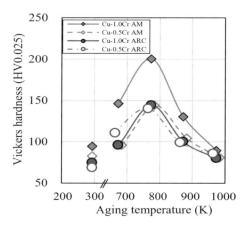

Fig.7 Aging treatment temperature and Vickers hardness of Cu-Cr alloy (AM: additive manufacturing method, ARC: arc melting method)[8]

れない。一方, Cr の最大固溶限を超える Cu-1.0 Cr ではアーク溶解法で作製した溶製材に比べ AM で作製した造形体が高いビッカース硬さを示している。これは冷却速度の速い造形では凝固時に Cr が晶出せず, 最大固溶限以上の Cr を含めすべての Cr が Cu 母相に固溶しているのに対し, 溶製材では冷却速度が遅いために固溶限以上の Cr が粒界に粗大な Cr 単相として晶出してしまうため, 両者の間で Cu 母相内に取り込まれている Cr 量に違いが生じ, このことが時効処理後のビッカース硬さの違いとなって現れたと考えられている[8]。これらの研究から, 鋳造法などでは得られない高強度な Cu-Cr 合金部材が AM で作製できることが明らかになりつつある。

6 結言

　AM の粉末床溶融法における溶融条件はレーザの出力・速度・ピッチ幅・粉末床の厚さで求められるエネルギー密度が指標となる。そのため, 均一な粉末床を形成できる金属粉末が必要不可欠である。また, Cu はレーザ光の反射率や熱拡散によって造形が困難であることから合金化によって造形を行う事例が増えている。AM の急冷凝固プロセスによって鋳造法などとは違う組織をもった部材の作製が可能となり, AM による新たな部材の開発が期待される。

7 謝辞

　本稿の一部は, 経済産業省平成 26 年度産業技術研究開発（三次元造形技術を核としたものづくり革命プログラム（次世代型産業用 3D プリンタ技術開発及び超精密三次元造形システム技術開発））および平成 27 年度産業技術研究開発（次世代型産業用三次元造形システム技術開発）の委託研究によるものである。ここに深謝の意を表する。

参 考 文 献

1) 京極秀樹：金属積層造形技術の可能性と技術開発動向, まてりあ, 57, 4 (2018) 140-144.

2) S. Uchida, T. Kimura, T. Nakamoto, T. Ozaki, T. Miki, M. Takemura, Y. Oka and R. Tsubota：Microstructures and electrical and mechanical properties of Cu–Cr alloys fabricated by selective laser melting, Materials and Design, 175 (2019), 107815.

3) 千葉晶彦：電子ビーム積層造形技術による金属組織の特徴, 計測と制御, 54, 6 (2015), 399-404.

4) 新井武二：実用レーザ切断・溶接加工実践に役立つレーザの知識, 日刊工業新聞社, 初版 (2014), 18-20.

5) 杉谷雄史：Cu 及び Cu 合金の積層造形技術, 工業材料, 67, 6 (2019), 27-31.

6) 青木隆一：粉体材料の基礎的性質の測定 (Ⅵ), 材料, 204, 19 (1970), 52-61.

7) 今井堅, 池庄司敏孝, 中村和也, 杉谷雄史, 京極秀樹：金属レーザ積層造形による純銅の造形, 材料の科学と工学, 55, 5 (2018), 190-194

8) 杉谷 雄史, 今井 堅, 松本 誠一, 石田 悠, 櫛橋 誠：レーザ積層造形における Cu-Cr 合金の特性, 粉体粉末冶金協会 2021 年度春季大会概要集, 127 (2021), 2-20A.

特集2

レーザ技術を用いたAM&表面改質技術

近年，レーザの大出力化や高精度化に伴い，レーザ加工技術のアプリケーションはさらに広がっている。レーザを熱源とするアディティブマニュファクチャリング（AM）やレーザクラッディングもそのうちの一つだろう。積層造形技術であるAMについて，レーザ加工研究の第一人者である石出孝氏（三菱重工業㈱総合研究所フェローアドバイザー（工学博士））は，「AMは従来手法では不可能だった部品，構造物を作ることができる。言い換えれば，設計を根本から変えることできる。加えて，従来別々に製作し組み立て溶接してきた，複数の部品を一度に作ることができるという利点を有し，無限の可能性を秘めている」という。同様に表面改質技術である紛体肉盛もレーザを活用することで，より高次元での加工を可能とする。

特集では，前出の石出氏のインタビューをはじめ，AMによる積層・補修技術の開発などを紹介するとともに，レーザクラッディング技術の現場における実情や，新たなレーザコーティング装置の概要について解説する。

レーザメタルデポジション方式による積層・補修技術の開発

※坂根　雄斗, ※岩崎　勇人, ※井頭　賢一郎, ※※森橋　遼

※川崎重工業㈱ 技術開発本部 技術研究所, ※※川重テクノロジー㈱ ソリューション事業部

1　はじめに

　昨今欧米を中心に付加製造技術（Additive Manufacturing：AM）の開発が活発化しており，これまで日本が得意としてきた従来の"ものづくり"や"材料技術"の優位性が脅かされつつある。一方，中国や台湾，シンガポールといったアジア諸国では豊富な資金力を背景に大量に導入した最新設備と，安い労働力を活用し，世界での存在感を強めているメーカーが増加しており，日本の産業を脅かす存在になってきている。

　金属材料を用いるAMには，「粉末床溶融結合（Powder Bed Fusion：PBF）法」や「指向性エネルギー堆積（Directed Energy Deposition：DED）法」といった手法等があるが，現状では材料・装置コストや造形時間に課題があり，従来のものづくりや製造技術すべてに置き換え可能な状況にはない。AM技術の特性を理解したうえで製品適用することが肝要であり，当社では材料コストや製造能力等を勘案して航空エンジンや，産業用ガスタービン等を対象に開発を進めている。

2　技術の内容

　ここではDED法の1つであるLaser Metal Deposition：LMD法を活用した積層・補修技術の開発状況について示す。LMDは，レーザを母材に照射することで母材表面を溶融し，その領域に金属粉末などの溶加材を供給することで肉盛造形するものである（図1）。レーザを熱源とするため，一般的な肉盛技術と比較して入熱制御が容易なプロセスであり，次のような特徴を有する。

・母材による成分希釈の影響が小さく，少量の肉盛層でも高機能／高品質な特性を発揮する。
・母材の熱影響が小さい。
・ひずみが小さく，形状精度が高い。
・レーザの集光サイズを調節することで，肉盛形状を容易に制御することができる。

　以上から，近年では積層造形だけでなく，局部的な補修技術への適用事例が散見されるようになっている[1),2)]。

　以降では，積層造形および補修技術に関する当社の開発状況について説明する。

3　当社における開発事例

3.1　積層造形技術の開発

　航空機エンジン部品等に多用されるチタン合金は比強度が高く，耐熱性，耐食性に優れた特徴を有する半面，素材コストが高く，また，塑性加工，機械加工ともに難しい金属である。従来は機械加工を前提とした製造プロセスが採られているが，上述の理由からチタン合金部品の製造コストは極めて高く，素材のニアネットシェイプ化が強く望まれる。

　そこで当社では，チタン合金を対象にLMDによる積層造形技術の開発を推進している。

3.1.1　プロセス条件の選定

　肉盛品質にはレーザの出力P［W］，スポット径D［mm］，送り速度V［mm/s］，粉末投入量m［g/s］といったプロセス条件が関係している。単位面積あたりの出力（P/DV［J/mm^2］）が過大な場合は積層高さが稼げず生

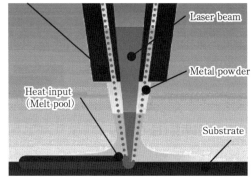

Clad nozzle
Laser beam
Metal powder
Heat input (Melt pool)
Substrate

図1　LMDの概要図

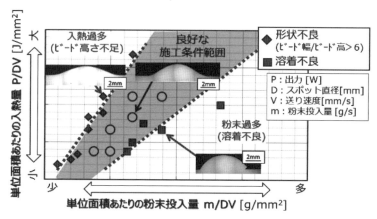

図2　施工条件の適正化検討

産性が低下する，母材が変形する，等の問題が生じる。一方，単位面積あたりの粉末投入量（m/DV [g/mm^2]）が過大な場合は未溶着が発生する。そこで，1ビードにて入熱量，粉末投入量などの諸条件を変えた試験により，良好な施工条件範囲を明確にした（図2）。材料は母材，粉末ともにTi-6Al-4Vである。

また，チタン合金は，酸素親和性が高い材料であり，施工に際しては不活性な雰囲気を必要とする。そのため，肉盛施工は航空宇宙材料規格（Aerospace Material Specification：AMS）のAMS4999（Titanium Alloy Direct Deposited Products 6Al-4V Annealed）が規定する雰囲気の酸素濃度1,200 ppm以下にて実施した。

3.1.2　肉盛品質の評価

良好な施工条件範囲内で試作した肉盛について，応力除去焼鈍後の機械的特性の評価結果を図3に示す。引張試験の結果，耐力，引張強さに関しては肉盛方向に対し，いずれの方向でも鍛造材の規格AMS4928（Titanium Alloy Bars, Wire, Forgings, Rings, and Drawn Shapes 6Al-4V Annealed）を満足した。良好な施工条件範囲内の3条件で肉盛品を作製し，疲労試験によって肉盛内に内包される欠陥と疲労強度との相関性を評価した。試験片はあらかじめX線CT検査により，欠陥サイズを把握した上で試験に供し，鍛造材（AMS4928準拠）と同等の疲労強度が得られる施工条件を把握した。

3.1.3　部品試作

チタン合金製の航空機エンジン部品（図4）を対象に造形試作を実施した。本部品は同心円状に突起部があるため，現状の製法では突起を包含するような肉厚の鍛造素材から削り出す必要があり，無駄が多い。そこで，突起部をLMDで積層造形することで素材量と機械加工費の低減を狙った。なお，素材は当社独自の熱間スピニング成形法[3]で製作したものであり，LMDと熱間スピニン

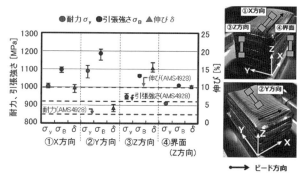

（1）引張試験結果

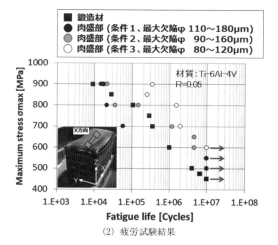

（2）疲労試験結果

図3　積層造形体の機械的特性評価結果

グの組合せにより，大幅な製造コスト低減が期待できる。

未溶着部がない所定の高さの突起を，生産性を考慮した速度で形成するためには，ある程度の入熱量，肉盛量が必要であるため，熱による部品の変形が課題となる。そこで，溶接解析にてLMDの際の変形量を予測することで，肉盛施工前の部品形状を決定した。積層造形後の部品では，未溶着部がない良好な品質の肉盛が得られており，仕上げ加工後に製品が採取可能な形状が得られた（図5）。

【従来】

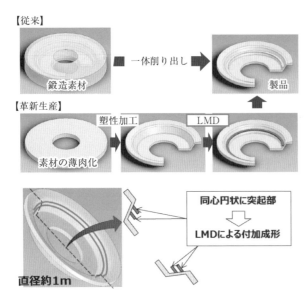

図4 実機部品とその試作概要

 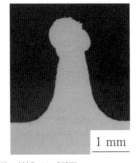

図6 ラビリンスシール部補修後の外観および断面

3.2 補修技術の開発

　LMDの低入熱，高制御性といった優れた特徴から，従来技術では困難な高度な補修技術への応用が検討されている。

　当社では，単なる形状復元に留まらず，新たな付加価値を創出するような補修技術開発に取り組んでおり，その一部を紹介する。

3.2.1 微細形状の高機能化復元補修

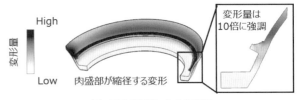

（1）FEM解析による実部品

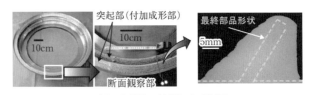

（2）造形品の外観および断面

図5 実部品の積層造形試作

（1）概要

　産業用ガスタービンのメインシャフトを対象とした高耐摩耗復元補修に取り組んだ。メインシャフトの圧縮機側に存在するラビリンスシールは，運用中に相手側の静止体と擦れ，オーバーホール時にラビリンス高さが許容値を下回ることがある。当該部位は形状が非常に微細なため，従来の溶接方法では入熱が大きく施工が困難であり，これまで部品は廃却となっていた。そこで，このラビリンスシールの補修にLMDを適用した。

　メインシャフトの材質は，析出硬化型のニッケル基合金である。形状復元のみを目的とした補修の場合は，同材による肉盛を適用するのが一般的であるが，今回は付加価値として耐摩耗性向上を目的として，異材による肉盛を検討した。冶金学的な面も考慮し，肉盛材としてコバルト基合金粉末を用いた。コバルト基合金は，耐摩耗性，耐酸化性，耐キャビテーションエロージョン性，耐熱性に優れることから，エンジン部品やタービン翼など様々な機械部品に適用されている。

（2）肉盛補修

　肉盛後のラビリンスシール部の外観および肉盛部の断面様相を図6に示す。幅0.5mm以下のラビリンスシール先端に対し，良好な形状・品質の肉盛層が形成される施工プロセスを構築した。

（3）実機運転評価

　肉盛補修品の耐摩耗性評価として，実機運転試験を実施した。なお，評価対象として，母材に近いニッケル基合金による肉盛補修が施されたラビリンスシールを一部作製し，試験に供した。なお，評価部は，通常のラビリンスシールより高さを高くし，強制的に相手材（ハウジング：アルミニウム合金鋳造材）とラビングする環境とした。

実機運転試験後のラビリンスシールの外観を**図7**に示す。コバルト基合金による補修が施されたラビリンスシールでは，運転前後でシール部の高さに変化はなく，顕著な摩耗は認められなかった。一方で，ニッケル基合金による補修が施されたラビリンスシールでは，凝着摩耗が生じてシール高さが減じるとともに，ラビリンス溝に凝着摩耗粉が付着した様相が確認された。以上より，微細形状の高機能化復元補修を実現した。

3.2.2 円筒内面のLMD施工技術

(1) 概要

補修技術は，すでに完成された部品をベースとするため，物理的な干渉を考慮する必要があり，しばしば課題となる。当社では，円筒内面のLMD施工を可能とするノズルを開発したので，以下に概要を示す。なお，通常のLMDノズルと異なり，先端にレーザを反射して折り返すミラーを配置した特殊構造となっており，これによりノズル先端を小型化し，狭あい部へのアクセスを可能としている（**図8**）。

(2) 内面施工用LMDノズルの開発

内面施工用LMDノズルでは，粉末を供給するキャリアガスや，施工雰囲気を制御するシールドガス流路が先端で急激に折り曲げられることから，流れが乱れやすく，①シールド性不良，②粉末やスパッタの飛散による光学系の汚染が課題となる。とくに内面施工用LMDノズル

では，光学系やミラーが加工点に近接する構造を有するため，一般的なLMDノズルに比べて課題②への対応は不可欠である。

そこで，これらの課題を解決すべく，ガス流れの適正化を検討した。CFD解析を活用し，ガス流路の急激な折れ曲がりによってノズルチップ内に旋回流や逆流が生じていることを明らかにし，それらを整流化させることで課題①を解決した。さらに，ノズルチップ内のガス流速を大きくすることで侵入する粉末による汚染を抑制するようなノズルチップデザインを構築することで，高いシールド性と耐汚染性を両立できる見込みが得られた（**図9**）。なお，今回開発したノズルでは，ϕ 100 mm程度の円筒内面へのLMD施工を実現した。

(3) レシプロエンジン シリンダカバーの補修

本ノズルを用い，大型レシプロエンジンにおける給／排気ポートの補修について検討した。当該部品は鋳鉄製であるが，ポート内面に冷却水を通す構造上，運転時の腐食がしばしば問題となる。

当該部における腐食環境を考慮し，Ni基合金による肉盛補修を適用した（**図10**）。なお，鋳鉄母材への肉盛はチル化にともなう割れ等の品質低下が一般に懸念されるが，LMDでは入熱量を高度に制御することによって高い肉盛品質を確保できる。さらに，母材による希釈を最小化することで，Ni基合金本来の高耐食性を発揮す

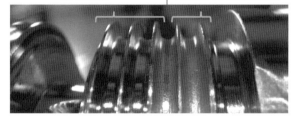

Repaired with Co-base alloy：
No damage

Repaired with Ni-base alloy：
Adhesive wear occurred

図7　実機運転試験後のラビリンスシール部外観

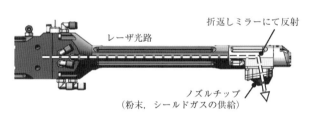

レーザ光路

折返しミラーにて反射

ノズルチップ
（粉末，シールドガスの供給）

図8　円筒内面施工用 LMDノズル

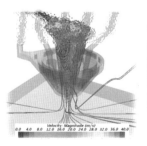

(1) CFD解析評価

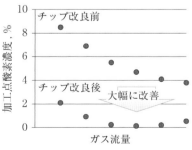

チップ改良前

チップ改良後

大幅に改善

加工点酸素濃度，%

ガス流量

(2) シールド性評価試験

図9　CFD解析を活用したノズルチップの設計

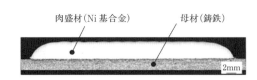

肉盛材(Ni基合金)　　　母材(鋳鉄)

2mm

図10　実部品の補修施工

ることが可能である。以上より，円筒内面を対象とした高耐食性肉盛補修技術の構築を実現した。

4　おわりに

DEDを中心に当社における開発状況について述べてきた。当社では設計・製造の変革や，新たな価値の付与を切り口にAM技術の開発に取り組んでおり，徐々に実用化が進んできている。

AM技術は昨今のデジタル化との親和性も高く，今後ますます注目を集めると期待されるが，重要なのはAM技術の特性を理解したうえでいかに効果的に活用するか，といった点である。今後も上記の視点を念頭に置き開発を推進し，AM技術の普及拡大に努めていきたい。

謝　辞

第3.1節のLMDによる積層造形技術の開発は，内閣府による戦略的イノベーション創造プログラム（SIP）において国立研究開発法人科学技術振興機構（JST）が担当する「革新的構造材料：耐熱材料創製技術」の一環として取り組んだものです。この場を借りて深く御礼申し上げます。

参　考　文　献

1）Abdollah Saboori et al：An Overview of Additive Manufacturing of Titanium Components by Directed Energy Deposition：Microstructure and Mechanical Properties, Applied Sciences, 7（2017）
2）Maija Leino et al：The role of laser additive manufacturing methods of metals in repair, refurbishment and remanufacturing-enabling circular economy, Physics Procedia, 83（2016），pp.752-760
3）Yoshihide Imamura et al：An Experimental Study for the Development of Mandrel-Free Hot-Spinning for Large Size Titanium Alloy Plate Forming, Journal of Engineering for Gas Turbines and Power, 141-3（2019），032501（8 pages）

AIジェネレーティブデザインとアディティブマニュファクチャリングの活用によって進化した半導体製造装置用コンポーネントと温度マネジメント

S. Green・N. Holmstock・L. Ververcken・G. Paulus

3D Systems

1 はじめに

メタルアディティブマニュファクチャリングは航空宇宙産業や自動車産業，ヘルスケア産業などの分野での活用が先行して進んでいる。アディティブマニュファクチャリングの価値はとてもユニークなものであり，その高いパフォーマンスと機能性が要求される他の産業分野でも活用が始まりだした。

2021年，グローバルな半導体チップの供給不足を軽減するために，半導体製造装置メーカーにとって，生産性，信頼性，技術的能力を最大限に高めることがこれまでにないクリティカルな課題となった。現在，AIを用いたジェネレーティブデザインとメタルアディティブマニュファクチャリングが，半導体製造装置産業における装置パフォーマンスとサプライチェーンの大きな課題の解決の手段として活用され始めた。図1に半導体製造の効率を向上させるひとつの例として，洗練されたデザインの冷却構造を持つウェハーテーブルを示す。

半導体製造装置においては，温度，慣性，乱流，共振，振動，摩耗や摩損など相互作用する複雑な現象が多く存在する。これらが正にアディティブマニュファクチャリングによる最適化が検討されるところである。

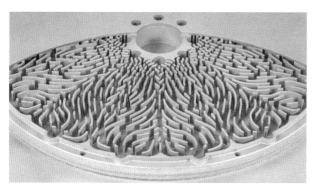

図1 メタルAMによって製作された複雑な冷却構造を内蔵するウェハーテーブル
（出典:3D SYSTEMS）

CADが普及する前から，あるいは普及後でも，これまでのパーツに用いる旧来の設計と製造のルールのために，そのパーツのパフォーマンスが犠牲になることがあった。DfAM(Design for Additive Manufacturing)と，"機能のためのデザイン（Design for function）"を擁したアディティブマニュファクチャリングによって，問題解決の最前線にある企業が，それ以前には不可能だと考えられていた方法にイノベーションを起こしている。半導体製造装置メーカーによるアディティブマニュファクチャリングの急速な採用によって，装置の品質，生産性，技術的適応力の向上と，サプライチェーンリスクの低減が進んでいる。

半導体製造装置業界の中では非常に興味深い試みが数多く行われているが，大きくは次の3つの"機能ファースト"なモチベーションに集約される。

・流体マニホールドフローの最適化
・パーツ点数削減
・温度マネジメント

2 流体マニホールドフローの最適化

元来，これらのとても複雑なコンポーネントの設計は多くの時間を要し，かつ製作が困難なもので，板金曲げ加工やハイドロフォーミング，チューブの曲げ加工など統合された様々な組み立て工程を必要とした。そしてそれらの工程は必ずしも完璧なアプローチではなかった。なぜならば，広範な組み立てプロセスと工程数は潜在的に欠陥の原因となるからである。アディティブマニュファクチャリングが適用されると，設計者はフロー効率の最大化と乱流の最小化を同時に目指した統合バッフル構造生成を自動化する先進的な数値流体力学を使用し完璧な配管システムを提案出来るようになる。そのようなアーキテクチャの利点は，装置内の乱流と相関する振動や共振の最小化である。その例を図2に示す。

乱流と振動はナノメートルの世界でのアウトプットの

精度に大きな影響を与える。3D SYSTEMS の DMP350 メタル 3D プリンターを用いたことで、液体誘導による外乱力を 90％抑制し、システム全体の振動を低減、1 〜 2nm の精度改善への貢献を示した。

3 パーツ点数削減

アディティブマニュファクチャリングのもう一つの利点は、コンポーネントの統合を可能にすることである。パーツ点数削減を大きく推進し、複雑形状のマニホールドを組立不要なモノリシックなデザインへと変容させた。その効果はサプライチェーンのリードタイムの短縮のみならず、設計プロセスをより容易にした。金型や組み立て工程の削減とそれらの工程に必要だった検査工程

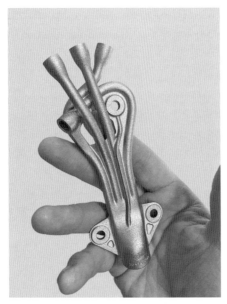

図2　3D SYSTEMS の DMP350メタル3Dプリンターで製作された油圧マニホールド（出典：3D SYSTEMS）

が削減されたことで、それまで数カ月だったリードタイムが数時間にまで短縮された例をいくつも見てきた。いくつかの複雑なシステムにおいて、コンポーネント統合によってパーツ点数が 50 分の 1 にまで低減された例もある。メタルアディティブマニュファクチャリングによって、高度に複雑な光学アッセンブリが 1 個のパーツとして製作された例を図 3 に示す。

低密度な金属材料を選定することが軽量化のための一つの選択肢である。DfAM は顕著な材料削減を通して、より効率的なデザインの検討に多くの機会を創り出す。半導体製造装置においてアッセンブル部品の軽量化は次のような利点を産み出す。

・サーマルマス（熱質量）の低減。熱コンディションの応答性能を高める。
・慣性の低減。移動の速度や精度を高め、より精緻な停止、加速、減速プロファイルの実現と機構の摩耗や摩損を抑える。
・高速往復動作機構の中で DfAM によって結合されたサブコンポーネントの剛性の向上による質量と慣性の低減。システム内での振動の発生を抑制する。

4 温度マネジメント

アディティブマニュファクチャリングによって性能の変化が見られるもうひとつのアプリケーションは、高効率ウェハーテーブル（図 4）である。このウェハーテーブルは、半導体製造プロセスにおいて、シリコンウェハーをハンドリングや固定する際に用いられるテーブルである。不均一な熱分布は、材料の熱膨張にわずかな変化を生じさせる。時間の経過とともに、このような不均一な熱分布や変動は、エッジプレースメントエラー等と呼ばれるようなわずかな位置のずれを起こしてしまう。その

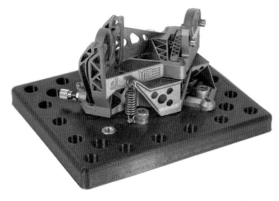

図3　3D SYSTEMSのDMP350メタル3Dプリンターで製作された光学アッセンブリ。コンポーネント統合によって1個のパーツとして製作されている。（出典：VDL）

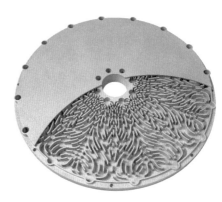

図4　先進的な冷却構造を内包したシリコンウェハーテーブルのカットモデル。3D SYSTEMSのDMP Factory500金属3Dプリンターで製造された。（出典：3D SYSTEMS）

問題を解決するためにアディティブマニュファクチャリングを採用し，次世代のシリコンウェハーテーブルアーキテクチャーを設計，開発，製造に成功した。

あるシリコンウェハーツール製造メーカーは，6倍の熱分布改善と5倍の安定性を実現することが出来た。コンディショニングリング内の熱プロファイルにおいて，ΔT が13.8mK から2.3mK に，熱温度勾配が22mK から3.7mK に改善された。

アディティブマニュファクチャリングアーキテクチャーで実現された効率，パフォーマンス，応答性能の向上の効果は非常に大きく，高価な銅材料から安くて軽いアルミニウム材料に変更することが可能になった。これは，DfAM による最適化によって得られた副産物である。このケーススタディでは，最適な熱パフォーマンスを実現するための最先端なアプローチを考察することができる。

システムを構成するコンポーネントやサブシステムレベルでアディティブマニュファクチャリングがどのような技術的価値を提供することができるかをこれまで述べてきた。同時に，半導体製造装置に対して高められている要求事項を理解しなければならないことも非常に重要である。

5　歩留まり

半導体製造装置が大型化，高額化していくにつれて，そのユーザーは1台の装置に対して非常に高い歩留まりを当然期待する。

・信頼性

半導体製造装置の安定性は，大きな損失を生じさせる生産ラインの停止を防ぐ大きなカギである。

・正確性

ムーアの法則に従ってLSI の集積度は飛躍的に高まり，先述のエッジプレースメントエラーのような問題への対処はより厳しくなり解決が困難になる。

6　ウェハーテーブルケーススタディ

IC 生産の一連のプロセスにおいて，アディティブマニュファクチャリングコンポーネントに対する需要の増加が進んでいる中で，リソグラフィ装置は常にアディティブマニュファクチャリングコンポーネント適用の最前線にある。言うまでもなく，リソグラフィは IS 生産プロセスにおけるひとつの極めて重要なプロセスであり，トランジスタの集積度向上に対する貢献度が非常に高い。一連の生産プロセスの初期段階にあるもので，高い歩留まりを実現することが必須である。半導体製造装置，中でもリソグラフィにおいてウェハーテーブルは数

多くあるキーコンポーネントの中のひとつである。人によるデザインからジェネレーティブデザインなどのテクノロジーによるコンピューターでのデザインへの移行が進んでいる。

ジェネレーティブデザインや構造トポロジー最適化の技術は2021 年の設計アプローチの中で比較的良く理解されているが，トポロジー最適化には多くの非常にユニークなセグメントが存在する。ここでは，コンピューターを用いた流体力学シミュレーションと DfAM による反復検証が自動化されたプロダクトとしてトポロジー最適化について述べていく。以降で，ウェハークーリングテーブルのデザインコンセプトからアディティブマニュファクチャリングに至るまでの過程を述べる。旧来のクーリングデザインと，新しいジェネレーティブなクーリングデザインとでどのようにパフォーマンスに貢献したかを比較する。

7　旧来のデザインワークフロー

旧来のクーリングチャネルのデザインワークフローは，トライ＆エラーに頼っていた。設計者はクーリングの設計をし，CFD シミュレーションや試作を並行に行いながらテストを繰り返し行っていた。ベンチトップでのテストはシンプルで簡易，かつアプリケーション次第であった一方，統合されたテストスケジュールとコストといった大きな要因がともない常にチャレンジングであった。

クーリングパターンをデザインする際，最初の推測は経験則に基づくものか，実績豊富な過去の事例の再利用やスケールし直したものから始められることが多かった。最初のトライで成功することは極めて稀で，設計者は継続的な反復検証を行わなければならなかった。

もし設計者が平行な冷却フィンからなるデザインから取り掛かったとすると，いくつかの狭い範囲でのバリエーションしか導き出せないのが通常である（図5）。このアプローチでは，時間とコストを掛けた反復検証を行わなければならず，不確かなデザインサイクルタイムの消費につながる。もし製作にも時間を要するものであれば，数週間や数カ月を反復検証に要してしまい，開発の勢いというものを失してしまう。さらに，もし設計者が製造技術上の制限を考慮せず，解析がシミュレーションだけによるものでは，多大な努力にも関わらず製造できないデザインが導き出されるという大きなリスクを負うことになる。このような課題は，ジェネレーティブデザインとアディティブマニュファクチャリングによって解決できる場合がある。

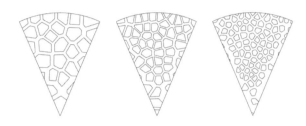

図5　ボロノイ構造から導き出された最初の推測モデルとパラメトリックな
バリエーションの限界（出典:3D SYSTEMS）

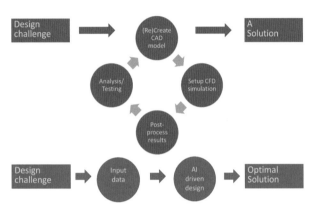

図6　上:旧来のデザインサイクル,下:ジェネレーティブデザインサイクル
（出典:Diabatix）

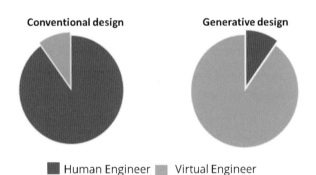

図7　旧来デザインとジェネレーティブデザインとでの人とバーチャルが
関与する割合比較（出典:Diabatix）

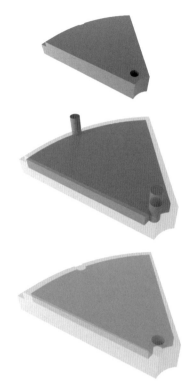

図8　上:ソリッドパーツ,中:流体領域,下:デザイン領域（出典:Diabatix）

8　ジェネレーティブデザイン―アディティブマニュファクチャリングを最適化する

　機能性がクリティカルなコンポーネントを設計する際，物理的な面と機能的な面での制約は製造性のパラメーターと共に圧倒的な量の検討を一人の設計者に生じさせ,多くの人員からなるチームが関与することで,オーバーヘッドとリードタイムの増加につながる。

　ジェネレーティブデザインは人によるわずかな入力の

みを必要とする自動化されたデザインプロセスである。物理的なモデリングと，コンピュータリソース，そして洗練された最適化技術と AI 技術によって，ジェネレーティブデザインはトラディショナルな CAD によるデザインアプローチの限界を克服する。様々な制約に対する圧倒的かつ同時多発的な検討事項は，ソフトウェアプログラム上のいくつかの制約事項を入力するステップに低減され，残りは全てジェネレーティブデザインエンジンが実行してくれる。ジェネレーティブデザインの始点は，ベストな推測ではなく，利用可能なデザイン空間の指示と製造方法上などの制約をデザインターゲットとして詳述されたもののみである。ジェネレーティブデザインのソフトウェアを使用する際，エンジニア達はもはや委員会の中のエンジニアでいる必要はなく，エンジニア達自身のバーチャルなデザインチームのマネージャーでいることができる。旧来のデザインサイクルとジェネレーティブデザインサイクルの比較と,人が関与する割合を，図 6 と図 7 に示す。

9　ジェネレーティブデザインの制約のセットアップ

　メインコンポーネントの幾何学形状，クーラントが流れる領域，デザイン領域が定義された CAD モデルの用意から始まる（図 8）。

幾何学的情報が用意されると，次に境界条件が適用される。トラディショナルなCFDシミュレーションと同様に，材料特性，クーラント特性，合否のヒートマップトレランスが必要となる。

　最後に，求めるデザインターゲットがセットされる。これらのターゲットはデザインの目的，システム的制約，製造工法的制約に関する情報を含む。数学的なおよそどのようなデザインでも選択することができる。

　実際のジェネレーティブデザインは，反復プロセスから始まるが，そこに人が介在する必要はない。数千もの連続実行されたCFDシミュレーションから得られたデータを収集し，CFDからの物理的なインプットから製造適合性へのフィードバックが収集される。コンピュータに高負荷を与えるため，数百個ものCPUを並行稼動させる商業的なクラウドサービスを使用することが多い。このプロセスの中で，材料やクーラントの物理的特性が考慮されながらクーリング構造が徐々に定義されたデザイン空間に構築される。デザインプロセスが終了すると，ジェネレーティブデザインは一般的なCADファイルフォーマットにコンバートされ利用可能な状態になる。シミュレーションはジェネレーティブデザインプロセスの中のひとつの要素であるため，パフォーマンス解析が即時に利用可能になる。

　このケーススタディでの主な目的は，流体の圧力低下を起こすこと無くウェハーテーブル面上の温度均一性を最大化することである。さらに，この先進的なクーリング構造によって装置の稼働率向上にも繋がる運用温度の安定化にも貢献する。

10　物理的制約

幾何形状
　内径60mm，外形300mm，厚さ28mmのディスク形状。
材料選定
・良好な熱伝導率と本用途に適度な強度を持つ，アルミニウム（AL6061-RAM2）を選定。
・一般的に熱伝導テーブルに掛かる負荷は限定的であるため，高い強度は要求されない。
・例えば銅のようなじん性のある材料は適切ではない。非常い高い熱伝導率を有するものの，荷重や加速に対して柔らかすぎる。
・低コストでアディティブマニュファクチャリング向きなシリコン含有アルミ合金はこのような用途には適切に見えるが，シリコンが含有されていることが，危険性の高い流体との反応やシリコンコンタミの懸念がありいくつかの用途では最適ではない。

11　運用上の制約

・冷却水には蒸留水が使用されるため，アルカリ成分による腐食の懸念は極めて少ない。
・熱源自体は，ウェハーテーブル全面上で約10ワットで存在。
・冷却水は冷却インレットにて，体積流量7.5リットル，温度21℃で一定。

12　結果の制約

・達成目標は，ウェハーテーブル上の熱均一性を0.1℃以下にすること。
・冷却水のインレットとアウトレットとの間で，冷却水の圧力差が70kPaを超えないこと。
・製造可能な設計とするため，DMP（Direct Metal Printing）システムにおけるLaser Beam Powder Bed Fusion（PBF-LB）アディティブガイドラインに従った。主に，オーバーハング最大角度45度，最小壁厚150μmを守った。ワイヤー放電加工機で容易にサポート除去が可能なように，フラットな造形方向配置とした。
　設計に周期性を持たせることで，ディスク形状を45度ずつに分割，それぞれに異なる冷却チャネルを配し，その冷却性能を比較した（図9）。

　各セクション毎に，1つのインレットと1つのアウトレットを設けた。この記事の中では，2つの従来デザインと，1つのジェネレーティブデザインを挙げる。Diabatix Cold-Stream（R）プラットフォームがこのケーススタディでは使用された。このプラットフォームは流体と熱コンポーネントに対してジェネレーティブデザインを提供するもので，すべての解析とジェネレーティブデザインはDiabatix（R）によって行われた。

13　従来デザイン1　冷却フィン配列

　一般的な冷却設計の1つとして，図10に示すようなピンとフィンからなる設計が挙げられる。このピンと

図9　冷却性能比較のため，45度ずつに分割して3つの異なる冷却デザインを施した（出典：3D SYSTEMS）

フィンからなる設計は，設計が簡単で，大きな熱交換インターフェースを作ることができる。しかし，アディティブマニュファクチャリングの観点からは，2つの不利な点がある。1つ目は，冷却チャネルを閉じる面に対して十分なサポート構造を配さなければならないため，冷却のためのフィンとフィンとの間隔4〜5mm以上にはできないこと。2つ目は，3次元構造を考慮した性能向上を図れないことである。

冷却フィン配列の性能を解析したところ，22kPaの圧力低下は要件範囲内であったが，温度ピークは21.24℃，温度差は0.1℃を超えていた。冷却水は最も抵抗が少ない場所，つまり冷却水のインレットとアウトレットを直接繋ぐ道を通ろうとする。その結果，局所的なホットスポットの発生は避けられない。インレットとアウトレット両方での流体の収束の強制が行われるようなデザインのバリエーションが検討された。ピンの密度を変えることでホットスポットの発生を抑制することは出来たが，圧力減少が大きくなってしまった。

結果のサマリー
  ・最大温度：21.4℃
  ・熱勾配：0.12℃
  ・圧力減少：22kPa
  ・温度安定時間：410秒

14 従来デザイン2 リニア蛇形状チャネル

一般的によく用いられるもう1つのデザインが，図11

のような蛇形状チャネルである。アディティブマニュファクチャリングでこのようなチャネルを適用する場合には，チャネルの幅の制約が発生する。その結果，面を十分に覆うための非常に長いチャネルが必要とされる。さらに，過去の経験から，急角度なチャネルの反転は運用上の理想的な圧力の維持の妨げとなることもわかっている。さらに，内部チャネルからの金属粉末除去の方法も難しくなる。

より複雑なデザインによって，圧力減少を抑え，温度分布を向上させることは可能である。その例が，平行した複数の蛇様チャネルを配する方法である。個々のチャネルの全長を短くすることができ，累積的なチャネル面積は1本の場合と同等かそれ以上にすることができる。この方法が取られること多いが，設計に余計に時間を要したり，インレットでの拡散とアウトレットでの収束の最適化のために非常に長い繰り返し検証が必要となる。

結果のサマリー
  ・温度勾配：0.9℃
  ・圧力減少：420kPa
  ・温度安定時間：409秒

15 ジェネレーティブデザイン

先に述べたとおり，ジェネレーティブデザイン（図12）は，制約条件が最小化された特定の課題に対して適切かつユニークなソリューションを提供するための高度に最適化された幾何形状を導き出す。狭い領域での問題の中においては，多くのジェネレーティブデザインで

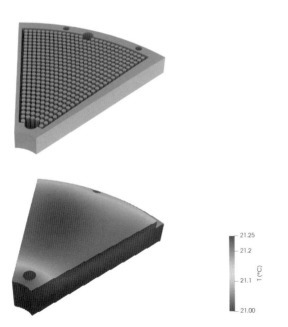

図10 上:ピンとフィン配列デザイン 下:ピンとフィン配列デザインの温度分布

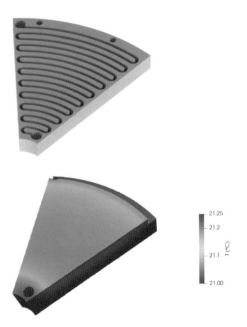

図11 上:蛇形状デザイン 下:蛇形状デザインの温度分布

の経験から，設計者が自分自身で発見的，経験的設計アプローチを開発することは可能である。しかし，流体と高度な制約からなる温度マネジメントのケースでは，人が創造するデザインではほとんど不可能な極めて高度に複雑な新しいソリューションをジェネレーティブデザインは創り出すことができる。

3次元構造を積極的に活用することで，複雑な冷却チャネルが創り出される。ここでの実践的事例では，この新しいアプローチを辿っていく。

Diabatix ColdStream での解析から，圧力減少，温度分布共に完璧に要求範囲内に収まる結果を得ることができた。ピーク温度 21.18℃，フィン配列と比べて 25% の改善，かつ先述の 3 例よりも低い値。また，温度分布もターゲットとした 0.1℃ 以内に収まった。温度分布の結果は蛇形状チャネルと近いが，圧力減少 40kPa という結果は 10 分の 1 以下の差となった。

Diabatix ColdStream プラットフォームを用いることで，デザインプロセスと結果の解析の準備に要する時間は数時間で済むようになり，従来デザインより優れたデザインが容易に導き出されるようになった。

この手法の欠点は，コンピュータに掛かるコストが高額となる点である。本記事執筆時点でも，数百個の CPU を並行稼動させても完全に計算させるためには数週間の時間を要する。しかし，人の時間を消費するようなことや，その後の繰り返し設計に時間を費やすことはない。

このことは，デザインサイクルタイムの低減には多いに効果的である。デザインプロセスと同様に，製造プロセスも夜通し日を跨いでや，週末や休日期間を跨く場合でも人の介在を必要としなくなる。

結果のサマリー
・最大温度：21.18℃
・温度勾配：0.1℃
・圧力減少：40kPa
・温度安定時間：381 秒

16　比較分析

このスタディでは，フィン配列チャネル，リニア蛇形状チャネル，そして Diabatix によるジェネレーティブデザインの 3 つの冷却チャネルデザインが検証された。ジェネレーティブデザインアプローチによって，全面の温度勾配条件，圧力減少条件，メタルアディティブマニュファクチャリング条件のすべてを満たした最適な 3 次元ジオメトリックソリューションを造り出すことができた。さらに予想していなかったメリットとして，温度安定時間を 29 秒削減することが出来た（図 13）。この － 7%

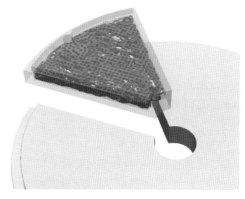

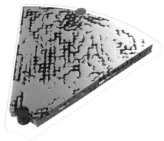

図12　上：ジェネレーティブデザイン　中：ジェネレーティブデザインの拡大　下：ジェネレーティブデザインの温度分布（出典：Diabatix）

の待ち時間削減は，生産性の向上，つまり 1 日当たりに処理できるウェハーの枚数向上に直結する。

17　メタルアディティブマニュファクチャリングワークフロー

デザイン後の典型的なアディティブマニュファクチャリングのワークフローは，ビルドファイルの生成である。3D SYSTEMS の 3DXpert（R）（図 14）を用いることで，次の作業ステップが実行される。

1. 製作するモデルの配置や造形方向を決める。
2. 製作中に発生する収縮率を考慮してスケーリングする。
3. （必要であれば）後加工分の加工しろをモデル形状に追加する。
4. サポート構造を追加する。
5. ビルドシミュレーション実行。

6. スライスとハッチング処理を実行。

7. 出来上がったビルドファイルをエクスポートする。

どのアディティブマニュファクチャリングツールを使用するにしても，一般的にはワークフローは同様である。しかし，例証が必要ないくつかのユニークな点もある。3DXpert においては，スライシングとハッチングのコンビネーションは選択されたテクノロジープロファイルによって自動化される。標準的なユーザーには，各マテリアル毎に用意された良好な機械特性を得るためのデフォルトプロファイルが提供される。上位のエキスパートユーザーには，ユーザー自身のテクノロジープロファイルを生成することが出来るオプションも用意されている。しかしその場合，実証済の結果を得ることが出来ないというリスクもともなう。

それぞれに異なるビルドスタイル適用できる「ゾーン」を設定することもできる。この「ゾーン」によってユーザーは，個々のフィーチャーに応じて，スピード，品質，精度，のベストミックスを設定することが可能になる。さらに，ビルドシミュレーションのテクノロジーの精度が向上しており，実際にプリントすることなくプリントプロセスの結果をコンピュータ上でのシミュレーションによって確認することができるようになってきた。これ

によって初回のプリントで成功する機会が増え，プリント失敗による損失を減らすことができるようになった。3DXpert に統合された，Additive Works Amphyon テクノロジーによって，トライ＆エラーに費やしていたコストと時間を大きく削減出来るようになり，より迅速に成功することが出来るようになる。

18　後加工

メタルアディティブマニュファクチャリングにおいて，Laser Beam Powder Bed Fusion（PBF-LB）プロセスは，一般的に製造プロセスにおける初期段階であり，いくつかの後加工工程を経る。よく見られる後加工工程として次のようなものが挙げられる。

・熱処理

残留熱応力を除去し，用途毎にマテリアルのマイクロストラクチャを最適化する。

・ベースプレート除去

精度が求められる場合にはワイヤ放電加工機を，精度が求められない場合にはバンドソーが一般的に使用されている。

・サポート除去およびショットピーニング

作業者によるマニュアル作業が主流だが，自動機も見られるようになった。

・仕上げ

非常に滑らかな表面が求められる場合，化学的仕上げが一般的に適用される。

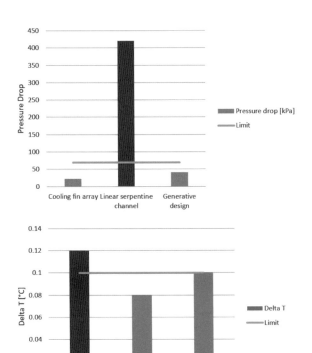

図13　上:圧力減少比較　下:温度分布比較（出典:Diabatix）

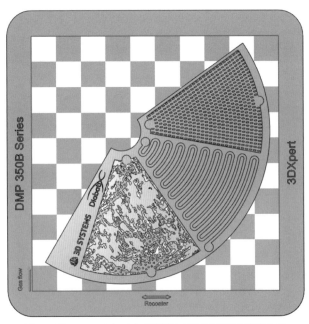

図14　3DXpertソフトウェア上で配置された冷却性能比較検証モデル
（出典:3D SYSTEMS）

・マシニング

　高精度 CNC マシニングが一般的に適用される。DfAM を考慮することで，マシニング工程を減らせる場合がある。

・クリーニング

　求められる清浄度に応じて様々なクリーニング工程が取られる

19　メタルアディティブマニュファクチャリングのバリュードライバー

　メタルアディティブマニュファクチャリングで製作するパーツやコンポーネントの見積金額を提示すると，まだまだ多くの企業が各パーツやコンポーネントの金額比較だけをもって判断していることを思い知らされる。メタルアディティブマニュファクチャリングの真の価値はソリューションの総所有コスト（TCO）にあり，多くの要因を含んでいる。特に半導体製造装置においては顕著である。最適化されたコンポーネントによって性能を向上させることで，ある生産量を満たすためのシステムの台数を減らすことが出来，結果総所有コストを低減することが出来たという事例をこれまで多く見てきた。

　総所有コスト（TCO）の改善のもうひとつの例は，コンポーネントの寿命である。コンポーネントの統合と最適化を行い，アディティブマニュファクチャリングによって製作することで，従来工法の場合と比べてコンポーネントの寿命が顕著に伸びた。アディティブマニュファクチャリングによって最適化されて製作されたパーツは 20％コストが高かったが，寿命が 3 倍に伸びた例もある。ソリューションの長期のライフタイムの観点では非常に大きなコスト削減に貢献するが，購買部門での判断においてそのことが考慮されていないケースに出会うことが多い。

20　おわりに

　本稿において，ウェハーテーブルの冷却デザインを改

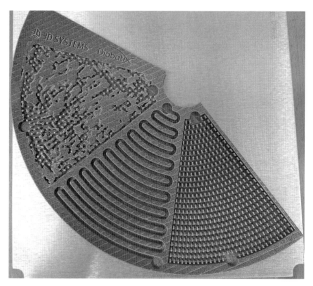

図15　メタルアディティブマニュファクチャリングによって製作された冷却性能検証モデル（出典：3D SYSTEMS）

善の実践的な手法を説明した。Diabatic ColdStream を用いた新しいジェネレーティブデザインアプローチは，セルフサポート構造の冷却チャネルを生成し，それがウェハーテーブル全面の温度勾配を低減し，圧力減少を要求範囲内に抑え，システム全体の生産性を高めることに貢献した。モノリシックなシングルパーツとして製作できたことで，従来工法に比べて製造納期の短期化と信頼性の向上にも繋がった。

　半導体製造装置メーカーは新しい半導体工場の需要に応えるための激しい競争下にあり，品質や性能の向上，サプライチェーンの最適化の新しい機会が，新しいソフトウェアツールを介した「性能ファースト」なデザイン手法を通して発生してきている。

　広範で実践的な経験がフルソリューションプロバイダーによって提供される。半導体産業における今のこのクリティカルな現状における市場投入時間を短期化することに貢献できると考えている。

現場における
レーザクラッディングの実情

後藤　光宏

富士高周波工業㈱ 代表取締役社長

1　はじめに

　富士高周波工㈱は，高周波焼入れの受託加工メーカーとして，1956年11月に大阪府堺市で創業以来，高周波焼入れ専門の受託加工を行ってきた。60年以上の高周波焼入れのノウハウを活かし，2008年12月にレーザ焼入れ装置を導入し，レーザ焼入れ事業を開始し，2011年にレーザクラッディング事業（図1）を開始した。レーザクラッディング事業を開始して，約10年が経過した。その中で様々なトラブルを経験してきた。

　本稿では，レーザクラッディングでは，出来ない事や過去に発生したトラブル事例を題材にして，どのようにしてその課題を解決してきたのかを報告する。

2　レーザクラッディングの基礎

　まずは，クラッディングという言葉について説明する。クラッディングとは，日本語に訳すと「肉盛，被膜加工」という意味になる。よって，レーザクラッディングは，レーザ光を熱源として，粉末やワイヤを溶融させ，基材の表面に異種材を肉盛することで，部品の機械的特性を向上させる。また摩耗した部分に異種または，同種の材料を肉盛することで，部品の補修をする。どのような場面でレーザクラッディング技術を活用するのかを一例を挙げて解説する。

　図2のようなφ100×500Lのシャフトがあったとする。その上，このシャフトの使用環境は，500℃の水蒸気の環境下で使用され，耐食性が求められる。さらにシャフト中央部100mmの範囲のみ，相手部品と接触するため，耐摩耗性が求められる。仮にこの部品をS45Cで中央部のみ高周波焼入れで製作したとする。その時，どのような状況になるか解説する。まず，使用環境が水蒸気の環境下のため，S45Cでは，徐々に錆が発生する。また，500℃の環境下のため，その熱によって焼入れした部分が焼戻しされ，硬度が低下する。よって，この環境下では使用するには，適さない材質と言える。

　また，錆ないようにするためにSUS440Cなどのマルテンサイト系ステンレス鋼を選択する方法もあるが，SUS440CもS45Cと比較すれば，錆にくいと言えるものの，SUS304などのオーステナイト系ステンレス鋼と比較すると，耐食性が劣る。それであれば，耐高温環境下での耐摩耗性，耐食性を両立している高級材であるステライトNo.6を選択すれば可能である。しかし本環境下

図1　レーザクラッディング

図2　レーザクラッディングシャフト

での機械的特性は満足できるがステライト No.6 の材料コストが一般鋼材と比較しても 10 倍以上するため，部品コストが跳ね上がる。そこで，活用できる技術が肉盛技術になる。

本案件では，径が φ 100 あるので，レーザクラッディング以外の肉盛でも施工可能であるが，今回は，レーザクラッディングでの加工を前提とする。SUS304 シャフト中央部を厚み 1mm 程度のステライト No.6 のレーザクラッディング施工で，本環境下でも十分使えるシャフト部品を製作することができる。材料コストに関しても大部分を SUS304 で製作し，100mm の表面のみを高級材であるステライト No.6 を使用するため，材料コストも大幅に削減できる。耐食性，耐摩耗性に関しても SUS304，ステライト No.6 で両耐性はクリアできている。以上のようにレーザクラッディングは，部品の一部分のみを高級材にすることで，部品の性能を出来る限りコストを抑えた形で製作するための技術になる。

3 レーザクラッディングでは出来ない事

レーザクラッディングでは出来ない事について 4 つのパターンに分けて説明する。「レーザクラッディングってこんなことが出来ていいんですよ！」ということばかり伝えてきたが，ここでは正直に出来ない事もお伝えする。

3.1 ノズルの先端が入らない所への肉盛

レーザクラッディングの出来ない事の一つ目として挙げられるのが，ノズルの先端が入らないような狭小部分への肉盛加工である。この課題が挙がる理由として，レーザクラッドは，加工点から大きな距離を取ることは出来ないからである。レーザ焼入れや溶接は，一般的に加工点から 200mm や 300mm 離れた位置にレーザ光学系の先端があり，レーザ光さえ届けば奥まった狭小部位も加熱することが出来る。しかし，レーザクラッディングは，粉末を吹き付けながら加工するため，加工点から 200mm，300mm と離すことが出来ない。よって，図 3 のような狭小部位への肉盛をしたい場合，ノズルが干渉し肉盛ができない。

狭小部に肉盛をする際には，ノズルの選択が重要になる。例えば，先ほどのノズルは，ワークディスタンスが 15mm なのに対し，図 4 のノズルは，25mm になる。また，ノズル外径も 78mm から 60mm と細くなっており，先ほどのノズルでは肉盛が出来なかった狭小部への肉盛が可能となる。以上のように肉盛をしたい部品の形状と肉盛ノズルの形状を十分に吟味したうえで，適切なノズルの選択が必要となる。

3.2 角部はシャープに出来ない

レーザクラッディングでは，出来ない事の二つ目として紹介するのは，図 5 のように肉盛だけでブロックを作る際，3D プリンターのように角部がシャープに出ないという事である。例えば，40mm × 40mm × 10mm のブロック形状のものをレーザクラッディングで製作しようとした場合，図 5 のように角部が液だれのよう

図3　狭小部位へのレーザクラッディング①

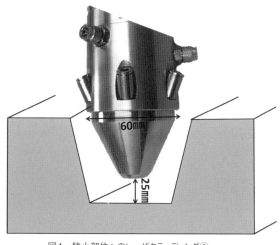

図4　狭小部位へのレーザクラッディング②

図5　ブロックのレーザクラッディング

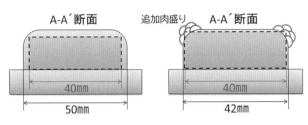

図6　角部の追加肉盛

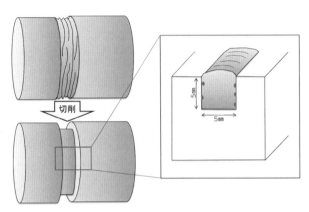

図7　溝部へのレーザクラッディング

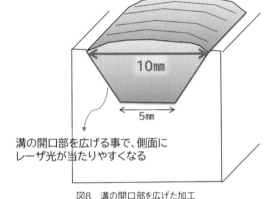

溝の開口部を広げる事で、側面に
レーザ光が当たりやすくなる

図8　溝の開口部を広げた加工

な状態になり，丸くなってしまう。そのため，40mm ×
40mm × 10mm のブロックを取るために各辺 +5mm 程
度の余分な肉盛をしなければならない。余分な肉盛をす
るという事は，せっかく肉盛をしたとしても捨ててしま
う部分が多くなり，加工時間や材料コストの増大につな
がっている。

　余分な肉盛をできるだけしないようにするには，図6
のように余分な肉盛の原因となっている角部のみを追加
で肉盛すれば，最小限の肉盛造形で最大限のテストブロッ
クが取れるようになる。単純計算でもこのように角部を
追加で肉盛するだけで，約30％の粉末使用量の低減，加
工時間に関しては，25％の短縮（約40分⇒約30分）になる。

　以上のように5mm × 5mm のサイズのビームで一回
に多くの量を肉盛しようとした時，レーザクラッディン
グにおいては，スピーディーに肉盛をすることはできる
が，3D プリンターのようにシャープな角部は出にくい。
レーザクラッディングで，シャープな角部を出そうと思
えば，ビーム形状を小さくして，細かく時間をかけて肉
盛すれば，3D プリンターとまではいかないにしてもそ
こそこシャープな角部は出すことができる。

3.3　溝を埋めるとブローホールが出来やすい

　次に紹介するのは，溝部へのレーザクラッディングに
ついてである。このような溝部をレーザクラッディング

するケースとして，シャフトのような部品で一部のみ摩
耗してしまい，その部分をレーザクラッディングして，
復活させたいという時に，やらなければならない事とし
て，摩耗したままの面では表面が荒れているため，レー
ザクラッディング前の加工として切削加工をすることで，面をきれいに整える必要性がある。しかし，肉盛前
の切削加工として図7のように溝の形をコの字形状で
仕上げてしまうと，赤い点のように垂直の壁部分にブ
ローホールが出来やすくなる。ブローホールが出来る原
因として，レーザクラッディングは，基材側も数％溶融
させながら，肉を盛っていく。しかし，垂直の壁部分は
レーザ光が当たりにくいため，基材を十分に溶融させる
ことが出来ない。そのため，加熱不足状態となり，ブロー
ホールが発生しやすい状況になってしまう。

　これらの問題を解決するためには，レーザクラッディ
ングの条件をいろいろ見直してもなかなか解決しない。
それよりも，肉盛前の形状を変える事で，これらの問題
は解決する。図8のように間口を5mm から10mm に
変更することで，壁の部分にもレーザの光が当たりやす
くすることが重要である。壁の部分にレーザ光がきっち
り当たれば，基材も溶融しブローホールが発生しにくく
なる。あとは，レーザクラッディングの条件を少し見直
せば，肉盛不良は改善できる。このように，コの字形状
の肉盛の場合，いくらレーザクラッディングの条件を見
直しても根本解決にはならず，肉盛前のワーク形状を少

し見直すだけで，解決するという事が多々ある。

3.4 丸形ビームでの低希釈肉盛

　出来ない事として，最後に，丸型のビームで低希釈肉盛をしようとするとなかなか難しいという点について説明する。図9の左の図が丸形ビームでの肉盛になり，黄色い線のように中央部の希釈がどうしても大きくなってしまう。逆に右側矩形ビームによる肉盛の図は，希釈の形が丸形ビームと様子が違うことが分かるかと思う。矩形ビームで肉盛をしたものは，比較的まっすぐな希釈形状をしている。丸形ビームだと，どうしても中央部分のビーム強度が高くなってしまい，ビームの中央部分の希釈が大きくなってしまう。

　だからと言って，ビーム強度を弱くして中央部分の希釈を下げようとすると，図10のように中央は希釈があるが，両端は融合不良になりやすくなる。しかし，矩形ビームだと端から端まで均一なビーム強度をしているので，比較的平滑な希釈になりやすい。よって，希釈を出来る限り少なくしたいという時は，矩形のビームを使った方が優位性が高いという事が言える。

4 レーザクラッディングトラブル事例

　前章で説明した出来ない事と通じるものが有るかも知れませんが，ここでは出来ると思ってやっていたが，思わぬ品質不良が起こってしまったという事例について解説する。

4.1 クラック

　最初のトラブル事例としてクラックについて説明する。レーザクラッディングをする上でどうしても付きまとうトラブルになる。クラックの要因には，大きく分けて，応力割れと高温割れの2種類があるが，本項では，レーザクラッディングにおいてのスタンダードな割れである，応力割れについて説明する。

　応力割れは，ステライトやコルモノイに代表される硬化肉盛材で良く発生する。図11のような肉盛の移動方向に対して垂直に発生する割れが発生した場合は，応力割れであるケースがほとんどである。図12のように基材に肉盛をした場合，肉盛された材料は，上矢印のように上方向に応力が発生する。しかし，基材が肉厚で上に引っ張る応力よりも大きい力で下側に引っ張った時に肉盛された材料は耐え切れず割れを発生させてしまう。

　硬化肉盛材は，硬くなるため軟らかい肉盛材と比較して，延性がないので，割れやすくなるというメカニズムになる。また，図13のように硬化肉盛材を盛っても割れがでないというケースもある。やはり，同じ材料を同じ量だけ肉盛すれば，上矢印のように上方向に引っ張る応力は発生する。しかし，基材側の肉厚が薄肉であったり，軟らかい基材であれば，下方向に引っ張る下矢印方向の応力が上方向と比較しても小さくなる。そのような状況下であれば，肉盛した部分に割れは発生せず，ワークが大きく曲がるという状態になる。常温で肉盛をすれ

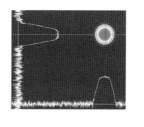
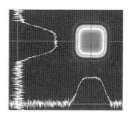
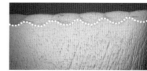

図9　ビーム形状による希釈形状の違い

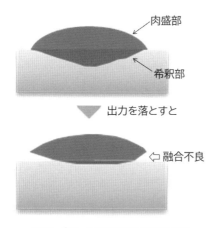

図10　丸ビームの低希釈による融合不良

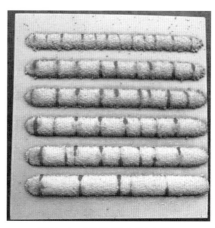

図11　レーザクラッディング応力割れ

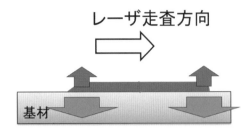

図12　基材に十分な厚みがあるときの応力割れ

図13　基材が肉薄な場合の歪

粉末が出るスリット

図14　粉末ノズルの粉末供給部分

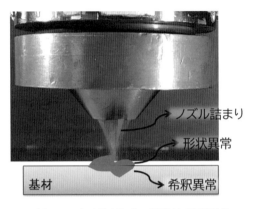

ノズル詰まり

形状異常

基材

希釈異常

図15　ノズルの詰まりによって誘発される品質異常

ば，表面部と内部の温度差が大きく発生し，これらの引っ張り合いの応力は発生しやすくなる。よって，硬化肉盛で割れが出ない時は，その割れが出ない原因がどこかで発生している。

　これらのトラブルを回避する方法としてスタンダードな方法は，余熱をするという事である。肉盛する材質や基材の材質によって予熱するべき温度は様々であるが，余熱によって温度差を無くすことで応力の緩和ができ，割れも回避できる。また，肉盛条件に関してもゆっくり走査するなど，出来るだけ急加熱急冷にならないような条件設定をすれば，割れを回避できる。

4.2　スパッタの多い粉末

　次に紹介するのが，レーザクラッディングの施工時にスパッタが多い粉末の時に起こりやすいトラブルである。レーザクラッディングをする上で，スパッタが少ない事に越したことはない。スパッタが多いと様々なトラブルを誘発してしまう。今回，紹介するのはスパッタが多い粉末によって誘発される，ノズルの詰まりについて解説していく。

　今回，事例として取り上げた粉末供給ノズルはCOAX8

というノズルである。COAX8の特徴として，図14の矢印部分の幅約1mmのスリットから粉末が供給され，中央の10mmの穴からレーザ光およびシールドガスが供給される。図14で見てもわかるように粉末が出るスリットの幅は，非常に狭くなっている。このノズルをスパッタの多い粉末で使用した場合，飛び散った粉末がこのスリットの間に挟まってしまうことがある。粉末がこのスリットの間に挟まってしまうと，その部分から粉末が出てこなくなる。本来であれば，360°全周から出るべき粉末の一部が出ないとなると肉盛形状が半円のような形にならず，図15のように半円の一部が欠けたような肉盛形状になる。それと同時に，希釈にも影響が出るため，品質として良くない肉盛層が出来てしまう。よって，これらのトラブルを回避するためには，ノズルの詰まりをこまめに確認することが重要になる。

5　最後に

　今回，紹介したのはレーザクラッディングにおけるネガティブな事例である。しかし，これらのネガティブな事を知っておくことで，現場で上手にレーザクラッディングを活用できる。

高精度レーザクラッディングシステム「ALPION」の開発と今後の展開

能和 功

㈱村谷機械製作所

1 はじめに

当社が2019年4月に販売を開始した「ALPION」は，従来型LMD方式とは異なり，供給された粉末の周りからレーザ光をあて，製品の直上で粉末を溶融し，積層ができるようにした高精度レーザクラッディング装置である。

もともと独自のレーザ加工ヘッドの開発にあたり，レーザ光のスポット形状を綺麗に集約し，均一かつ高品質な丸いビーム形状を作り出せるよう研究開発を進めてきた当社だが，偶然，ヘッド中央部に粉末を供給できるスペースができたことがきっかけとなり，そこに高精度な粉末供給の仕組みを組み込むことで，前述の特徴の一つである，粉体の周囲からレーザ光を照射することが可能となった。

この技術は，石川県工業試験場と大阪大学接合科学研究所・教授の塚本先生および阿部先生のご指導の下，開発できた技術である。

2016年に内閣府が公募したSIP事業に採用され，塚本先生がプロジェクトリーダーとして開発を行ってきた（図1）。

SIP事業では金属積層に関するさまざまな開発テーマが応募されたが，その中でわれわれは基礎となるレーザコーティング技術による薄膜の技術開発を主体として開発することとした。

本稿では，「ALPION」の開発と今後の展望について述べる。

2 技術開発の概要

われわれのプロジェクトで開発した技術は，従来方式と異なり，複数のレーザ光を用いたことから，いつしかマルチ方式と名付けるようになった。この方式の特徴は冒頭に述べたように供給される粉末の周りからレーザ光を照射し対象製品の直上で粉末を溶融させ，製品に積層する。従来方式では，レーザ光が製品に対し垂直に照射するため，製品に溶融池ができ，ひずみが生じるが，マルチ方式の場合，製品の直上で粉末を溶融するため，溶融池を作る必要が無い。このため製品の熱影響は極めて小さく抑えることができる。この特徴から薄膜の精密積層が可能となった（図2）。

一方，レーザクラッディングはレーザの照射方式だけでなく，粉末供給も重要となる。マルチ方式では集光されてスポット径の部分に一定の量の粉末を安定して供給する必要がある。

そのためわれわれは，粉末タンク部から噴出される粉末量をレーザセンサを用い，タンク部内の出口部隙間をフィードバック制御し，定量の粉末を供給できる粉末供給ユニットも開発した。粉末はアシストガスに乗せて送る構造となっている。図3に粉末供給ユニットを示す。

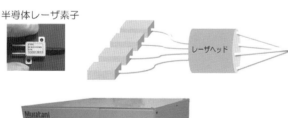

図1 レーザクラッディング装置の原理

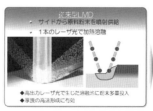

図2 従来型LMDと直噴型マルチビーム式LMDの比較

2.1 レーザ加工ヘッド

レーザ加工ヘッドでの粉末噴射時は溶融点において粉末の広がりが懸念される。従来のLMD方式であれば溶融池に粉末が落ち，溶けて積層するが，マルチ式の場合は溶融池が形成されないので，粉末を収束する必要がある。そこで粉末の出口の周りから，レーザ光と同時に収束させるためのガスを供給することで粉末の広がりを小さくして，広がりを抑える構造を採用。これにより精密な積層が可能となった。図4にクラッディング用レーザヘッドを示す。

レーザ発振器，加工用レーザヘッド，粉末供給の3つ

のユニットを搭載した装置が「ALPION」である。図5に装置概略を，写真1に装置外観を示す。

2.2 特徴となる技術

「ALPION」は幅0.3mm高さ0.1mmの積層が行える。
このような微細な積層は，部品などの補修を行うことも可能であり，主に小型の金型の補修に適していると考えられる。

また，3Dプリンターとは違い既存品への付加加工を行うことも可能である。既存品への積層の場合は，既存品のモデルが必要となるが，これらは他の装置等でモデルデータを読み取り，付加する造形部分はCAMを使用して造形することもできる。

打ち抜き刃のようなものは，これまで，バルク材から必要な部分だけの削り出しを行っており，屑となる部分が多く材料の無駄があったが，ALPIONを用いた場合，台金の部分に刃先分だけ積層し，仕上げ加工を行うことで切り屑の無駄も少なくなる。図6に打ち抜き型刃形成の例を示す。また歯車関係の欠損した部分への補修も

図3　粉末供給ユニット

図4　クラッディング用レーザヘッド

収束前　収束後

クラッディング用レーザヘッド

写真1　「ALPION」外観

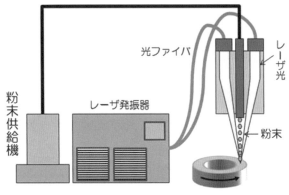

光ファイバ

レーザ光

レーザ発振器

粉末供給機

粉末

図5　装置概略

打ち抜き型刃形成
（コバルト合金）

図6　打ち抜き型刃形成

図7 歯車の補修

写真2 青色半導体レーザを搭載した「ALPION Blue」

インペラ―羽の造形―   ベベルギア―歯の造形―

図8 インペラー羽の造形と,ベベルギア刃の造形

可能である（図7）。このほか，台金と歯先部分とで材質の異なるクラッディング層を積層することで付加価値の高い歯車も製作することも可能となる（図8）。

3 青色レーザを搭載した積層装置

当社では昨年3月，この「ALPION」に青色半導体レーザを搭載した「ALPION Blue」を石川県工業試験場に導入した（写真2）。

青色半導体レーザ発振器は島津製作所製の「ブルーインパクト」を搭載し銅のコーティングや溶接技術の研究に活用して頂いており，今後さらなる適用範囲の拡大が期待される。

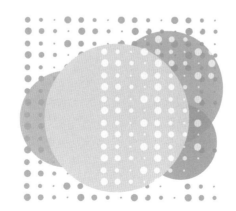

【特別インタビュー】
三菱重工業㈱総合研究所
フェローアドバイザー（工学博士）
石出　孝氏

アディティブマニュファクチャリング（AM）は，「従来，不可能だった形状や構造物を創造できる技術」として，今後のものづくりに大きな影響を及ぼすと言われている。溶融金属を積層させ造形するAMは，溶接と同様のプロセスを辿り，材料の熱影響や残留応力など，長年培ってきた基礎的な原理から加工技術での知見，施工管理手法など多くの蓄積が活かされる。レーザ加工研究の第一人者であり，国内におけるAM産業の底上ならびに普及拡大に取り組む石出孝氏にAMの現状や将来のあり方・方向性などについてお話をうかがった。

プロフィール

1982年修士課程修了後、1994年工学博士取得。1982年に三菱重工業（株）へ入社し、2010年1月技術本部先進技術研究センター長へ就任。技術統括本部名古屋研究所長を務め2015年執行役員フェロー就任。現在、総合研究所フェローアドバイザーを務める。

―世界と比べ，AMにおける日本の立ち位置をどのようにお考えですか。

石出・日本のAMに対する認識・理解度は，正直，欧米に比べ，陸上競技で言えばトラック2周分は遅れていると言わざるを得ません。例えば，AMの展示会でも規模が全く違います。長年，AMに携わってきた私たちからすると，日本はこのままで大丈夫なの？と不安になります。

何故，海外の方がAMを受け入れ易いかというと，AMは『匠の技術』を必要としないからです。もともとAMは，戦争時，故障した兵器をデータだけ送信して簡単に補修しようという発想から実用化が開始しました。言い換えれば，「データさえあれば，どこでも誰でも同じものをすぐ作ることができる」という発想が根底にあるようです。匠の技術を必要とせず，簡単にものを作るという考え方が，合理

的な欧米人にマッチしていたのでしょう。

一方，日本の場合，何事も「すり合わせの技術」を必要とする文化が根付いています。私自身，これからもすり合わせの技術は残ると考えています。なぜなら，人間以上の優秀な装置・機械がないからです。AMも最後の砦として，複数分野の技術者の個人技と匠の技とは異なる別の意味のすり合わせが必要です。

そういった長年培ってきた文化や風土，歴史，考え方の違いが，新しい技術であるAMに対する認識や知名度の違いにも表れているのでしょうね。例えば，日本でも自動車業界で活用されるようになると，一気に広がるでしょうが，まだそこには至っていません。

― AMの魅力，可能性をどのようにお考えですか。

石出・AMの魅力は，従来考えられなかった形状の高

性能な製品・部品を作ることができることです。例えば，ガスタービンの効率を数％上げるというのは凄い技術ですが，それを実現するようなパーツをAMなら作ることができます。冷却性能を極端に向上させるため，従来できなかった複雑な冷却構造も可能となります。しかも，コンパクトにできます。これはあくまでも一例に過ぎず，AMは無限の可能性を秘めていると考えています。

AMは，①従来手法では不可能だった部品，構造物を作ることができる。言い換えれば，設計を根本から変えることができる②従来別々に製作し組み立て溶接してきた，複数の部品を一度に作ることができる―といった利点がありますが，広まっていない要因は，設計者がまだAMの本当の利点，活用法を理解しきれていないことと，明確な品質保証技術が確立されていないことにあります。これを早急に進めていかなければなりません。

品質保証に関して言えば，AMは一層ずつ積層して造形していくため，もし，ある層に欠陥が生じれば，その場ですぐに修正できます。そして，その原因を究明し解決すれば，極端に言えば，無欠陥な製品を作ることができるのです。一層ずつインプロセスで正確にモニタリングする技術を確立することで，品質保証は大きく前進します。現在，当社でもこれに関する様々な研究開発を進めています。

一方，企業でAMを浸透させるには多くの理解と協力が不可欠で，特に経営トップの理解と推進力が重要です。新しい技術を確立させるため研究開発部門だけでなく，設計，生産技術，製造，品質保証すべてが一丸となって取り組まなければなりません。そういう意味では，私は非常に恵まれた環境にあったと感謝しています。レーザが専門分野の私ですが，10年近くAMに携わり，社内外で多くの理解者や協力者を得たと実感しています。企業と同様，学術分野でも力を結集していく必要があります。特に溶接は，最もAMに適した分野です。何故ならば，要素技術である材料・プロセス・溶接変形・モニタリング技術，そして品質保証などの学術が揃い，優秀な研究者と豊富な知見や経験，研究体制が備わっているのです。だからこそ溶接がイニシアティブをとるべきです。

その考えのもと，一昨年7月，大阪大学の平田好則氏を委員長に迎え，（一社）日本溶接協会3D積層造形技術委員会（AM委員会）を設立しました。この委員会では金属AMの実用化に向けて課題を抽出し，各社の保有技術にフィードバックすることで国内のAM産業の底上げを目的に，重工，自動車，装置・材料メーカーや受託加工会社など41社・団体，2大学が加盟。テーマに応じたワーキンググループや，シンポジウムの開催などを通じて，活発な意見交換・情報交換などを行っています。欧米のように日本でもAMを浸透させるためには産学が連携し，みんなで力を合わせていかなければならないのです。その意味でも統括的にプロデュースできるような組織でありたいと考えています。今年7月に開催されるIIW（国際溶接学会）年次大会では，国際ウエルディングショーとのコラボ展示も計画しています。

―非常に楽しみですね。さてAMで今後，注目されるプロセスとは。

石出・まず従来手法より100倍近い高速造形技術であるバインダージェットに関する技術が最も注目されてます。これは世界の自動車業界が狙っている技術でGE Additiveは10社程度を集め，装置・造形技術を一体化して研究組合を作って推進しています。またDEDの分野ではLMDとアーク溶接とのハイブリッド技術が注目されます。同軸加工ヘッドによるミグ溶接とレーザ照射のハイブリッドを用いると，大きいものから微細なものまで様々な3次元形状にも対応できるようになります。例えば，5mm前後ではアークは有効だが，それ以下の薄い箇所や細かい所ではアークが不安定となるので，レーザが有効です。また造形という観点から言えば，ヘッドセンター部からアークやワイヤを出し，周りからレーザ光を照射するという手法が有効だと考えています。

ドイツでは，微細分野でφ0.1mmワイヤを用いたAMも研究されているようです。確かに凄い技術ですが，日本もすぐに追い付くでしょう。我々の社内でもガスタービンはもちろん，ロケットや防衛関連の部隊も懸命にAMを活用した部品を実用化しようと日々奮闘しています。また当社では毎年，経営陣はもちろん，グループ各社の社長や事業部長らが参加するAMの研究会を実施しており，様々な意見交換を行うとともに，若い研究者らにとっても，この発表の機会は良いモチベーションとなっているようです。

―一方，中堅・中小企業へのAMの浸透には，まだまだ時間がかかるのではありませんか。

石出・いいえ，むしろ逆だと思うのです。中小企業の方が，やろうと思えば決断が早く，トップダウンですぐに行動できるのです。ただ，人・時間・資金，そして技術というハードルがあるのも事実。しかし，それは大企業も同じで，新しい分野に挑戦する最大の原動力は，トップの判断と熱意ではないでしょうか。AMを因数分解していくと，最後には溶接に行き着きます。そう考えれば，

これまで培ってきた技術やノウハウとネットワークを活かし，それぞれが得意分野で役割分担すれば良いのです。大企業であれば各専門部署と，中小企業であれば他社や異業種との連携といった形で，みんなで力を合わすという発想が大事だと思います。そういう仕組みやネットワークを構築していくもの AM 委員会の役目だと認識しています。

冒頭に述べた「すり合わせ」による，きめ細やかなものづくりという日本特有の技術や人脈は AM に適しており，近い将来，欧米に追い付き追い越すと信じています。また，設備や装置が高価という声もありますが，必ずしも最新鋭，あるいは高額のものが良いとは言い切れません。むしろ，日本はどの国よりも改良・改善や，使いこなす技量，経験，発想に長けている訳ですから，あくまで装置は道具として考え，自分達の目的に合った道具にカスタマイズして使いこなしてゆくことで道は開けると考えています。

—話は変わりますが，石出さんがレーザと関わるようになったきっかけは。

石出・大学生の時ですから，既に 40 年以上になりますね。大阪大学のトランストロン研究棟で初めて CO_2 レーザを見た時，「これは面白い」と感じ，研究に携わるようになりました。

—次代を担う若い研究者や学生に伝えたいこととは。

石出・1 つには，自分が「やりたいこと」を，「やるべきこと」に変えて研究してください。「やりたいこと」は楽しいもの，「やるべきこと」とは社会や企業に利益をもたらし貢献することです。そうすれば，どんな苦労や難題も乗り越えていくことができます。2 つ目は，自分の立ち位置が判る研究者になってください。今，取り組んでいる研究・学問が学内や会社，日本，世界でどのレベルにいるのか，すなわち自分が誰の次と言う事がで

きると自分の位置づけができるようになります。どうすればトップになれるのか，ということを常に考えていただきたいのです。それが向上心となります。

3 つ目は，いつも経営トップが何を考えているか，何を見ているか，を意識してください。それが判れば，あなたの「やりたいこと」に近付けることも可能となり，あなたの提案や行動にも説得力が増し，「やるべきこと」が明確となるのです。そして，最後に溶接・接合分野は，あらゆる技術と関わりを持つ重要なポジションだと自信を持っていただきたいですね。

—最後に，今後の抱負をお願いします。

石出・冒頭述べたように，AM は非常に面白く，可能性を秘めた技術です。ただ，まだまだ日本では広がっていません。長年，レーザ加工の研究で培ってきた知見や経験，ノウハウを活かし国内 AM 技術の向上と発展に寄与するとともに，委員会の中では共創できる環境作りに注力していく所存です。

—ありがとうございました。

100周年を迎えたメタライゼーション
特別寄稿:メタライゼーションと日本／『過去・現在・未来』
メタライゼーション社　テリー・レスター氏

金属溶射は20世紀の初めスイスのSchoop博士によって最初に発明された。彼は，鉛の散弾を鋼板に発砲したとき，それが広がり付着した様子から発想を得たと言われている。このことが彼の最初の研究につながり，熱した金属パウダーを溶射することにつながった。そして，まもなく彼は実用的なワイヤのガンを開発した。それが当社の現在のフレーム溶射ガンの前身である。

メタライゼーション社は，英国人技術者たちがSchoop博士から金属溶射の権利を購入して立ち上げたコンソーシアムによって，1922年に創設された。その費用は当時の10,000ポンドと言われていて，今日の500,000ポンド以上に相当する。この新しい会社は，溶射加工業務を提供して，防食皮膜として鋼の構造物に亜鉛を溶射した。それだけでなく，今日では驚くような皮膜も提供していた。例えば，硫酸のタンクの内面に鉛の溶射をしていた。

当初，イギリスで使われていた装置は，スイスやドイツの設計のものだった。しかし，1938年メタライゼーションは，独自の装置であるMark16フレーム溶射装置を開発し世に送り出した。それによって，再生用途の肉盛り皮膜を提供する溶射加工業務が可能になった。その頃，最大のワイヤ寸法は2mmで，溶射をするのは2人がかりの仕事と考えられていた。ガンを操作する熟練した人とスムーズなワイヤ供給を確保する，いわゆる"ワイヤーボーイ"の2人だった。

当時，この装置はほとんど社内の溶射作業場で使用するために生産されていたが，1950年までに装置販売部門を立ち上げた。1965年にメタライゼーションは最初のアーク溶射装置 Arcspray 200 を，そして 続いて 375 と 400 を生産した。

1970年代から1991年初めまで，メタライゼーションのグループ会社はさまざまな変化を経験した。この間，溶射加工業，ワイヤ製造,溶射装置製造に重点が移った。この期間に最も多い時には，英国で6件と南アフリカで1件の現場での溶射作業があり，溶射工程を提供していたが，これを当社の現在の場所である West Midlands で，ひとつの請負作業場に統合した。また，当社は自社の溶射装置を英国以外に輸出する機能を確

▲テリー・レスター氏

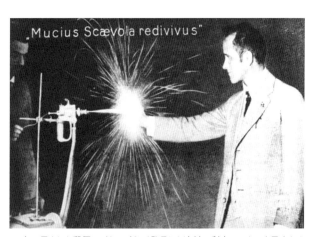

„Mucius Scævola redivivus"

▲左に示された郵便はがきは、新しく発見した溶射の利点のひとつを示すために、発明者である Ulrich Schoop 博士（写真内）によってメタライゼーションの創立者に送られた。これが、メタライゼーション社が防食と肉盛りの工程を販売する始まりとなった。

▲ 左の写真は、1938年に設計されたガンで、航空機表面のヒータートラックを溶射するために使われていた。そして、この用途は今でも行われている。

▲ 1960代初期の展示会
Mk 40 フレーム溶射装置, PS4 パウダーフレーム溶射装置そして AVCO プラズマ(当時、当社は彼らの販売代理店だった)。

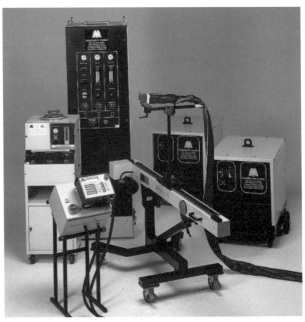

▲ プラズマ装置1983年に初めて自社で設計して現在に至る。1990年代半ばこのシリーズ最終モデルの写真。

立し始めたが、それが、当社が世界中で中心的な役割を果たす始まりだった。

1991 年 12 月に新しい持ち株会社である Metallisation Industries 社を通して 3 社の経営陣買収に成功した。関連する取締役と経営幹部はそれぞれ平均 14 年の経験と 3 社に関連するつながりがあった。経営陣買収の基準の重要な点は、資金が十分にあり、健全な財政基盤で営業をしていることだった。

1991 年以来、新しい装置が開発されてきた。それらは、ワイヤフレーム溶射, アーク溶射, パウダーフレーム溶射, プラズマから HVOF まであらゆる装置を網羅している。この頃、メタライゼーションは輸出事業を拡大しようとしていた。輸出事業は相当な成長が見込めるのは明確だった。その国の市場規模に比べて販売が期待に反する国がいくつかあり、そのような国のひとつが日本だった。

Peter Hall と私は、当時当社の販売代理店と諸問題を話し合うために日本を訪問したが、あまり前進が感じられなかった。そのとき運命に助けられました。当社の競争相手の販売代理店である Liton 社が鋳鉄管産業に多く

のアーク溶射装置を販売する機会を持っていたが、適切な装置がなかった。その時までに当社はヨーロッパの同じ産業向けに大きなアーク溶射装置を供給していて、すでに 10 年の実績があった。そこで当社は協力をするために連絡をして、1990 年 3 月 3 日に会い、話は順調に進んだ。再び運命が介入するまでは、当時、当社がそのまま進むものだと考えていた。

ある朝, Liton 社の従業員が自分たちの会社に着いたら、ドアに鍵がかけられていて、そのオーナーが姿を消していた。協力は上手くいっていたので、元 Liton 社からの 2 人でマサオ サワムラとタケトシ オクダが協力を進めて更に拡大することを当社に提案してきた。そして当社はそれに同意しました。さらに当社は新たに立ち上げた澤村溶射センターをサポートすることに賛同した。デモ用の装置を使ったり訪問したりして、当社は澤村溶射センターが軌道に乗るようにできる限りの支援をしてきた。

このことは、メタライゼーションがこれまで取った最も良い決断のひとつだった。日本の市場はマサオ サワムラの手の中にあり、日本は当社の最も良い市場のひとつになり、同時に確実に最も安定した良い市場だと確信している。彼の洞察力、意欲、良いサービスへのこだわりにより、事業が発展して、メタライゼーションが日本の溶射業界において最適なサプライヤーで最高のブランド名になることができた。

さらに、これまで私が多くの日本の溶射会社を訪問することができて誇らしく思っている。当社がこれまで解

溶 射 技 術

決策を見つけたり問題を解決したりして，皆様にどうにか貢献できたと思っている。単に製品を販売するだけでは十分ではない。良いサプライヤーとは，最高の結果と長期にわたる最高の顧客満足を生み出すために顧客にかかわる必要がある。私がメタライゼーションにいた期間はメタライゼーションの歴史の3分の1以上にあたるが，サワムラと日本の技術者と一緒にプロジェクトに協力できたことは私の喜びである。

　日本の人々の革新を通して，日本の市場は成長していくでしょう。というのは，さらに多くの問題を見つけては，それらの問題を解決するでしょう。それにより，多くの会社が提供された解決策を意識することになるでしょう。業界における新たな開発は，しばしば現在使用している工程に対して更に難しい要求をしてくるが，これまで以上に優れた作業方法を供給することができるのであれば，それらの要求を満たすことができる。

　またメタライゼーションは，国際基準にも意欲的に取り組んできた。これらの基準の作成において，多くの機会に日本の人々と一緒に効率的に活動してきた。

　R&D に関して，私の考えでは，2つのタイプの製品開発がある。ひとつは基準範囲の外側での製品開発で，もうひとつは製品の能力を引き延ばすための開発を使うことだ。前者の例としては，当社が自社の質量流量制御のプラズマ装置と HVOF 装置，そしてレーザークラッド装置を開発したとき。また後者の例は，フレーム溶射装置やアーク溶射装置の溶射量を増大させる，装置や部品の寿命を延ばす，装置を顧客の特定の条件に改造するなど枚挙にいとまがない。知識と経験は，一度身につけばずっと離れることはなく，後に設計するときの土台になると私は確信している。この点に関して私が読者にお伝えしたいことは，"それをすることができない"と言うのでは，発展はできません。まず始めに"それをすることができる"と信じることが必要である。そしてそれ

から，その通りに取り組むことだと信じている。

　当社のこれまで100年を振り返ることは，大切で感慨深いものがある。それと同様に次の100年について焦点を当て計画することも大切。十分に確立された溶射のような工程では，根本的に新しい開発をする機会はほとんどありません。メタライゼーションにとって中心的な開発は，最新のデジタル技術に対応する製品を開発して，溶射工程の作業をできるだけ簡素化して実用的にすることである。顧客へのサービスとサポートは，当社が行うすべての中で最優先事項だ。当社と澤村溶射センターとの確固たる関係は，顧客サポートに関連するすべてにおいて具体的に表れている。澤村溶射センターの顧客は，メタライゼーションと澤村溶射センターとの間の相互信頼を映し出すように，澤村溶射センターに信頼を寄せていることでしょう。

　過去2年以上にわたるコロナ禍の厳しい期間，メタライゼーションのビジネス力を示してきた。それと同時に当社が顧客との関係を維持して発展させることがどうしても困難になってしまいがちだが，当社は，最新の技術を採用してこの困難を乗り越えました。具体的には，コロナ禍の間，リモートで複雑な溶射装置を日本に導入してサポートすることが可能にした。顧客の現場でサワムラと協力して，英国からリモートのサポートと動画の補助だけを使って可能になった。

　最後に私は JTSS に賞賛の言葉を申し上げなければなりません。日本のすべての溶射会社のために話し合いの場になり素晴らしい業績を残して，業界の意見を内外に示すことができました。

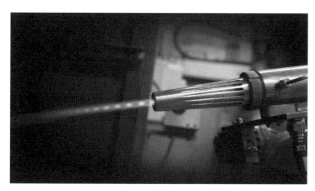

▲ Met-Jet 4L 質量流量制御液体燃料 HVOF 2006年当社のテストブース内でロボットに載せて撮影。

▲ メタライゼーションからマサオ サワムラに贈呈された銘板。彼が当社の成功と創立100年に到達した記念に貢献した証として。

強い信頼関係で，ともに発展を

㈱澤村溶射センター 代表取締役社長　澤村 正夫 氏

メタライゼーション社が今年，創業100周年を迎えられましたことに心よりお喜び申し上げます。

当社は長きにわたり総代理店としてメタライゼーション社の技術や製品の普及・拡販に傾注してきましたが，テリー・レスター氏をはじめ，同社役員の方々やスタッフらの温かいサポートと信頼関係があったからこそ，互いの成長発展につながったと感謝しています。

1994年に創業した当社ですが，それ以前の，私がサラリーマン時代の1989年から同社とは深く関わってきました。当時，私はフランスやアメリカの溶射機器メーカーと取引があり様々な製品を販売してきました。ある時，大手鉄管メーカーが手掛ける水道管の防食工事に大容量の溶射装置が必要となったのですが，それに対応できるのがメタライゼーション社製のアーク溶射装置しかなかったのです。

そこで私が仲介役として交渉に奔走するとともに，当時のレスター社長や技術担当役員らに来日していただ

き，僅か1日で商談をまとめることができました。以来，当時，日本ではまだ無名だったメタライゼーション社と代理店契約を結び，日本市場での拡販に注力してきました。私が起業したおり，いち早く協力・支援を表明していただいたのもメタライゼーション社でした。

我々のビジネスにおいて顧客から高い評価をいただき感謝していただくことはとても大きな喜びです。同様にメタライゼーション社とは単にビジネスライクの企業間同士というよりも，レスター氏をはじめとする同社社員らの人柄や誠実さといった人間性に魅力を感じ，対個人として強い信頼関係で結ばれていることに，何物にも代えがたい喜びを今なお持ち続けています。

100企業となったメタライゼーション社と当社は，輝かしい未来に向かって相互の強い信頼関係のもと，これからもユーザーに素晴らしい製品と技術，サービスを提供し続けて参る所存です。メタライゼーション社の益々のご発展を祈念いたします。

Metallisation Ltd.
Terry Lester 社長

㈱澤村溶射センター
代表取締役　澤村 正夫

【これだけは知っておきたい】
溶射の基礎のキソ

平石　正廣

ユテクジャパン㈱

Q：溶射とはどんな技術ですか。

A：溶射は，1909年にスイスのショープ博士によって，溶融した金属を噴射する方法が発明され溶射が始まり，日本には1919年に導入された技術である。

　溶射は溶接のように接合する目的では使用しませんが，表面処理のひとつとして，ものづくりには重要な技術であり，部品の機能皮膜のアップや耐久性の向上に効果を発揮する技術が溶射である。

Q：溶射の概念について教えてください。

A：溶射は燃焼または電気エネルギーを用いて溶射材料を加熱し，溶融またはそれに近い状態にした粒子を母材に吹付けて機能皮膜を積層させる技術である。（図1）

Q：溶射の原理はどのようになりますか。

A：溶接は母材を溶かして冶金的に接合や肉盛するが，溶射は母材を溶かさずに母材の表面に凹凸をつけて加熱またはそれに近い状態に溶かした粒子を，機械的かみつきによって結合させて皮膜を形成する技術。

　溶射の主要素である熱源には，ガスの熱源（酸素とプロパンガス，酸素とアセチレンガス）などのフレームを用いたり，電気や電気とガスを複合して使用したり，酸素と液体燃料（灯油）等が使われている。

次の要素である溶かした粒子を吹付ける機器には，圧縮エアや燃焼ガスの圧力を使用している。そして皮膜になる溶射材料の形状は，粉末（アトマイズ・サーメット・粉砕），ワイヤ（ソリッド・コアード），ロッドが用いられ，材質には金属，金属合金，サーメット（炭化物＋金属の焼結），セラミックス，プラスチックス等が用途や溶射機器によって幅広く選択される。（図2）

Q：溶射の種類はどのような方法がありますか。

A：図2の分類から大別して，溶射材料を溶融する熱源から燃焼エネルギー式と電気エネルギー式に分けられる。

　溶射は，同質の溶射材料を用いても，溶射方法（溶射機器）が違えば出来上がった皮膜は，硬度，密度，密着強度等が異なり用途から溶射方法を選ぶ必要があるので，溶射方法を各々に説明する。

　先ず，燃焼エネルギー式には，ガスを燃焼させ溶射材料の形状から次のように分類される。

1. 溶線式フレーム溶射法

　ガス溶射法の代表的な方法で，熱源に酸素とアセチレン，酸素とプロパンガスを燃焼させ，そのフレームに溶射材料のワイヤを送込んで溶かし，溶融粒子を圧縮エアで母材に吹付けて皮膜を形成させる。

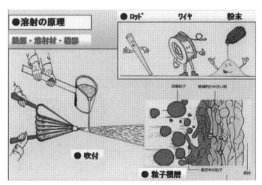

図1　溶射の原理

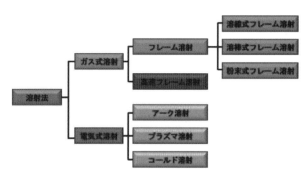

図2　溶射法の分類

溶射材料には，低融点材料（アルミニウム，亜鉛等），高融点材料（炭素鋼，ステンレス鋼，モリブデン等）のワイヤが使われ，用途には防錆，一般機械部品，装飾等の広範囲に使用されている技術で，費用も安価で現地施工等にも利用されている。（図3）

2. 溶棒式フレーム溶射法

この方法は，熱源に酸素・アセチレンを使用し，機器は圧縮エアで，溶射材料に棒状の酸化物系セラミックスを溶融して皮膜を形成させる方法だが，材料が高融点のため，高いガス圧と容量が必要となり，用途も限定される。酸化物セラミックスは，アルミナ，クロミアなどで他の溶射方法に比べ 気孔率が小さく，粒子間の結合力が高く靭性のある皮膜が得られ，後加工の研磨，磨き加工も非常に滑らかな優れた皮膜が得られる。

3. 粉末式フレーム溶射法

この溶射法は，熱源に酸素・アセチレンのガスを用い，溶射材料を溶融させて，燃焼ガス圧で吹付ける。溶射材料は球状粉，粉砕粉を使用し，金属材料，自溶合金，セラミックス，プラスチック材などの広範囲の材料が，この一台で可能なマルチな溶射装置で，設備費も安価で済み，溶射ガンも軽量で取扱いも容易。

4. 超高速フレーム溶射法

この方法は HVOF とも呼ばれており，現在市場で採用されている溶射装置の中では，総合的に最良の機器といえる。

HVOF とは，ハイ・ベロシティー・オキシジェン・フュエルの略で，熱源に酸素・燃焼ガス（水素，プロピレン）を用いるタイプと，より高圧燃焼が得られる酸素・液体燃料（灯油）を使うタイプがあり，ガン内部のチャンバー内で高圧にしたフレームに投入された溶射材料が高速ガス流で加速され，音速を超えるスピードで母材に衝突して皮膜形成する方法である。

この溶射方法で得られる皮膜特性は，他の溶射方法で得られる性能より 高密度，高密着力，高硬度などに優れている。（図4）

次に電気エネルギーを用いる溶射法には，電気と電気にプラズマガスを用いて高温が得られる方法に分類される。

5. アーク溶射法

電気エネルギーを用いて溶射材料を溶かす方法で，2本の金属線の間にアークを発生させ，その熱で金属を溶かし溶融した金属を圧縮エアの圧力によって微細化させ，母材に吹付けて皮膜を形成させる方法です。フレーム溶射法に比べて溶射能力（時間当たりの皮膜形成量）が大きく溶射単価は安価になる。溶融時に高温（約7,000℃）になり，しっかり溶融されるので，密着力に優れるが，その反面，金属材料を大量に溶かすことでヒュームも多く発生するため，集塵対策が必要となる。

また，ワイヤそのものが電極となるので，通電性のある金属材料を使用する。

6. プラズマ溶射法

金属材料からセラミックスまでの溶射が可能な万能タイプがプラズマ溶射法である。

溶射材料には，球状粉や粉砕粉が使われ，作動ガスにアルゴン，ヘリウム，窒素，水素などを用いる方法と，水の分解を利用する水プラズマ溶射法がある。プラズマ溶射は，アルゴンなどのガス中で大電流の直流アーク放電により，高温・高速のプラズマジェットを溶射ガンの中で放電させ，このプラズマジェット中に粉末を投入することにより，溶融と加速を行い皮膜形成させる。エネルギー密度の極めて高いプラズマジェットにより，10,000℃を超える高温が得られるので，高融点の材料を溶融し皮膜を積層することができる。

Q：溶射はどのような目的で使われますか。
A：溶射は表面改質技術のひとつで，ワーク表面の耐摩耗性，耐熱性，耐腐食性などの機能を向上させたり，電気を通さないワーク表面に金属を溶射をして通電させたり電磁波を遮断するために溶射することもでき，またスリップ防止に使用したり，ワーク表面にワークの材質とは異なる溶射材料で特殊な機能を持たせることを目的としている。

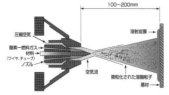

図3　溶線式フレーム溶射法図

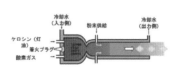

図4　超高速フレーム溶射法

Q：溶射にはどのような特徴がありますか。

A：溶射の長所と短所について説明する。

（長所）

○母材と溶射材料が広範囲に使用できる。

○対象物のサイズに制限が無く全面や部分的でも可能である。

○母材を溶融しない施工で変形が少ない。

○溶射設備の構成が比較的簡単で, 作業が手軽である。

○作業は迅速で, 皮膜の形成速度が速い。

○使用目的に合った機能皮膜が得られやすく, 選択幅が広い。

○作業は乾式なので, 湿式と違い廃液等の処理が不要である。

（短所）

○溶射皮膜は母材との密着力が溶接に比べて母材溶融が無く機械的に粒子積層のため低い。

○母材の形状によって溶射効率（歩留まり）が低くなる。

○溶射材料の飛散や音, ヒュームの発生があるので, その対策として集塵装置や防音設備が必要である。

○溶接の様に接合ができない。

○溶射皮膜は膜厚が制限される。

Q：溶射と溶接の違いを説明してください。

A：大きな違いは, 溶射は母材への溶融がなく母材の表面に溶融またはそれに近い状態の粒子を吹付けて, その扁平した粒子がかみついて積層させて皮膜を形成させるので, 母材温度も低く歪もすくない。また密着強度も低いので接合には不向きだが, 母材表面に用途に合った機能皮膜を作ることができる。

一方溶接では, 母材表面と溶接材料にそれぞれ電極として同時に溶融させて冶金的に結合させて接合や肉盛して厚盛層を作るので, 歪や割れが発生し易くなる。

Q：溶射皮膜の機械的かみつきはどのようなメカニズムになりますか。

A：溶射皮膜を作るには, 予め母材表面に必要な箇所をブラスト処理で, アルミナ材を用いて粗面化して凹凸を施し, その面に溶融またはそれに近い状態の粒子を吹付けて, その扁平した粒子がかみつき, アンカー効果を利用して積層させて皮膜を形成する。

溶射では, 溶射中に起こる粒子間結合や酸化膜などにより, 皮膜には気孔が含まれるので溶射方法で気孔率の低い方法や封孔処理によって気孔をふさぐ必要がある。

Q：溶射とめつき皮膜の違いがありますか。

A：硬質クロムめっきは, 摩耗とエロージョンに効果があり, 耐食性や仕上げ面の美しさにも特徴があるが, その中でも, めっき処理で発生するクロム問題は, RoHs指令に基づく環境負荷物質, 六価クロムおよびその化合物で規制され, そこで, 有害な化学物質を使用しない, 耐久性の高いスムーズな表面皮膜が得られる HVOF（超高速溶射法）溶射技術が取上げられた。

溶射法も技術が進み, 硬質クロムめっき被膜に劣らないち密な皮膜を形成することができ, さらなるメリットを得ることができた。

HVOF 溶射法から得られる皮膜は, クロム処理, 電力消費, 大量の水とその廃液処理の環境を大幅に解決することができる。

大きな違いは, めっきは湿式だが, 溶射は乾式で排液処理の問題など発生しない。

Q：溶射の使用例を教えてください。

A：溶射の使用例の一例を紹介する。

○印刷機：高速印刷用アニロックスロール　プラズマ溶射法で酸化クロム使用

○IH 釜：本体アルミにアーク法で磁性のために鉄材の溶射

○ビール瓶, 牛乳瓶などガラス瓶製造：プランジャー, 金型に粉末式フレーム法 Ni-Cr 合金を溶射

○高速道路の案内板：塗装の下地としてアーク溶射法でアルミニウムの溶射

○航空機のランディングギアはめっきの代替として超高速フレーム溶射法で超硬の皮膜で長寿命化

○建機の油圧シリンダー：超高速フレーム溶射法で超硬の皮膜で長寿命化

○船舶のバルブステム部：超高速フレーム溶射法の皮膜で耐腐蝕防止

◆まとめ

今後, ものづくりのひとつのツールとして溶射技術は, 既存部品より優れた性能を持ち, 延命率も確実に延ばすことができ, 効果的に施工することで機械の休止時間も少なく, 予備品をカットすることもできるので, 大きな経費の節約にもなる。溶射された機能皮膜は, 限られた資源の節約に大きく貢献することができ, 省資源・省エネルギーの要求に応える技術として, これからもより一層の発展と, さらなる活用が期待される技術である。

【これだけは知っておきたい】
高圧ガスの基礎のキソ

石井　正信

岩谷産業㈱ ウェルディング部

◆はじめに

　数年に渡る疾病症の蔓延や，遠くの国家間の衝突等もリアルタイムで明確な情報として伝播されている。それら世界中の出来事が産業用ガスはもちろん，家庭用燃料ガスまでも敏感に反応し消費者を翻弄している。それらのガスを扱う者にとって各種ガスの取扱い方法や特性等の基礎知識を知ることが重要なスキルと考えており，特に溶射や溶接・溶断用ガスは製造課題の本質を見極めた提案が求められている。

　溶射や溶接・溶断の基本技術は不変ではあるが，重要な溶接材料である各種ガスの特性や効能を知る事が技術の幅を広げ，技能者の新たな技能習得の有効な手段の一つと考えている。

　最近話題の「水素ガス」のポテンシャル性能や「CN（カーボンニュートラル）CF（カーボンフリー）貢献度」に「SDGs」対応，「ヒューム課題」まで，溶接・溶断環境にも配慮が必要な時代だが，メーカーとして常に新しいガス技術の開発で貢献できるよう注力していきたい。

◆溶射用ガス編

Q：溶射には，どのような高圧ガスが使われますか。
A：溶射方式のガス式，電気式，コールドスプレー式の3種共に様々な高圧ガスが使用されている。ガス式（各種フレーム溶射）には「アセチレンガス」と「酸素ガス」の3,000℃以上の高温火炎や「プロパンガス」等の燃焼ガスにより，溶射材料を溶融・軟化させ照射しているが，近年はCNへの配慮から「LNG」や「水素混合ガス（ハイドロカット）」の環境性能が注目を浴びている。電気式にはプラズマ溶射とアーク溶射に分類されプラズマ溶射の場合，アーク熱による溶融や高速プラズマ気流を利用するため，不活性である「アルゴンガス」もしくは「ヘリウムガス」が使用されている。アーク溶射の場合，電気アークにより溶融した粒子を高圧の「窒素ガス」や圧縮空気により吹き付けている。コールドスプレーの場合は溶射材を溶融させずに吹き付けるため，超音速流のガス噴射が容易な「ヘリウムガス」が適しているとされている。

◆溶接用ガス編

Q：溶接には，どんな方法（種類）がありますか。
A：「溶融接合（融接）」と「圧接」「ろう接」の3つに分けることができ，このうち「融接」は，溶接物（母材）同士を溶融温度まで加熱し融合させて接合する方法。燃焼ガスで加熱するガス溶接と電気のアーク放電を利用したアーク溶接法等があり，熱で溶けた金属を酸化や燃焼，窒化を防ぐためにガスが使われるが，この溶接方法を「ガスシールドアーク溶接法」という。世界中で最もポピュラーな溶接方法として広く使用されている。

　「圧接」とは加圧接合の事で様々な方法で材料を加圧しながら接合する方法で，ビル建築物の鉄筋接合等で多く使用されている。「ろう接」とは，はんだ付けや銀ロウ付けに代表されるように接合物は溶融させずにろう材となる金属を接着剤のように使用する接合方法。

Q：溶接用ガス（シールドガス）には，どんな種類がありますか。
A：代表的なガスとして「炭酸ガス（CO_2）」「アルゴン（Ar）」「ヘリウム（He）」の3種類がありそれぞれ単体で使用される。

　「MAGガス」と呼ばれるアルゴンと炭酸で混合したガスや，ステンレス溶接（ソリッドワイヤ使用）用「MIGガス」はアルゴンに酸素を混合し使用する。オーステナイト系ステンレス材料TIG溶接用として「アルゴンガスに水素ガスを添加した混合ガス」も販売されている。CO_2，Ar，He，O_2，H_2の5種類が混合されたりして使用されているが，溶接法やワイヤとの組合せは重要な事項となる。

各種単体ガスのそれぞれの特徴は次のとおり（表1
参照）。

【炭酸ガス】不燃性（燃えにくい）ガス。溶接の溶け
込みは良いがスパッタが多い。乾燥した状態ではほとん
ど反応しない安定したガスで，化学プラントや製鉄所の
副性ガスを原料に製造される。

【アルゴン】不燃，不活性（化学反応を起こしにくい）
ガス。電気が通りやすくアークの安定が高いため，単体
使用はもちろんの事，混合ガスのベース。空気分離装置
で窒素，酸素と同時にアルゴンガスも同プラントで生産。
アルゴンは，－186℃まで冷却することで液化分離し精
製。製鉄所や鋳物工場，プラント等，高反応物質の雰囲
気ガスとしても大量に利用されている。

【ヘリウム】不燃，不活性ガス。溶接では入熱効果が
高く，溶込みと溶接スピードの向上が可能。ヘリウムは
日本国内では採取が難しく全量が輸入され海外プラント
（アメリカ，中東カタール等）などで生産。膨大にLNG
プラントからも含有されるが，その量はわずかで，ヘリ
ウム需要は世界中の医療用途の爆発的な拡大を背景に，
益々入手困難な希少ガスとなっているが，アルゴンと混
合して使用することも多く，溶接の効率改善に貢献する
ハイパフォーマンス性能がある。

【酸素】活性（化学反応を起こしやすい）ガス。ステ
ンレス材料の溶接ガスとして，アルゴンに2%程度添加
して使用され，自動車部品の排気パイプ溶接に多く採用
されている。

【水素】可燃性（燃える）ガス。熱伝導がとても大きく，
溶け込みとスピードが上がる。沸点は－253℃で熱伝導
が非常によく，粘性が極めて小さいため，金属などの物
質中でも急速に拡散する。燃焼後は水になるので，クリー
ンエネルギーとしても注目を集めている。

Q：溶接ガスは単体もしくは2種類の混合で使われるの
ですか。
A：溶接効率を向上させるために，母材や溶接方法に合
わせて，2〜4種類のガスを混合させて使用されている。
とくに日本国内では，アルゴンに炭酸ガスを20%程度
混ぜたマグガス（MAGガス）と呼ばれる混合ガスが多
く使用されている。

　近年は高品質の溶接を行うため，または作業時間の短
縮を目指して，様々な溶接用混合ガスの開発が進められ
ている。弊社でも溶接する鋼板の材質や厚さによってガ
スの混合比率を変化させ，最適な溶接ができるガスを開
発されている。（資料1参照）。

Q：「融接」の中で，ガスシールドアーク溶接法以外に
どんな溶接法がありますか。またそれらにはどんなガス
が使われますか。
A：「プラズマ溶接」や「レーザ溶接」がある。

　「プラズマ溶接」は，専用のノズルを使って電気アー
クをより集中させて融接する方法。熱を集中させるた
め，プラズマ溶接には，アルゴンやアルゴンに水素を添
加した混合ガスが使われる。高速で美麗な溶接が可能に
なり使用箇所によっては大幅なコストダウンも可能にな
るが，専用の装置が必要で高価な機器構成のため，導入
前には十分な検討が必要。

　「レーザ溶接」は，レーザ光をレンズか鏡で局部に集
中させ，その光エネルギーで融接する方法。使われるガ
スは，レーザを発振させるガス（励起ガス）とシールド
ガスとに分かれる。励起ガスはその発振方法によって
様々な種類がある。例えば，炭酸ガスレーザの場合は，
炭酸ガスのほかにアルゴンや窒素，一酸化炭素の中から
3種類か4種類を混合したガスが使われる。最近はアー
クとレーザの2つの熱源で一つの溶融池（溶けた金属の

表1　シールドガスに使用されるガス種と物理的性質

ガス物性表	Ar	Ar	A	A	A
比重（空気=1）	1.38 ○	1.53 ○	1.11 ○	0.14 △	0.07 △
イオン化ポテンシャル（eV）	15.7 ○	14.4 ○	13.2 ○	24.5 ◎	13.5 ○
熱伝導率（mW/mK）	21.1 ○	22.2 △	30.4 ○	166.3 ◎	214.0 ◎
活性	不活性 ◎	活性 ○	活性 △	不活性 ◎	活性 △
燃焼性	不燃性 ◎	不燃性 ○	支燃性 △	不燃性 ◎	可燃性 ×

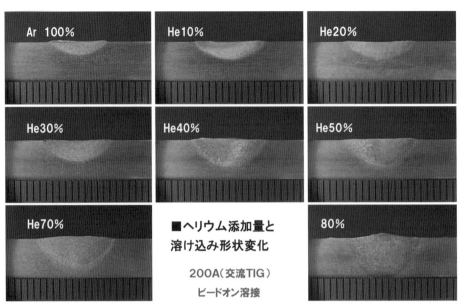

資料1 ガス組成変化による溶込み比較

表2 イワタニ溶接用混合ガス シールドマスターシリーズ

商品名	組成	対象素材	特長	用途
軟鋼・底合金鋼用（MAG）				
アコムガス	Ar+CO₂	軟鋼	低スパッタ・アーク安定・汎用性の高いMAGガス	鉄骨・橋梁・造船等
アコムエコ	Ar+CO₂	軟鋼中厚板	低スパッタ・低ヒューム・経済的なMAGガス・CO2溶接での作業環境を改善	鉄骨・橋梁・造船等
アコムHT	Ar+CO₂	薄板高張力鋼	低スパッタ・高速化・ビード外観向上・溶接金属の性質向上	自動車・輸送機器・事務機器等
アコムZ	Ar+CO₂+O₂	亜鉛メッキ鋼板	低スパッタ・高速化・耐ビット性向上・一般軟鋼にも使用可能	住宅設備・自動車
ハイアコム	Ar+CO₂+He	軟鋼中厚板	スパッタ激減・高速化・ビード外観向上・中電流から高電流で抜群のアーク安定性	鉄骨・橋梁・造船等
アコムFF	特許出願中	軟鋼薄板・亜鉛メッキ	幅広ビードの形成で，アンダーカットを抑制・高速化が可能	自動車・輸送機器
ハイマグメイト	Ar+He+CO₂+O₂	軟鋼中厚板・大電流MAG	高速化・スパッタ激減・溶接パス数減・大電流溶接で安定したスプレーアークを実現	鉄骨・橋梁・造船・重機等
ステンレス鋼用（MIG・TIG）				
ティグメイト	Ar+H₂	ステンレス鋼・プラズマ溶接	溶け込み向上・高速化・TIG板厚により混合比を調整可能	厨房機器・配管
ハイミグメイト	Ar+He+CO₂	ステンレス鋼・パルスMIG	高溶着・高速化・ビード外観向上・スパッタ激減・より高品質溶接を実現	自動車・鉄道車輌・化学プラント
ミグメイト	Ar+O₂	ステンレス鋼・パルスMIG	アーク安定・低スパッタ・溶接効率向上	車輌・配管
アルミ・アルミ合金用（MIG・TIG）				
ハイアルメイトA	Ar+He	薄板アルミ合金・パルスMIG/TIG	溶け込み向上・高速化・耐ブローホール性向上・ビード外観向上	特装車・鉄道車輌
ハイアルメイトS	He+Ar	厚板アルミ合金・パルスMIG/TIG	溶け込み向上・高速化・耐ブローホール性向上・ビード外観向上	LNGタンク・アルミ船

溜まり）を作る「レーザ・アークハイブリッド溶接」も増えている。

◆切断用ガス

Q：鋼材を切断するためには，どんな技術が使われていますか。
A：「熱切断」が非常に多く用いられている。
　熱切断とは熱のエネルギーとガスの運動エネルギー，場合によってはガスが持つ化学的エネルギーで鋼材を溶かして切断する方法。熱切断には他に「ガス切断」と「プ

ラズマ切断」「レーザ切断」があり，近年はプラズマ切断やレーザ切断の採用が多くなってきたが，主流は今もガス切断。

Q：ガス切断（溶断）の原理はどんなものですか。
A：加熱炎により切断する表面部位を1,400℃付近まで加熱しそこへ酸素を吹き付けることで酸化燃焼反応により溶融が始まる。溶融した金属は切断酸素の圧力より排除され，連続的に供給される切断酸素は燃焼反応の連鎖により類焼することになり切断となる。切断開始部以降は

酸素と鋼材の酸化反応熱だけで補うところが最大の特徴です。このため，1,000mm 板厚の鋼材でも表面加熱だけで切断が可能になる。しかし，ステンレスやアルミニウム材では酸化反応が鈍いため適用されない。（図1参照）

Q：ガス切断において，酸素はどのような役割を果たしますか。
A：酸素はガス切断の"要"といえる重要なガスで，鋼材を酸化燃焼させるために使う。鋼材を燃やすのを助ける「支燃性ガス」として利用される。切断の品質には，酸素の純度が影響するが，現在市販の高圧ガス容器に充填されている酸素は JIS で規定されており，ガス切断を行うのに充分な純度が確保されている。

Q：どのようなガスが使われますか。
A：母材を加熱する燃焼ガスとして，古くからアセチレンガスが使われているほか，プロパンガス（液化石油ガス＝LPG）や天然ガス（LNG）の使用も一般的。また，プロピレンやエチレン，またはそれらを混合した水素＋エチレンの「ハイドロカット」も環境配慮，高機能性ガスとして使われている。

【アセチレンガス】はカーバイド（炭化物）から製造され，そのままでは不安定で反応性が高いため，ガス容器内に浸したアセトン溶液に溶解させ，安定させた状態で保存している。このため，「溶解アセチレン」とも呼ばれる。空気よりも軽く拡散するので，外作業に向いている。火炎温度は 3,000℃ 以上と非常に高いので作業能率は抜群。しかし火炎が集中しやすく燃焼速度も速いため，吹き消しにくく，取扱いを誤ると逆火しやすい特徴がある。

【プロパンガス】は石油採掘などの過程で出た炭化水素を液化した発熱量の高いガス。空気より重いため溜まりやすく，室内作業や凹んだ場所での作業には向かない。

火炎温度が比較的低いため，アセチレンより作業効率は劣るが，安全性は高くなっている。家庭の燃料用としても広く使われているガス。

ガス切断には「切断吹管」や切断火口が機器として必要であることも付け加えておく。使用するガスの種類や圧力，温度に合わせて適正な商品を使う必要がある。
表3にガス切断用の燃焼ガスとその物性を記す。

Q：ガス切断と比べて，プラズマ切断やレーザ切断にはどんな特徴がありますか。
A：プラズマ切断は，プラズマ化した酸素や空気を母材に直接吹き付け，瞬時に母材を溶解させて切断する方法。高速の切断が可能で，熱による変形が少ない特徴があり，また水中でも充分な威力で使用できる。ガス溶断ができないステンレス鋼やアルミニウム合金の溶断のほか，軟鋼の高速切断にも用いられる。

レーザ切断は，レーザ発振器から反射鏡などを用いて伝送されてきたレーザを集光レンズで細く絞って母材に

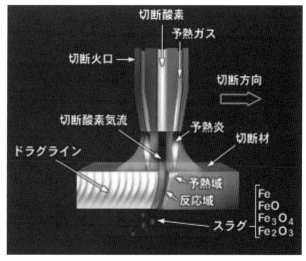

図1　ガス溶断の模式図

表3　切断ガスの種類と物性比較

ガス	分子式	分子量	ガス比重 空気=1	総発熱量 Kcal/m3	火炎温度 ℃	燃焼速度 m/s	着火温度 ℃	燃焼範囲 %
アセチレン	C_2H_2	26.04	0.91	13,980	3,330	7.60	305	2.5～81.0
プロピレン	C_3H_6	42.08	1.48	22,430	2,960	3.90	460	2.4～10.3
エチレン	C_2H_4	28.05	0.98	15,170	2,940	5.43	520	3.1～32.0
プロパン	C_3H_8	44.10	1.56	24,350	2,820	3.31	480	2.2～9.5
メタン	CH_4	16.04	0.56	9,530	2,810	3.90	580	5.0～15.0
水素	H_2	2.02	0.07	3,050		14.36	527	4.0～94.0

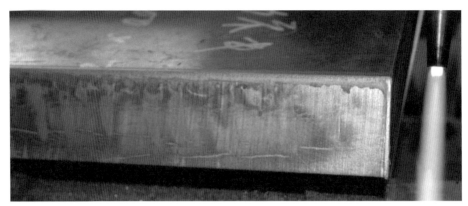

画像1　『ハイドロカット』の火炎と切断面（板厚50mm，25度開先切断）

当て局部を溶融させ，ノズルからアシストガスを噴き付けて，溶けた物を噴き飛ばし，切断する方法。

Q：最近の切断方法で注目されているものはありますか。
A：当社グループの岩谷瓦斯が作る「ハイドロカット」がある。これは水素をベースにエチレンを混合させて次のような特徴を持つことができた。昨今の脱炭素施策に合致し機能性，環境性能共にハイポテンシャルな燃焼用混合ガスが販売されている。
①プロパンや天然ガスを使った切断と比べて，切断面がキレイで，切断速度が早い
②アセチレンやプロパンを使った切断に比べて，熱影響によるひずみが少ない
③アセチレンより輻射熱が少ないので，作業がしやすい。
④切断する時に出る炭酸ガスがアセチレンより約30％少ない
⑤アセチレンと比べて逆火しにくいし，ススも出ない
⑥一般に使われているシリンダーが専用容器として利用できる。

◆まとめ

　近年はFCVや燃料として使用される水素に代表されるように，高圧ガスの用途に今までにない使用方法が日進月歩で開発されている。我々は，今までに無い超高圧での使用や超低温ハンドリング等，ガスの基本となる物性をしっかりと理解しながら研究開発し技術を磨いている。
　これら重要な資材となる各種ガスを取扱う皆様には「正しい取扱いこそが事故予防」となるため，関連資格の取得や安全講習会等に積極的に参加願いたいと考えている。

2021年度の40.8％増に続き,2022〜2023年度もプラス成長が期待される半導体製造装置 FPD製造装置も総じて安定成長,見込む

編集部

（一社）日本半導体製造装置協会（＝ SEAJ，牛田一雄会長）の半導体統計専門委員会および FPD 調査統計専門委員会は 2022 年 1 月，「2021 年度〜 2023 年度の半導体・FPD 製造装置の需要予測」を発表した。それによると，半導体製造装置では，日本製装置の 2021 年度販売高は，新型コロナウィルス感染症によるサプライチェーンの混乱や半導体を含む部品調達難の影響が懸念されるものの，ロジック・ファウンドリー，メモリーともに投資意欲は極めて旺盛で，前年度比 40.8％増の 3 兆 3,567 億円と予測。2022 年度もファウンドリーを中心にさらなる投資増加が予測されることから，5.8％増の 3 兆 5,500 億円。2023 年度は，4.2％増の 3 兆 7,000 億円と予測している。

一方，FPD 製造装置についても，2021 年度は月ごとの増減率の変動は大きかったものの，年度を通じた数字は平準化するとし，1.3％増の 4,700 億円と予測。また 2022 年度は比較的大型案件が少ないものの，IT パネルを G8.6 クラスの大型基板で量産する動き等を考慮し 2.1％増の 4,800 億円。2022 年度は新技術を盛り込んだ投資を期待し 4.2％増の 5,000 億円と予測している。

◆半導体産業の市場分析

半導体を消費するアプリケーションとして，スマートフォンの総台数需要は安定しているが，5G 仕様のハイエンド品の比重が急速に高まっている。パソコンの台数は一昨年からの世界的なテレワーク特需の反動や部品不足の影響から現在伸び悩んでいるものの，Windows11 の登場やゲーミング需要の拡大により，搭載される CPU/GPU の高度化やメモリーの高容量化が進む。また DRAM 規格では DDR4 から DDR5 への世代交代がはじまり，NAND フラッシュはさらなる 3D 構造の高層化で大容量化が進む。データセンターの分野では，ハイパースケーラーの設備投資意欲は，依然として旺盛である。世界的な半導体不足を受けて，最先端品だけでなく，現

在特に需給が逼迫しているレガシープロセスでの増産要求も高まっている。

将来のカーボンニュートラル実現に向けた世界的な動きにより，半導体の高機能化と低消費電力化への貢献が今まで以上に強く求められる。電気自動車へのシフトによりパワー半導体の重要性が再認識され，将来の自動運転 Level4/5 実現への取り組みは，AI（人工知能）用半導体の進化と相まって大きな技術革新を生むと期待される。

WSTS の 11 月表票によると，2021 年の世界半導体成長率は，25.6％増と高い成長が見込まれている。なかでもメモリーは，2021 年 34.6％増，2022 年 8.5％増と高い伸びが予想されている。ロジックも 2021 年 27.3％増，2022 年 11.1％増が見込まれる。半導体全体で 2022 年は 8.8％増となり，2 年連続で最高記録を更新する見込みである。

設備投資については，2019 年から続くロジック・ファウンドリーの積極投資が，2021 年はさらに大規模で加速されたとこころに，DRAM・NAND フラッシュの投資復活が上乗せされた。市場の地域としては中国・台湾・韓国ともに好調を維持している。DRAM 市況の軟化が懸念されるものの，データセンター需要の堅調さや DDR5 切替への対応から，設備投資としての落ち込みは少ないとみる。全体としては，2021 年度の 40.8％増に続いて 2022 〜 2023 年度もプラス成長を見込んでいる。

◆ FPD 産業の市場動向

PC・タブレット・モニターに使われる IT パネルの品薄はまだ続いているが，巣ごもり需要の増大からひっ迫感が出ていた TV 用大型パネルは，昨春をピークに価格下落が続いている。大手パネルメーカーの営業利益率も，2020 年 1 クォーター（1 〜 3 月）を底に，上昇を続けてきたが，2021 年 2 クォーター（4 〜 6 月）をピークに現在はやや低下傾向となっている。

2021年度の設備投資としては，昨年4月から8月までの日本製装置の販売高は，前年比54%増を記録したが，2020年の同時期は渡航制限により立上げ検収が困難となり，34%減を記録したタイミングでもあった。2021年度を通じた数字は平準化するため，1.3%増の見方を据え置く。

2022〜2023年度は，比較的大型案件は少ないものの，ITパネル井をG8.6クラスの大型基板で量産する動きや，新しいパネル製造技術の採用を考慮し，総じて安定した成長を見込んでいる。

この分析を踏まえた予測の結果は次のとおり。

【半導体／FPD製造装置・日本製装置販売高の予測】

2021年度は，半導体製造装置が前年度比40.8%増，FPD製造装置は1.3%増で，全体で34.4%増の3兆8,267億円と予測。2022年度は，全体で5.3%増の4兆300億円と予測している。4兆円の大台に乗るのは，SEAJが統計を開始して以来はじめて。2023年度についても全体で4.2%増の4兆2,000億円と予測している。

【半導体製造装置・日本製装置販売高の予測】

2021年度は，ファウンドリー，DRAM，NANDフラッシュのすべてが高い伸びを記録し，40.8%増の3兆3,567億円と予測。2022年度は5.8%増の3兆5,500億円，

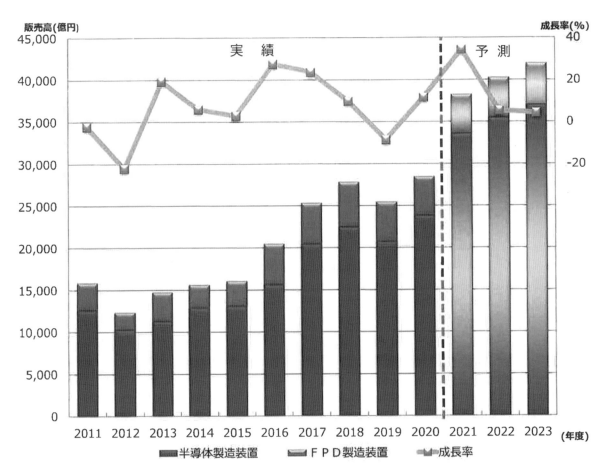

（CAGR:2020年度−2023年度）

年度	実績										予測			CAGR
	2011	2012	2013	2014	2015	2016	2017	2018	2019	2020	2021	2022	2023	CAGR
半導体製造装置	12,637	10,284	11,278	12,921	13,089	15,642	20,436	22,479	20,730	23,835	33,567	35,500	37,000	
FPD製造装置	3,250	2,089	3,485	2,717	2,993	4,857	4,916	5,364	4,758	4,638	4,700	4,800	5,000	
合計(億円)	15,887	12,373	14,763	15,638	16,082	20,499	25,352	27,843	25,488	28,473	38,267	40,300	42,000	
前年比成長率(%)	−2.3	−22.1	19.3	5.9	2.8	27.5	23.7	9.8	−8.5	11.7	34.4	5.3	4.2	13.8%

※2019年度はFPDの統計参加企業に変動がありました。統計参加企業の変更対象社名と金額は非公表です。

▲半導体およびFPD製造装置 全装置予測【日本製装置販売高予測】
※「日本製装置販売高」とは，日系企業（海外拠点を含む）の国内および海外への販売高です。

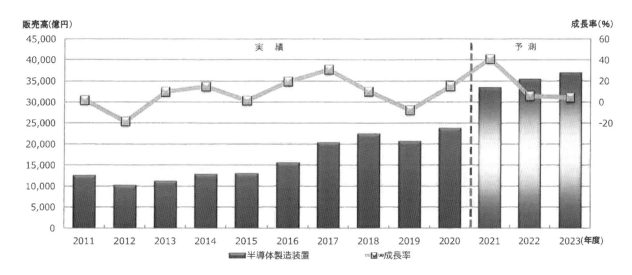

販売高(億円)

		実　績										予　測			
年度		2011	2012	2013	2014	2015	2016	2017	2018	2019	2020	2021	2022	2023	CAGR
合計(億円)		12,637	10,284	11,278	12,921	13,089	15,642	20,436	22,479	20,730	23,835	33,567	35,500	37,000	
前年比成長率(%)		1.8	−18.6	9.7	14.6	1.3	19.5	30.6	10.0	−7.8	15.0	40.8	5.8	4.2	15.8%

(CAGR:2020年度−2023年度)

▲半導体製造装置【日本製装置販売高予測】
※「日本製装置販売高」とは，日系企業(海外拠点を含む)の国内および海外への販売高です。

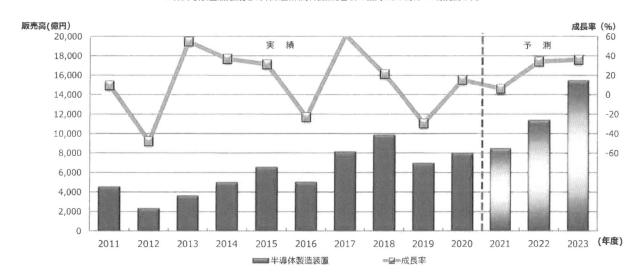

		実　績										予　測			
年度		2011	2012	2013	2014	2015	2016	2017	2018	2019	2020	2021	2022	2023	CAGR
合計(億円)		4,552	2,363	3,653	5,000	3,562	5,047	8,138	9,878	6,961	8,009	8,500	11,400	15,500	
前年比成長率(%)		9.4	−48.1	54.6	36.9	31.2	−23.1	61.3	21.4	−29.5	15.1	6.1	34.1	36.0	24.6%

(CAGR:2020年度−2023年度)

▲半導体製造装置【日本市場販売高予測】
※「日本市場販売高」とは，国内向日系企業および国内向外資系企業製装置の販売高です。

2023年度は4.2％増の3兆7,000億円と，安定的な成長を予測している。

【半導体製造装置・日本市場販売高の予測】

　2021年度は，メモリーとイメージセンサの投資動向を考慮し，6.1％増の8,500億円と予測。2022年度はイメージセンサ，メモリー，パワー投資の拡大から34.1％増の1兆1,400億円とした。2023年度は大手ファウンドリーの大規模投資を見込み，36.0％増の1兆5,500億円を予

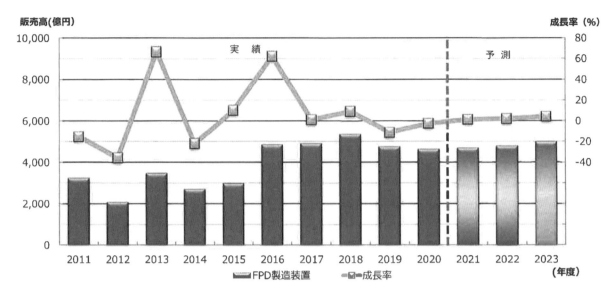

販売高(億円)

成長率（%）

実　績

予　測

FPD製造装置　　成長率

（CAGR:2020年度−2023年度）

年度	実　績										予　測			
	2011	2012	2013	2014	2015	2016	2017	2018	2019	2020	2021	2022	2023	CAGR
合計（億円）	3,250	2,089	3,485	2,717	2,993	4,857	4,916	5,364	4,758	4,638	4,700	4,800	5,000	
前年比成長率（%）	−15.4	−35.7	66.8	−22.0	10.2	62.3	1.2	9.1	−11.3	−2.5	1.3	2.1	4.2	2.5%

※2019年度はFPDの統計参加企業に変動がありました。統計参加企業の変更対象社名と金額は非公表です。

▲FPD製造装置【日本製装置販売高予測】

※「日本製装置販売高」とは，日系企業（海外拠点を含む）の国内および海外への販売高です。

測している。

【FPD 製造装置・日本製装置販売高の予測】

　2021 年度は，1.3％増の 4,700 億円，2022 年度は 2.1％ 増の 4,800 億円と予測。2023 年度は，新技術をつかった 投資額の増大を見込み 4.2％増の 5,000 億円と予測している。

【 連載 溶射の基礎と応用 第9回 】
溶射技術の応用製品

園家　啓嗣

ソノヤラボ㈱（山梨大学名誉教授）

1　内燃機関ピストン

　自動車などの内燃機関は燃費改善が求められている。一般的に動力エネルギーとして使用しているのは約30%で，他は排気損失（約30%），冷却損失（約30%），機械損失（約10%）となっている。従って冷却損失を低減出来れば燃費は大幅に向上する。そのための一手法として，図1に示すようにピストン頭部に遮熱溶射を行い熱の損失を防ぐ方法がある。ピストン材がAl-Si合金である場合，Al-Si合金基材に遮熱効果が期待できる①アルミナ（ボンドコート：Ni-Al（プラズマ溶射），トップコート：Al_2O_3（プラズマ溶射）），②TBC（ボンドコート：CoNiCrAlY（HVOF溶射），トップコート：YSZ（プラズマ溶射）），③SUS316（基材と線膨張率が近いため選定）の3種類について，熱サイクル特性及び遮熱効果の比較評価結果を以下に示す。

　表1は熱サイクル試験結果である。アルミナは膜厚が400 μmでは数サイクルで図2に示すようにはく離，割れが発生するが，TBCおよびSUS316は100回までの熱サイクル付加でははく離，割れの発生はないことが分かる。図3に遮熱効果測定結果を示す。

　TBCの遮熱効果は良好であるが，アルミナおよびSUS316皮膜の遮熱効果は小さいことが分かる。表2に経済性も含めた総合評価結果を示す。TBCは熱サイクル特性が優れているが，遮熱効果，経済性も含めて総合的に評価すると，プラズマ溶射SUS316皮膜がピストンへの溶射材料として適切であることが分かる。

2　半導体製造装置

　半導体製造装置のアーム部（図4）には，ウエハー製造過程での加熱により温度上昇し熱膨張するとウエハーを移動させる時の精度が悪くなるために，遮熱溶射がされている。

　現状は，アルミニウム合金基材にアルミナ（Al_2O_3）をプラズマ溶射される。ピストンの遮熱溶射と同じようなケースであり，耐熱性が期待できる3種類の溶射皮膜についての総合評価（表2）から，半導体製造装置のアーム部についても，プラズマ溶射SUS316皮膜が適切な候補皮膜になりえる。

3　火力発電ボイラ

　火力発電ボイラの蒸発器管，過熱器管などの伝熱管は，燃焼中に含まれる硫黄分やアルカリ金属化合物の溶融塩による高温腐食及び石炭灰の衝突によるエロージョン雰囲気下にある。これらの高温腐食，エロージョンを防止するために各種溶射技術が適用されている。

　図5は，ボイラ伝熱管の腐食，摩耗対策として適用している代表的な溶射技術をまとめたものである。50%Cr-50%Niは耐食性と耐摩耗性を両立できる優れた材料であり，プラズマ溶射によって施工する。クロムカーバイド（Cr_3C_2）は，材料に炭化クロム（WC）とニッケルクロム（NiCr）合金の混合物（サーメット）を用いており，フレーム溶射により施工する。非常に高い硬さを示し良好な耐摩耗性を有する。自溶合金はフレーム溶射後，ガス炎や高周波誘導加熱によって再溶融処理を行う。ニッケル（Ni）マトリックス中に微細なケイ素，ホウ素化合

図1　ピストン頭部への遮熱溶射適用による燃費の向上

表1　熱サイクル試験結果

膜厚 ＼ 材質	溶射			溶射			溶射		
	1回目	2回目	3回目	1回目	2回目	3回目	1回目	2回目	3回目
150μm	○	○	○	○	○	○	○	○	○
300μm	はく離5	はく離5	はく離2	○	○	○	○	○	○
400μm	はく離5	はく離5	割れ2 はく離3	○	○	○	○	○	○

※1:50℃→500℃→50℃の熱サイクルを100回まで負荷。
※2:割れ,はく離の後ろの数字は割れ,はく離が確認されたサイクル数を示す。また,○は100サイクルで割れ,はく離が見られなかったものである。

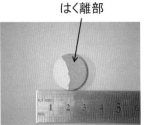

はく離部

試験前　　　　　　試験後

図2　Al_2O_3皮膜の熱サイクル試験によるはく離の発生

表2　総合評価結果

	熱伝導率 （W/(m·k)）	熱膨張係数 （×10-6/℃）	融点
Al_2O_3	30	8	1700
TBC	4	10	2700
SUS316	16.7	16.1	1400
	Al_2O_3	TBC	SUS316
熱サイクル特性	×	○	○
遮熱性	○	◎	○
コスト	○	△	○

※◎:優　○:良　△:可　×:不可

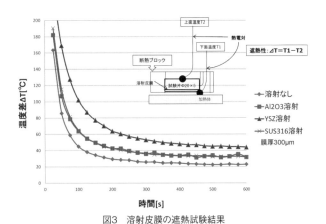

図3　溶射皮膜の遮熱試験結果

図4　半導体製造装置のアーム部

物が形成されるため優れた耐摩耗性を示し,溶融処理により基材と冶金的に結合するため溶射皮膜の密着強度は高い。13Cr 鋼は,マルテンサイト系鋼であるため良好な耐摩耗性を示し,比較的安価な材料である。17Cr 鋼は,マルテンサイトマトリックス中にクロムカーバイド粒子が分散した組織をもち,優れた耐摩耗性を有する。

3.1　オリマルジョン焚ボイラ火炉壁

　オリマルジョンは天然アスファルトと水,界面活性剤を混合したものであり,硫黄,バナジウム,マグネシウムの含有量が多いという特徴がある。ボイラで燃焼する場合,炉底部からバーナ上部の空気孔（OAP）以下の還元燃焼領域の火炉壁管で著しい硫化腐食が生じるため,プラズマ溶射により耐食性の優れた 50％ Cr-50%Ni 溶射を行っている。図6 に硫化腐食対策として 50％ Cr-50%Ni 溶射したボイラ全体組立図と溶射適用範囲を示す。

　溶射は炉底部から OAP までの広範囲（約 900m²）に対して実施している。

3.2　微粉炭焚ボイラ火炉壁

　微粉炭焚ボイラでは,ウオールデスラガ火廻りのスチームに石炭灰が巻き込まれ,周辺の炉壁に石炭灰に

よる顕著な摩耗減肉が生じるため，HVOF 溶射による Cr$_3$C$_2$-25%NiCr が適用されている。摩耗寿命の点では 50%Cr-50%Ni プラズマ溶射が有利なため，熱衝撃の面で厳しい伝熱管に対しては Cr$_3$C$_2$-25%NiCr 溶射に代わり適用している。

3.3　加圧流動層ボイラ層内管，火炉壁

加圧流動層ボイラの伝熱管は流動層内に設置されるため，ベッド材の連続的な衝突を受けるが，ベッド材の流動速度が小さいことから，摩耗環境は比較的穏やかである。伝熱管のうち，過熱器管などの比較的温度が高い部位では鋼管自身の表面に酸化皮膜が形成され，摩擦に対して保護効果を発揮する。しかし，温度の低い蒸発器管では摩耗に対して有効な酸化皮膜の形成が期待できないため，優れた耐摩耗性と同時に高い密着強度が得られる自溶合金溶射（フレーム溶射後 1,050℃ でフュージング処理）を適用している。また，火炉壁管は層内管ほど摩耗が激しくないためアーク溶射によるマルテンサイト系 13Cr 鋼により耐摩耗性を確保している。

3.4　循環流動層ボイラ火炉壁

循環流動層ボイラでは，火炉底部の火炉壁と耐火材の境界部において，石炭灰の衝突による激しい摩耗が生じ，摩耗対策が重要な課題となっている。耐摩耗性が優れ皮膜厚さを厚くできるマルテンサイト系の 17Cr 鋼アーク溶射を適用したところ，摩耗対策として有効であることが確認されている。

4　ボイラ用通風機

石炭焚き火力発電プラントの排気ガス用誘引通風機（Induced Draft Fan：IDF）（図7）の動翼は，フライアッシュの衝突による激しい摩耗雰囲気下で運転されるため，摩耗損傷が懸念される。対策として，今までは動翼の前縁部（ステンレス系鋼板）に硬質クロムめっきを施した着脱可能な動翼前縁耐摩耗カバー（ウエアリングノーズ）を取り付け，動翼基材（アルミニウム）を摩耗から保護してきた。図8はウエアリングノーズの概要であり，前縁部には硬質クロムめっきが施されている。

しかし，硬質クロムめっきは廃液処理（六価クロム）などの問題があるため，代替法として HVOF による WC-Co サーメット溶射をウエアリングノーズへ適用する手法を採用し，耐摩耗性の向上も図れることを確認した。図9は，皮膜断面のミクロ組織を示したもので，硬質クロムめっきには多数の空孔，クラックが存在している。WC 系皮膜にも空孔は存在したが，A 材ではクラックが見られたのに対して，B 材では観察されない。図10は，WC 系溶射皮膜と硬質クロムめっきのブラストエロージョン摩耗試験結果である。WC 系溶射皮膜は

用　途	溶　射　材	溶　射　法	皮　膜　組　織
耐食・耐摩耗性	50Cr-50Ni 成分 0.1Si-0.3Al-45Cr-残Ni 硬さ：HV400～500	プラズマ溶射 直流電流 プラズマジェット 作動ガス 陰極　アーク 除極 溶射材料粉末	200 μm
耐摩耗性	クロムカーバイド 成分 75%Cr$_3$C$_2$ +25%（80Ni-20Cr） 硬さ：HV700～800	高速ガスフレーム溶射 圧縮空気　ショックダイアモンド 酸素-プロピレンガス 粉末と送給ガス	200 μm
	自溶性合金 （JIS MSFNi4 相当） 成分 16Cr-4B-4Si-0.5C-2.5Fe-3Mo-3Cu-残Ni 硬さ：HV700～800	粉末式ガスフレーム溶射 溶射材料粉末 酸素-燃料ガス 粉末送給ガス	200 μm
	13Cr 鋼 （JIS SUS420J2 相当） 成分 0.35C-13Cr-残Fe 硬さ：HV300～450	溶線式ガスフレーム溶射 またはアーク溶射 酸素-燃料ガス 溶射材料 圧縮空気 フレーム	200 μm
	17Cr 鋼 成分 5C-3Ti-17Cr-残Fe 硬さ：HV600～750	アーク溶射 溶射材料線材 直流電源 空気 アーク	200 μm

図5　代表的なボイラ伝熱管用耐食・耐摩耗溶射技術

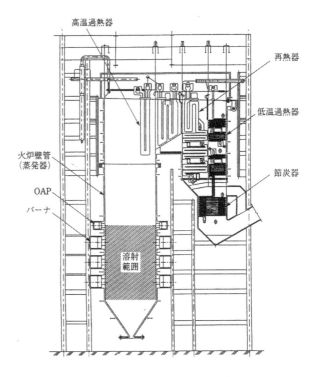

図6　重油焚ボイラの全体図及び 50%Cr 50%Ni プラズマ溶射範囲

動翼

図7　ボイラ用誘引通風機

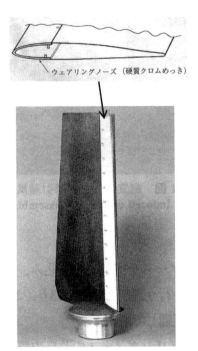

ウエアリングノーズ（硬質クロムめっき）

図8　ウエアリングノーズを組み付けた動翼

（a）　硬質クロムめっき

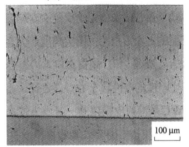

100 μm

（b）　WC系溶射皮膜（A材）

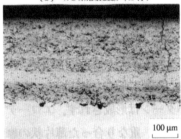

100 μm

（c）　WC系溶射皮膜（B材）

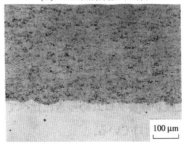

100 μm

図9　硬質クロムめっきとWC系溶射皮膜の断面ミクロ組織

試験条件\n供試材	試験温度	衝突速度（m·sec⁻¹）	衝突角度（度）	粉体噴射量（mg·min⁻¹）	試験時間（min）
硬質クロムめっき\nWC系溶射皮膜：A材\n〃　：B材	R.T.	183	15～90	63	30

（注）R.T.：室温

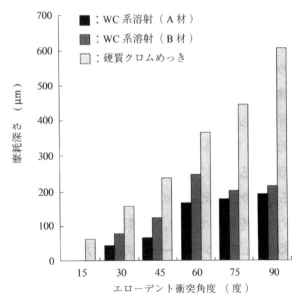

■：WC系溶射（A材）
■：WC系溶射（B材）
□：硬質クロムめっき

図10　硬質クロムめっきとWC系溶射皮膜のブラストエロージョン摩耗試験結果

硬質クロムめっきよりも高い耐ブラストエロージョン性を持つことが分かる。このことは，硬質クロムめっきのビッカース硬さが760HV（平均）に対して，溶射皮膜断面のビッカース硬さは1,050HV（平均）となり，溶射皮膜の方が硬い皮膜であることに対応している。

5 プラスチックシート製造用ロール

　プラスチックシートは薬の包装，いすの外カバーなどの各種シートとして広く使用されている。プラスチシート製造設備では図11に示すロール（チルド鋳鉄）が使用されている。そのロール表面には表面粗度の向上と耐摩耗性のために硬質クロムめっきが施されているが，めっき処理での六価クロムの廃液処理などの環境保全上の課題がある。そこで，硬質クロムめっきの代替法として耐摩耗性材料を用いた高速フレーム（HVOF）溶射法に注目し，ロールの性能向上，摩耗寿命の延伸，メンテナンスコストの低減を図るため，その実用性を評価した。

　表3に示す4種類の溶射試験材と硬質クロムめっきについて各種の評価を行った。

　各種皮膜の断面ミクロ組織を図12に示す。HVOFによるWC-12%Co皮膜は気孔などがほとんど認められず緻密な組織である。その他の溶射皮膜は気孔が比較的多い。硬質クロムめっきには縦方向の割れが認められる。図13はブラストエロージョン摩耗試験結果である。WC-12%Co皮膜が最も摩耗量が少なく，硬質クロムめっきの1/5程度である。次にCr$_3$C$_2$-25%NiCr皮膜の摩耗量が少なく，硬質クロムめっきよりも耐摩耗性が優れていることが分かる。一方，Cr$_2$O$_3$皮膜は耐摩耗性が硬質

クロムめっきより劣っている。

　図14に密着強度測定結果を示す。WC-12%Co皮膜，Cr$_3$C$_2$-25%NiCr皮膜は硬質クロムめっきの1.6倍程度である。Cr$_2$O$_3$皮膜の密着強度は硬質クロムめっきより低い値である。表4に塩水噴霧試験結果を示す。また，100時間塩水噴霧試験後の試験片外観を図15に示す。

　硬質クロムめっきには孔食が生じ，赤さびが発生している。WC-12%Co皮膜は酸化スケールが若干発生している。Cr$_2$O$_3$皮膜は全く腐食の跡が見られず，耐食性が優れている。図16には各種皮膜とプラスチックシート（ポリプロピレン：PP）の間のはく離性の難易度を調べた結果を示す。WC-12%Co皮膜とPPの間のはく離性は，硬質クロムめっきとPPの間のはく離性と同程度である。実機溶射ロールは溶射後冷間研磨することから溶射皮膜のうち代表的な2種類（WC-12%Co皮膜，Cr$_3$C$_2$-25%NiCr皮膜）について，溶射後の研削で皮膜に研削割れなどが生じないか調査した結果，図17に示すように，研削を行っても皮膜内には割れなどが発生しないことが確認できた。

　以上の試験結果を基に，摩耗寿命，ランニングコスト（溶射施工費，研削費）を含めて，硬質クロムめっきも基準にした合評価結果を表5に示す。WC-12%Co皮膜は，プラスチックシートとのはく離性を含めた皮膜性能が硬

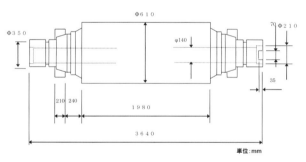

図11　プラスチックシート製造用ロール（C24型ロール）

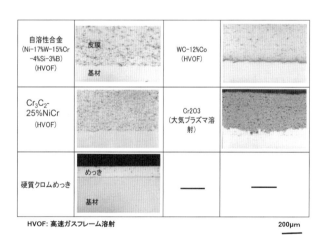

図12　各種溶射皮膜及び硬質クロムめっきの顕微鏡組織

表3　各種の溶射試験材

溶射材料	溶射法	膜厚(μm)	記号
自溶性合金（Ni-17%W-15%Cr-4%Si-3%B）	HVOF溶射法	500	①
サーメット（WC-12%Co）	HVOF溶射法	500	②
サーメット（Cr$_3$C$_2$-25%NiCr）	HVOF溶射法	500	③
セラミックス（Cr$_2$O$_3$）	大気プラズマ溶射法	300	④
比較材（硬質クロムめっき）	―	100	⑤

※HVOF:高速フレーム溶射

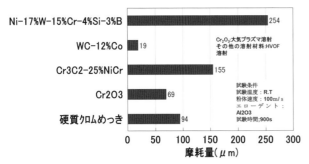

図13　各種皮膜のブラストエロージョン試験結果

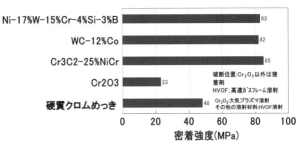

図14　各種皮膜の密着強度

表4　塩水噴霧試験結果

溶射材料	膜厚(μm)	結果
Ni-17%W-15%Cr-4%Si-3%B (高速フレーム溶射)	500	孔食(赤錆)
WC-12%Co (高速フレーム溶射)	500	酸化スケール発生
Cr$_3$C$_2$-25%NiCr (高速フレーム溶射)	500	腐食なし
Cr$_2$O$_3$ (大気プラズマ溶射)	300	腐食なし
硬質クロムめっき	100	孔食発生(赤錆)

(注)試験条件　塩水:5%NaCl,温度:35℃,時間:100時間

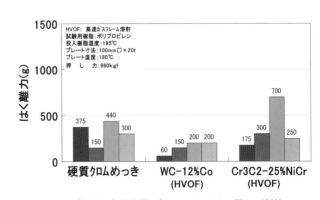

図16　第6図　各種皮膜とプラスチックシートとの間のはく離性

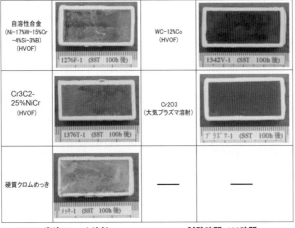

HVOF: 高速フレーム溶射　　　　**試験時間:100時間**

図15　塩水噴霧試験後の試験片外観

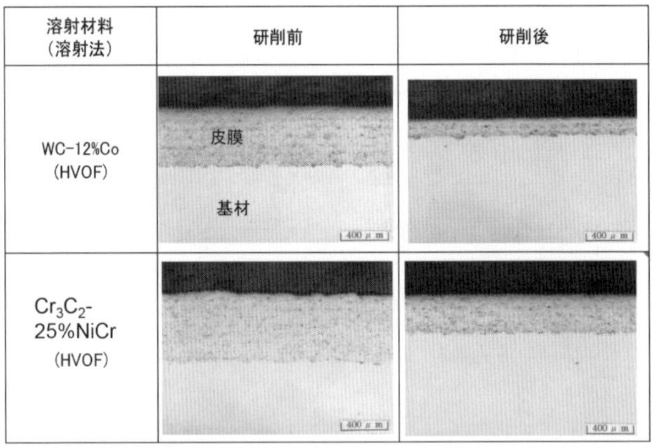

溶射材料 (溶射法)	研削前	研削後
WC-12%Co (HVOF)	皮膜　基材	
Cr$_3$C$_2$- 25%NiCr (HVOF)		

HVOF: 高速フレーム溶射

図17　溶射皮膜の研削前後のミクロ組織

表5　各種溶射皮膜の総合評価

溶射材料 (溶射法)	硬さ (HV:300g)	耐 エロージョン性	密着強度	最大膜厚 (mm)	ランニングコスト (含:研磨)	摩耗寿命	耐食性	カレンダーシート のはく離性	総合評価
Ni-17%W-15%Cr-4%Si-3%B(HVOF)	△(0.7)	×(0.37)	◎(1.7)	0.5	△(2.0)	○(1.9)	△	—	×
WC-12%Co(HVOF)	◎(1.9)	◎(4.9)	◎(1.7)	0.5	△(2.0)	◎(25)	○	○	◎
Cr$_3$C$_2$-25%NiCr(HVOF)	○(1.0)	△(0.61)	◎(1.8)	0.5	△(2.0)	○(3.2)	◎	△	○
Cr$_2$O$_3$(大気プラズマ溶射)	◎(1.7)	○(1.3)	×(0.48)	0.5	△(2.0)	◎(6.5)	◎	—	×
硬質クロムめっき	○(1.0)	○(1.0)	○(1.0)	0.1	○(1.0)	○(1.0)	△	○	○

(注)評価:良 ◎>○>△>× 不可　　　　　　　　　　　　　　　　　　　　( )の値:硬質クロムめっきの値を1(基準)とした場合の相対比

質クロムめっきと同等であり，特に摩耗寿命が非常に長いことから総合評価は「良」である。Cr_3C_2-25%NiCr皮膜は，皮膜性能が硬質クロムめっきと同等であることから総合評価は「可」である。従って，HVOFによるWC-12%Co皮膜が，硬質クロムめっきの代替となり得るコーティング法であると判断される。

ロールへのHVOF溶射は，ロール寸法が大きいことから，大形回転装置を用いてロールの両端をつかみ**図18**に示すように回転させて行う。溶射した後，ダイヤモンド砥石で冷間研削を行い**図19**のように鏡面（面粗さ：Ra0.1 μm）に仕上げる。

図18　ロールへWC12%CoをHVOF溶射施工

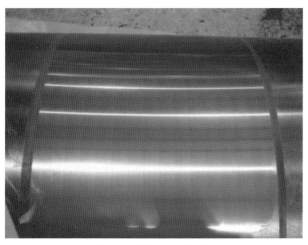

図19　研削後のロール溶射面

6　舶用デイーゼルエンジン

6.1　タービンハウジング

舶用デイーゼルエンジン補機（**図20**）に搭載する過給機には，**図21**に示すツインフロー型タービンハウジングが搭載されている。このタービンハウジングはスクロール巻き終わり部（舌部近傍）のガス通路外周壁部で，燃焼排気ガス中の10〜50 μmの硬質で微細な粒子が高速で衝突するため摩耗しやすい。このため，タービンハウジング本体には耐摩耗性の良好な球状黒鉛鋳鉄（FCD400）が用いられている。

タービンハウジング壁面の摩耗寿命のさらなる長寿命化のため，高温での耐摩耗性に優れた Cr_3C_2-25%NiCrを高速フレーム溶射する手法とアルミナイズ処理（Alの拡散浸透処理）する手法の2種類の適用を評価した。

溶射皮膜（膜厚：500 μm）とアルミナイズ処理（拡散層：70 μm）の断面ミクロ組織を**図22**に示す。いずれも気孔などの欠陥の少ない組織である。**図23**にブラストエロージョン摩耗試験結果を示す。Cr_3C_2-25%NiCr溶射皮膜の耐ブラストエロージョン性が非常に優れてい

図20　舶用デイーゼルエンジン外観

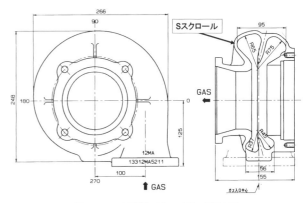

図21　RH133型タービンハウジング組立図

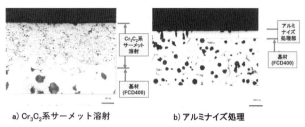

a) Cr₃C₂系サーメット溶射　　b) アルミナイズ処理

図22　HVOF溶射皮膜とアルミナイズ処理材の顕微鏡組織

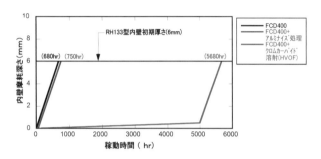

図24　摩耗寿命推定結果（加速条件）

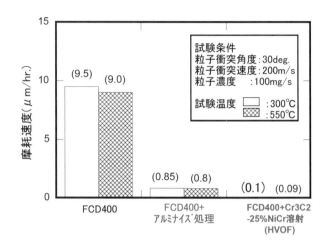

図23　ブラストエロージョン試験結果

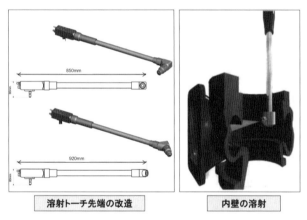

溶射トーチ先端の改造　　内壁の溶射

図25　スクロール部内壁の溶射法

図26　多関節ロボットによる溶射の自動化

ることが分かる。

　加速条件下（粒子衝突速度：200m/s）でタービンハウジングの摩耗寿命を推定すると図24が得られる。なお，初期肉厚は6mmとする。加速条件下でのFCD400基材の摩耗寿命は約680時間となる。アルミナイズ処理の場合は摩耗寿命が約750時間となり，基材の場合とそれほど変わらない。アルミナイズ処理の硬さは基材（平均硬さ300HV）の3倍程度あるが，硬化層が70 μmと薄いため摩耗寿命には差異があまり出でない。一方，溶射したものは，膜厚も500 μmと厚く，また平均硬さは1,000HVと非常に硬いため，摩耗寿命は約5,680時間となり，FCD基材の10倍近い寿命が延伸化できることが分かる。以上のことから，Cr₃C₂-25%NiCrを高速フレー

ム溶射する手法が適切であると評価された。

　実機に溶射法を適用するに当たって，2つの課題がある。課題①：スクロール内壁は曲面形状で狭い。課題②：溶射の効率化と品質確保である。課題①に対しては，ツインフロースクロール内壁への溶射は，曲面形状の狭い内面へそのままでHVOF溶射することは難しい。そのため，図25に示すように真っ直ぐなHVOF溶射トーチの先端部にトーチが直角に曲がるように内径ガンを取り付けて溶射を行った。課題②に対しては，図26に示すように多関節ロボットを設置し溶射の自動化を行った。この後，舶用ディーゼルエンジン補機の過給機に，実際に溶射したタービンハウジングを搭載した実証試験を行い品質の安定を確認した。

溶　射　技　術

【 連載 腐食防食の基礎 第4回 】
アルミニウム,銅などの非鉄金属の腐食

高谷　泰之

トーカロ㈱ 溶射技術開発研究所

1　はじめに

　これまで，ステンレス鋼をはじめとする鉄鋼系の様々な腐食を紹介してきた。中でも，温水中で使用されるステンレス鋼部材は溶接などの熱履歴によって耐食性が劣化することを詳細に解説した。

　一方，鉄鋼系材料の他に，銅やアルミニウムおよびそれらの合金など，またバルク材の機能を高めるためにめっきや陽極酸化などの表面処理が施された部材も広く使用されている。しかし，なぜかそれらの腐食損傷事例についての公表された報告は少ないようである。そこで，最終回の本稿では，アルミニウムと銅，またはめっき部材における腐食損傷を紹介する。

2　アルミニウム合金

　アルミニウムは卑な金属であるが，大気中では酸化皮膜を形成して比較的耐食性に優れる。その上，軽量であることから，素材としてますます用途が広がっている[1) 2)]。しかし，一般的に，大気中で自然に生成した酸化皮膜は耐食性が不十分であることから，アルミニウム素材には陽極酸化処理が施され，人工的に表面に酸化皮膜を付与して耐食性を高めたものが多い。

　アルミニウムの陽極酸化処理（通称アルマイトと呼ばれる）は図1に示すように硫酸などの水溶液中においてアルミニウム素材を陽極（アノード）として直流電解することで，表面に多孔質な酸化皮膜を成長させる[3)]。ここで，多孔質な酸化皮膜はこのままでは耐食性に乏しいため，熱水などで孔を埋める封孔処理がなされる。多孔質な孔に有機染料を注入したり，交流電解でNiコロイド粒子を堆積させると，ブロンズ色系のカラーアルミサッシになる。

2.1　アルミサッシの腐食損傷

　表面を陽極酸化したアルミニウムが使用されている代表的な部材は建材のアルミニウムサッシ（アルミサッシ）である。このアルミサッシの腐食損傷例として，健全な箇所と腐食の生じた箇所の外観写真および走査型電子顕微鏡（SEM）像を図2と図3に示す。外観写真からアルミサッシ表面には，虫食いのように局部的な腐食が発生し，白い粉状の腐食生成物（白さび）が堆積している。図2の健全部では亀甲状にき裂のようなものがみられるが，エネルギー分散型X線マイクロアナライザ（EDS）分析では素材のAl，硫酸浴のS（酸化皮膜中に取り込まれる），封孔薬材に起因するNiとCoが検出された。一方，腐食が生じた箇所（図3）では亀甲状のき裂に加えて網目状にき裂が生じている。EDS分析ではAl，S，Si，NiとCoの他に腐食性因子であるCl元素が検出された。図4にアルミサッシの孔食部の分析結果を示す。酸化皮膜が破壊されており，アルミニウム素材が腐食した食孔が生じていた。このようにアルミニウム素材の腐食は，陽極酸化皮膜が局部的に破壊されて始まるのである。

　また，陽極酸化処理は，アルミニウム合金種，圧延材，鋳物やダイカストによってそれぞれ難易さがあり[4)]，形成される陽極酸化皮膜の出来上がりが異なると耐食性に大きく影響を及ぼすことに留意する必要がある。

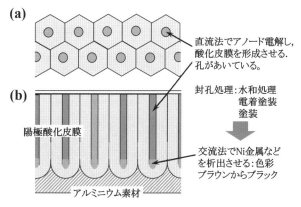

図1　アルミニウム陽極酸化皮膜(アルマイト)の構造
(a)表面,(b)断面

アルミサッシ使用時の問題は，露出した端面からの腐食である。アルミサッシ類は定尺の部材を入手し，必要な寸法に切断または必要な箇所にねじ孔などを加工して使用されるのが一般的である。この場合，陽極酸化皮膜のないアルミニウム素材が直接腐食環境に晒されることになる。理想的には，部材に穴あけ，切断をして陽極酸化処理・封孔を行い，サッシ全面を酸化皮膜で覆うことが好ましい。

電車の窓枠には軽量性の観点からアルミサッシが適用されている。その一例を図5に示す。通常は清潔感のある外観（a）を示すが，最下部に白い錆が発生している（b）。この部分は部材を切断して取り付けられているのでアルミニウム素材が露出しているものと推定される。そして，埃や水分が滞留しやすく，もっとも腐食しやすい環境となり，醜く腐食したといえる。今回の腐食例では，アルミサッシが腐食したとしても機能的にはなんら問題がない。しかし，他分野の適用においてはこれが重大な事態となる可能性もあり，アルミサッシ端面が露出している可能性を留意しておくべきである。

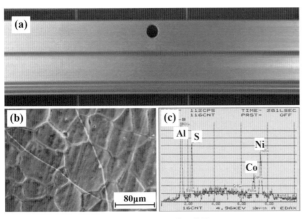

図2　アルミサッシの表面外観
(a)走査型電子顕微鏡（SEM）像
(b)エネルギー分散型X線マイクロアナライザ（EDS）分析

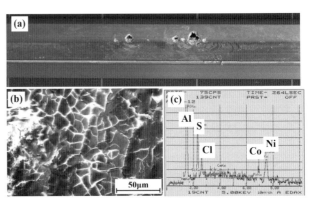

図3　アルミサッシの腐食した表面外観
(a)走査型電子顕微鏡（SEM）像
(b)エネルギー分散型X線マイクロアナライザ（EDS）分析

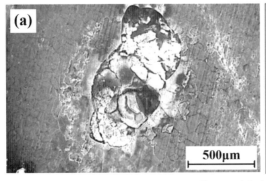
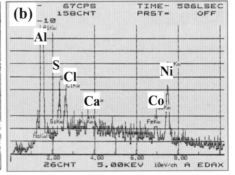

図4　アルミサッシの孔食
(a)走査型電子顕微鏡（SEM）像，(b)食孔内のエネルギー分散型X線マイクロアナライザ（EDS）分析

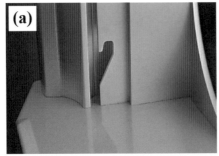

図5　アルミサッシ端面での白さび発生
(a)正常部材，(b)腐食を生じた部材

次に，アルミサッシで課題になるのはステンレス鋼（例えばSUS304鋼）との接触腐食である。アルミサッシにステンレス製ネジを使用した場合に異種金属接触腐食の懸念があることはよく知られている。しかし，大気中で耐食性のあるステンレス鋼は不働態化しており，一方，アルミニウムは陽極酸化処理を施し，両方ともに表面は絶縁体で覆われていると考えてもよい。それが合わさって接触したとしても異種金属接触腐食が必ず起こるとは考えにくい。すなわち，施工工程において物理的にねじ穴をあけ，ネジ締込み時に酸化皮膜が破壊されたために裸のアルミニウムが露出することが最大の原因と考えられる。

アルミサッシとSUS304鋼の異種金属接触腐食が生じた事例を図6に示す。ボルトとサッシのすき間から白い粉の腐食生成物が噴出しており（a），異種金属接触腐食によってアルミニウムが腐食したのである。アルミサッシはステンレス鋼のボルト締めで固定されている（b）。異種金属接触腐食のメカニズムはすでに紹介した[5]。ボルトとアルミサッシは絶縁されているが，サッシ端面の素材が露出してアルミウム素材の腐食が生じ，その腐食が進むにつれて絶縁性が低下し，ボルトとサッシ

の異種金属接触腐食によってアルミニウム素材の腐食が加速されたものと推察された。

1970年代に，鉄製の窓枠がアルミサッシ製に変わった時代にアルミサッシとモルタルの接触で一夜にして激しい腐食が起き，社会問題となった（図7）。これは，モルタルが固まらないうちにサッシとモルタルが接触したからである。その他にも，アルミサッシがモルタル（コンクリート）中の鉄筋と溶接して固定されたことで，モルタル中の鉄筋（大面積）とマクロセルが生じて多大な腐食が発生した事例がある[6]。

2.2　アルミニウムの層状腐食[3]

2000系（Al-Cu）および7000系（Al-Zn-Mg-（Cu））の高強度アルミニウム合金は水分などによって表面から腐食が始まる。この時，使用環境において湿潤，乾燥を繰り返すと，木材の表皮のように層をなして腐食が進む場合がある。このような腐食をその形態から層状腐食と呼んでいる。これは粒界腐食の一種であり，表面に平行な面に沿って腐食の起点から横方向に腐食が進展する[7]。

アルミニウム合金（A2017）製棒状部材に発生した層

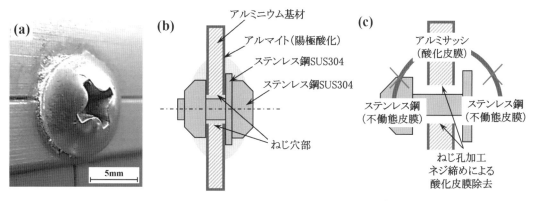

図6　アルミサッシとSUS304鋼製ボルトとの異種金属接触腐食
(a)ボルトとサッシ間での白さび，(b)サッシとステンレス鋼の構成，(c)腐食メカニズムの関係図

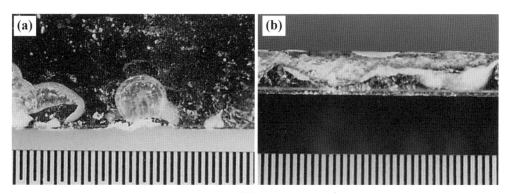

図7　モルタルと接触したアルミサッシの腐食
(a)表面，(b)側面

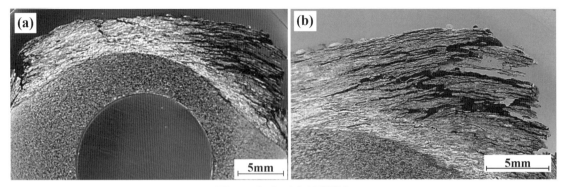

図8 アルミニウム合金の層状腐食
(a)腐食の全景,(b)層状部の拡大

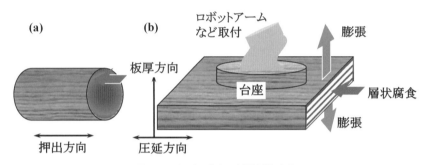

図9 アルミニウム合金の金属組織と腐食
(a)押出材,(b)圧延材

状腐食の事例を図8に示す。写真(a)において表層部は金属状態を保っているが,内層部において腐食の進行が見られる。また,アルミニウム合金層の内部に腐食生成物が層状に堆積する。このことで,腐食した箇所は部材の初期寸法より著しく厚くなる(b)。層状腐食は熱処理型アルミニウム合金であるAl-Cu-Mg系に発生しやすい傾向がある。

　装置部材の軽量化を図るため,高強度なアルミニウム合金が広く使われているが,本事例のようにそれらの材料が層状腐食を起こすと,部材の体積が膨張し,設計した形状が大きく変化し機能を損なってしまうことが多々見受けられる(図9)。したがって,部材が水と接触するなど腐食環境にある場合には,これらの材料をできる限り使用しない方がよい。しかし,軽量で高強度なアルミニウム部材は不可欠である。層状腐食が生じると押出方向や圧延方向に垂直に体積膨張が生じる,すなわち層状腐食が金属組織に起因することを留意することである。使用する必要がある場合には,金属組織を確認しアルミニウム合金の体積膨張が問題とならないように材料の切り出し方向に留意するなどの工夫する必要がある。

　さらに,このような腐食を生じるアルミニウム合金種は前述したように防食を付与する陽極酸化処理が難し

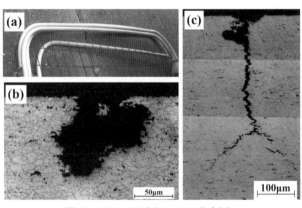

図10 アルミニウム合金A5182の孔食(b)と
それを起点にした応力腐食割れ(c)

く,その酸化皮膜は欠陥が多くなる[4]。従って,あらかじめ表面処理仕上げした部材の耐食性評価を行っておくことを勧める。

2.3　アルミニウムの孔食と応力腐食割れ

　漁船や漁港の海洋環境において使用されていたAl-Mg系アルミニウム合金(A5182)製U字状アングルが破断した事例を図10に示す。特にアングルの中央部での破損が多く,破損に至っていない他のアングル中央部付

近の表面には，き裂や孔食が無数に見られた。大気中で形成された酸化皮膜は耐食性があるため，素材の腐食は孔食となる。孔食の断面を（b）に示す。アルミニウム合金の金属組織には結晶粒界が見られ，その結晶粒界が溶解して孔食が発生していた。アルミニウム合金に発生したき裂部の断面写真を（c）に示す。き裂は孔食の底部から結晶粒界に沿って進展し，さらにそのき裂は分岐しており，粒界型応力腐食割れが発生していた。応力腐食割れは孔食を起点とし，結晶粒界に沿ってき裂が伝播したことが明らかである。従って，応力腐食割れによる部材損傷を防ぐには割れの起点となる孔食を発生させないことが重要である。

3 銅合金

3.1 純銅の孔食

マンション床下に設置された温湯用銅管において，水

漏れを起こした部材を図11に示す。銅管の外観（a）ではモルタルが付着し，配管がモルタルと接触した形跡がある。銅管の外面（b）には孔食が見られ，貫通孔であるかを確認するために断面観察すると，外面側に複数の円形状の孔があり（c），貫通孔ではないことが分かった。その孔中の堆積物のEDS分析結果を（d）に示すが，Cu，Zn，Fe，Alとモルタル成分のCaが検出された。しかし，本部材は人為的な研磨（b）がなされていた。そのため，モルタルや砂と接触した箇所から孔食を起こしたとは断定できないのである。すなわち，銅管の水漏れは外部からの孔食によって生じたとしかいえない。損傷品を調査する場合，腐食の専門家に依頼する前に手を加えてはならない。

3.2 快削黄銅製継手の脱亜鉛腐食

温泉水に接触した黄銅部材が赤く変色し，脱亜鉛腐食が発生した事例を図12に示す。材質は快削黄銅

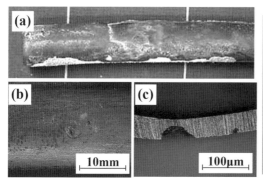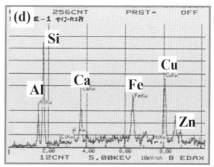

図11　純銅製温水配管の孔食
(a)配管水漏れ箇所,(b)孔食(部材表面は研磨されている),(c)銅管断面,(d)断面孔中のEDS分析

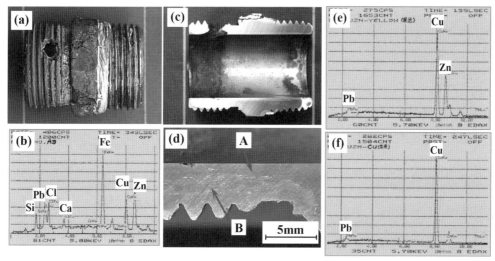

図12　快削黄銅製ジョイントの脱亜鉛腐食
(a)全景,(b)表面のEDS分析,(c)内面の外観,(d)断面形態(A点:赤色,B点:黄銅色),(e)断面(d)のA点のEDS分析,(f)断面(d)のB点のEDS分析

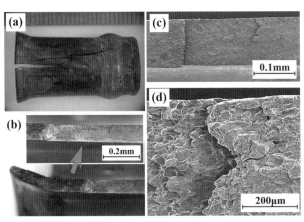

図13　黄銅部材の時期割れ
(a)全景,(b)破断面の外観,(c)破面のSEM像,(d)破断面の拡大

図14　快削黄銅製逆止弁の割れ
(a)破断面の全景,(b)起点部の外観,(c)破断面のSEM像

（JIS3604BD：引抜棒）で化学組成は60Cu-3.0Pb-残部Znである。(a)の赤色化した部材のEDS分析(b)ではCu, Zn, Pb, Fe, Si, Cl, Caが含まれており，それらは素材成分と温泉水成分である。半割にした部材の断面(c)では温泉水に接した部分が赤色を成している。その箇所を拡大(d)し，表面の赤色層(A)と素材の黄銅色部(B)をEDS分析すると，黄銅色部(e)では素材のCu, Zn, Pbが検出されるが，赤色部(f)ではCuとPbのみが検出されZnは検出されていない。

これは，使用中に黄銅素材からイオン化し易いZnが優先して溶出し，素材にCuのみが残った結果である。ジョイント部材は赤色を呈し形状を保っているが，Zn成分の溶出によって多孔質な金属組織となり脆くなっている。本事例において表面に白色堆積物が見られないのは温泉水が弱酸性であるため，Zn^{2+}イオンが水酸化物イオン（OH）と結合し白色の腐食生成物として沈殿する現象が発生せず，Zn^{2+}イオンとして流出した由である。

このようなケースでは，部材に脱亜鉛腐食に強い銅合金を用いる必要がある。脱亜鉛腐食に強い合金としてはAs, Sb, Pのいずれかを0.02mass%以上，またはSnを0.5～1.0mass%添加したアドミラルティ黄銅，アルミニウム青銅，ネパール黄銅などがある[8]。また，ステンレス鋼など，耐食性を有する他の金属材料を選択するのも有効である。

3.3　黄銅の応力腐食割れ

黄銅の応力腐食割れ事例を図13に示す。筒状に成形された部材に長手方向にき裂が無数に生じており(a)，その破断面は比較的平滑である(b)。また破断面のSEM像も平滑である。拡大SEM像には結晶粒界が確認され，粒界割れが発生している。これは機械加工の際

に生じた内部応力に起因しており，約200℃で20～30分間焼鈍すると良い[9]。

次に，快削黄銅部材は切削加工が容易であるため広く利用されている。しかしながら，使用開始後にネジ部から割れを発生する事例が見受けられ，黄銅の自然（時季）割れとも呼ばれる[9]。この損傷原因には過度の締め付けによるものばかりでなく，締め付け負荷より低い状態でも腐食が関与して破損する応力腐食割れがある。

快削黄銅部材の応力腐食割れによる損傷事例を図14に示す。写真(a)に破断した部材の巨視的破壊破面を示すが，き裂の起点（矢印）から伝播している様相が観察される。さらに，き裂起点部の破断面を走査型電子顕微鏡（SEM）によって観察した写真を(c)に示す。これらの写真から割れは結晶粒界に沿って進展しており，粒界型応力腐食割れが発生している。

快削黄銅はPbを含有させて切削などの機械加工を容易にするが，添加したPbは黄銅の結晶粒界に析出して粒界の耐食性を低下させるため，粒界型応力腐食割れを引き起こすのである。切削加工時の利便性のみを優先して材料選択するとこのような問題が発生する。快削黄銅部材は切削加工後，図13の事例で述べたように熱処理など後処理の取り扱いに十分注意を払う必要がある。

なお，黄銅の応力腐食割れには環境中のアンモニアによる腐食が関与することが多いとされているが，腐食損傷の現場においてアンモニアの検知は非常に難しい。

4　クロムめっき

鉄鋼部材などには貴な金属を被覆するいわゆる金属めっきが施される。その目的は素材に美観，耐食性や耐摩耗性を付与することである。電気クロムめっきには大別すると装飾クロムめっき[10]と工業用クロムめっき[11]がある。

4.1 装飾クロムめっきの腐食

水道水用水栓が作動しない不具合が生じた事例を図15に示す。まず活栓近傍のバルブを半割にして内部構造を確認した（a）。水道水の流れは左から右であり、Crめっき製活栓より下流側のバルブ内面は黒茶色に変色している。その堆積物をEDS分析すると、Cu，Zn，Ni，Fe，Ca，Pb，Siが検出されており、活栓が腐食し溶出したNiが含まれていた。活栓の表面には白色の沈着物があり（b），腐食孔が点在していた。特にエッジ部ではめっき皮膜がなくなり素材が露出して黄銅の色を呈していた。点食部の拡大写真を図16に示すが，孔食部は黄銅色をしていた（a）。孔食部のSEM像（b）から，めっき皮膜は階段状に溶解していた。それぞれの箇所を

EDS分析（c）すると、Si，Ni，Cu，Zn，Crが検出された。階段状になった腐食跡を整理すると、めっき皮膜はCr/Ni/Ni/Cu-Zn（素材）であることが分かった。活栓のめっきは装飾Crめっきすなわちニッケル（Ni）めっき上に0.1μm程度のCrめっきを施したニッケル-クロムめっきである。装飾クロムめっきは美観を重要視しているものであり、水系環境に使用できるほどの耐食性は期待できないのである。

4.2 硬質クロムめっきの腐食

硬質クロム（Cr）めっき（工業用クロムめっき）は高硬度で、平滑な面をなし耐磨耗性皮膜として、鋳鉄製基材等の摺動部品に広く施される。また、金属光沢性にも優れている。工業用クロムめっき製印刷ロールに発生

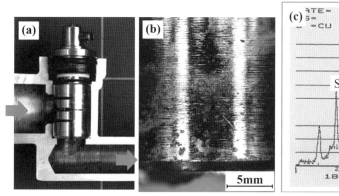
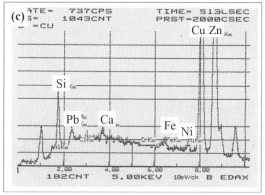

図15　水道水用活栓の腐食
(a)活栓部の断面構造,(b)活栓の外観,(c)活栓下流の黒色堆積物のEDS分析

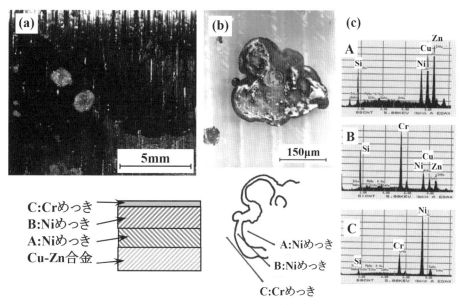

図16　水道水用活栓の腐食
(a)孔食の発生,(b)孔食のSEM像,(c)各皮膜のEDS分析

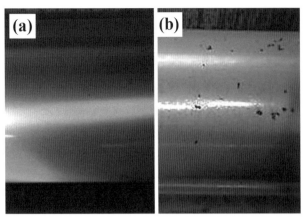

図17　硬質クロムめっき皮膜
(a)正常面,(b)斑点状の点食

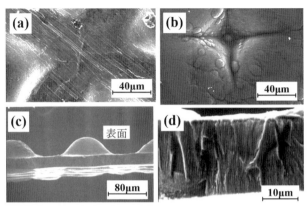

図18　硬質クロムめっき皮膜のSEM像
(a)表面,(b)裏面(素材側),(c)皮膜断面,(d)断面拡大

した腐食事例を図17に示す。ロール表面状況として大部分の面が金属光沢をなしているが（a），（b）では無数の黒点が見られる。

　この現象はクロムめっき皮膜の欠陥（割れ）部から浸入した腐食性物質によって下地の炭素鋼が腐食したものであり，このまま腐食が進行するとクロムめっきがはく離することもある。黒点の汚れの中からめっき片を採取し，SEM観察した結果を図18に示す。めっき皮膜表面（a）およびめっき皮膜裏面（（b）：素材側）の観察から，クロムめっき皮膜にはき裂が入っていることがわかる。皮膜断面観察（c）によると，クロムめっき層の厚さは約 $30\,\mu m$ であり，設計通りの厚さであった。めっき皮膜には凹状の彫刻がなされ，インクが溜まりやすくなっている。斑点状のさびの発生の原因は，作業終了後にロール表面を洗浄する薬液であった。その洗浄剤はメーカが指定した種類ではなく，独自に入手したものに変更してから今回の錆問題が発生したようである。洗浄剤による腐食は鉄板上で液滴試験を行えば確認できる。

　一般に工業用クロムめっきの厚み[10] は $20 \sim 30\,\mu m$ であるが，耐食性・耐摩耗性を目的としためっき皮膜では $100 \sim 200\,\mu m$ の厚さが必要であるといわれている。表面処理の弱点はこのような欠陥が皮膜に残ることであり，欠陥をなくす工夫が必要である。き裂欠陥を防止する方法としては，クロムめっきを厚く施した後に，研磨して表面の割れを閉口する。また，使用する温度より高い温度に加熱し，表面を研削／研磨することによってクラックを埋めるなどの方法がある[12]。

5　おわりに

　4回にわたり，できる限り身近なところで起きる様々な腐食損傷事例を紹介した。最近水道送水管の落下や海外では橋梁の破壊など腐食の関わる重大な事故が発生している。我々としては今後の課題として，これらの腐食損傷事例をものづくりに生かし，構造物，装置の設計に防食対策を講じることで腐食損傷を抑える工夫をして頂くことが重要である。本シリーズが少しでも皆さんのお役に立つならば幸いである。

　本シリーズをまとめるにあたり，産報出版㈱の富岡誠氏に多大なご支援を得た。ここに感謝の意を表する。

参 考 文 献

1）兒島洋一：Furukawa-Sky Review, No.2, pp62-69 (2006)

2）大谷良行，小山高弘，兒島洋一：UACJ, Technical Report, Vol.3 (1), pp52-56 (2016).

3）たとえば大澤直：よくわかるアルミニウムの基本と仕組み，pp160-165 (2010) ㈱秀和シシテム．

4）日本アルミニウム協会編：アルミニウムハンドブック，p178 (2007).

5）高谷泰之：溶射技術，Vol.40, No.4, pp.20-25 (2021) 産報出版．

6）中川弘明：実務表面技術，No.282, pp331-338 (1977).

7）日本材料学会腐食防食部門委員会編：腐食防食用語辞典，p121 (2016) 晃洋書房．

8）日本材料学会腐食防食部門委員会編：事例で学ぶ腐食損傷と解析技術，P82 (2009) さんえい出版．

9）飯高一郎：岩波全書16 金属と合金，p76 (1975) 岩波書店．

10）日本規格協会：JIS H8617-1999，ニッケルめっき及びニッケル－クロムめっき．

11）日本規格協会：JIS H8615-2006，工業用クロムめっき．

12）日本プラントメンテナンス協会実践保全技術シリーズ編集委員会編：防錆・防食技術，p239 (1997).

第115回（2022年度春季）全国講演大会 講演募集

　第115回（2022年度春季）全国講演大会を，6月9日（木）〜10日（金）に開催します。溶射に関わる研究者や技術者が一堂に会して，日頃の研究成果や最新の溶射技術を発表し，議論する絶好の機会です。溶射技術に限らず，表面処理（レーザクラッド，PVD，CVD，めっきなど）や，アディティブ・マニュファクチャリングなどの発表も，奮ってお申込み頂きますようお願いいたします。なお，新型コロナ感染症対策のためオンライン（Zoom）で開催します。

1. 期　日　　2022年6月9日（木）〜10日（金）2日間

2. Zoomによるオンライン開催

3. 講演申込期間　2022年3月1日（火）〜4月8日（金）17時締切

4. 予稿原稿締切　一般講演：2022年4月21日（木）17時必着
　　　　　　　　　ショート講演：予稿原稿不要（オンライン申し込みの内容から，講演題目，氏名，所属，キーワード，要旨を全国大会講演概要集に掲載します。）

5. 一般講演予稿　2頁「講演論文集原稿の書き方」に従い原稿を作成し，期日までに事務局にお送り下さい。なおオンライン開催のため，講演大会参加者から発表者へ質問ができるよう，なるべく講演論文集原稿に発表者のメールアドレスを記載して下さい。

6. 講演時間　一般講演：講演15分，討論5分／ショート講演：講演10分以内（質疑応答を含む）
　　　　　　　（都合により変更する場合もありますので，ご了承下さい。）

7. 申込方法　講演申込みは，当学会ホームページからのオンライン申込みのみ受け付けます。
　　　　　　　当学会ホームページ上のオンライン講演申込みのページにて，一般講演かショート講演かを選択してから，画面の指示に従い必要事項を書きこみ，フォーム上のボタンを押して送信して下さい。この際，講演内容（講演発表及予稿原稿）の著作権は当学会に譲渡して頂くことが必要です。譲渡頂けない場合には，講演申込みは受け付けませんのでご注意下さい。なお，予稿原稿の一部を著作者が論文等に利用することは可能です（ただし全部そのままの場合は当学会の許諾が必要です）。詳しくは当学会「著作権規定」第9条をご覧下さい（著作権規定は http://www.jtss.or.jp/journal.htm 参照）。

8. その他　（1）講演者は日本溶射学会の会員だけでなく，非会員の方もお申し込みいただけます。
　　　　　　（2）講演題目が申込書と予稿集で異なる場合は，申込書の表題を優先する場合があります。
　　　　　　（3）プログラムは，講演大会実行委員会で編成します。編成後は，いかなる事情があっても変更できません。発表日時にご希望のある方は，申込時にお申し出下さい（備考欄にご記入下さい）。

◆ 問合せ＆原稿提出先 ◆

〒577-0809 東大阪市永和2-2-29　一般社団法人 日本溶射学会　TEL：06-6722-0096　FAX：06-6722-0092
E-mail：jtss@jtss.or.jp　URL：http://www.jtss.or.jp/event-jtss.htm

【2022JIWS併催イベント】
「循環型社会実現に向けたコーティング技術の役割」
2022FCPM開催へ
2022年7月15日,東京ビッグサイトで

編集部

▲コーティングフォーラムの模様

（一社）日本溶接協会と産報出版㈱共催による2022国際ウエルディングショー（JIWS）が，来る2022年7月13日（水）〜16日（土）までの4日間，東京都江東区有明の東京ビッグサイト東展示棟(東4ホール・東5ホール・東6ホール・東7ホール)で開催する。『日本から世界へ　溶接・接合，切断のDX革命──製造プロセスイノベーションの到来──』をメインテーマに，関連する国内外の機器・材料，加工メーカーや研究機関，団体などが一堂に集い，最新鋭の技術・製品やアプリケーションなどを披露する。

1969年の第1回から数えて今回が27回目となるJIWSは，隔年で東京・大阪と交互に開催して53年の歴史を有し，それぞれの時代背景をテーマに技術革新を促し，一貫して産業界の要請に応える先導的役割を果たしてきた。さらに今回は，国際溶接学会（IIW）2022年次大会・国際会議（テーマ：カーボンニュートラル実現と持続可能な発展を支える溶接・接合技術の革新）が同時期に開催されるなど，4年ぶりのJIWSは話題も豊富だ。

この JIWS期間中，展示会の併催イベントとして，好評の5大フォーラムも開かれる。「レーザ加工」「鉄骨加工」「非破壊検査」「スマートプロセス」に加え，表面改質・コーティング技術などの最新トレンドを紹介する『2022コーティングフォーラム（FCPM）』が7月15日（金），東京ビッグサイト会議棟703号室で行われる。

同フォーラムは，近年特にカーボンニュートラルやSDGsが注目される中，溶射をはじめとする表面改質加工・技術への関心が高まり，また適用事例の多様化や各種プロセス・材料の高度化，応用範囲の拡大などを背景に，溶射技術を中心に表面改質・コーティングの最新トレンドや動向などを紹介するために企画されたもので，2012年（大阪）にスタートし，2014年（東京），2016年（大阪），2018年（東京）に続き，今回が5度目の開催となる。

今回は，『循環型社会実現に向けたコーティング技術の役割』をメインテーマに，溶射をはじめとした表面改質・コーティング技術を核とする様々な加工技術の現状をはじめ，新技術や新アプリケーション展開の動向，さらには時代の要請でもある"カーボンニュートラル"や"SDGs"における表面改質技術の役割や可能性などについて，6本の講演が行われる。（※詳細は次号および2022国際ウエルディングショーオフィシャルウェブサイトにて）

開催日時および講演テーマ・講師は次のとおり。
■日時：2022年7月15日（金）10時30分〜16時10分
■会場：東京ビッグサイト　会議棟703号室
　　　　東京都台東区有明3丁目1-1
■受講料：16,500円（消費税込）

《プログラム内容》
午前10時30分〜午前11時10分
「3Rにおける表面改質技術の役割と適用」
トーカロ㈱　溶射技術開発研究所　所長　水津竜夫氏

午前11時10分〜午前11時50分
「コールドスプレーによる金属積層造形(CSAM)への展開」
国立大学法人　信州大学　学術研究院　教授（工学系）
工学部　機械システム工学科　榊和彦氏

午後1時00分〜午後1時40分
「輸送・エネルギー分野におけるコーティング技術」
エリコンジャパン㈱　メテコ事業本部　和田哲義氏

午後1時45分〜午後2時35分
「ドイツにおける最新レーザクラッディングと溶射技術の動向」
フランフホーファーIWS（材料・ビーム技術研究所）
エレナ・ロペス氏（同時通訳予定）

午後2時45分〜午後3時25分
「SDGs時代における環境配慮型皮膜除去法の新提案」
東北大学・大日本塗料㈱・サステナブルソリューションズ
㈱／東北大学大教授　東北大学大学院工学研究科附属先端材料強度科学研究センター・センター長　小川和洋氏

午後3時30分〜午後4時10分
「わが国の溶射市場の動向と将来展望」
日本溶射工業会　会長（㈱シンコーメタリコン社長）
立石豊氏

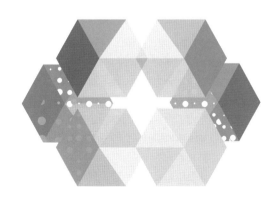

産総研，NEDO，熱材料データベースを公開

産業技術総合研究所とNEDO（新エネルギー・産業技術総合開発機構）は「未利用熱の革新的活用技術に関する研究開発」に取り組んでおり，未利用熱エネルギー革新的活用技術研究組合（TherMAT）と共同で，熱関連材料の各種熱物性情報とそれらの関連データを収集・体系化したデータベースシステム「PropertiesDB Web」を開発，TherMATのHPで公開した。様々な熱物性をもつ物質の探索が容易となり，熱関連材料である断熱材，熱の輸送を可能とする蓄熱材や冷媒，熱を電気に変換する熱電変換材料などの開発に掛かる時間を短縮できる。また各種熱関連材料を素材としたモジュール開発も加速させ，将来の脱炭素化に向けた熱マネジメント技術の進展を目指す。

これまで熱関連材料の基礎になる物質の化学組成を収録したデータベースは普及している一方，熱物性情報まで含むデータベースは整備されていなかった。

NEDOと未利用熱エネルギー革新的活用技術研究組合（TherMAT），産総研は「未利用熱エネルギーの革新的活用技術研究開発※」の一環として，熱関連材料の各種熱物性情報とそれらの関連データを論文やデータ集，既存のデータベースなどから探索・収集し，デジタル化して体系的に収録したデータベースシステム「PropertiesDB Web」を整備し公開した。HPアドレスは https://thermatdb.securesite.jp/Achievement/PropertiesDBtop.html

日本AM協会，設立

3D積層造形技術の導入支援を行う日本AM協会（永安悟会長）が設立され，3月17日に事務局を担う立花エレテック（大阪市西区）で会見が行われた。大陽日酸など19社が正会員と

してスタートし，AM活用を模索する加工会社の導入支援を行う。永安会長は「AMに関心を持つ会社はあるが実用化されておらず，何をするべきかわからないところが多いのではないか。協会は相談窓口になる」と話した。

キックオフイベントとして，6月にJAXA（宇宙航空研究開発機構），7月に防衛装備庁の技術紹介セミナーを実施する。AMは欧米企業がリードしているため，日本企業の技術確立を後押しすることも協会設立の狙いの一つで，永安会長は「日本のものづくり産業が世界で戦っていくツールになるよう，協会一丸となって尽力していく」と話す。デザイン設計から材料と3Dプリンターの選定，後加工などの課題を，AMに関わる全業種が会員となるAM協会で対応していく。

不純物を入れないガス供給システム「3DPRO」を扱う大陽日酸や，装置販売の三菱電機，独トルンプの3Dプリンターを扱う商社のオリックス・レンテックなど19社が会員になっており，4月から加工会社の会員募集を始める。樹脂や金属の粉末をレーザなどで溶かして積み上げて製品にするAMは溶接との親和性が高く，日本溶接協会には3D積層造形技術委員会が設置されており，AM協会とも連携する。

ドローンで現場の進捗管理，大林組・ドコモ

大林組（東京・港区）とNTTドコモ（東京・千代田区），エヌ・ティ・ティ・コムウェア（東京・港区）はこのほど，屋内の建設現場でドローンを活用し効率的に工事の進捗管理をする実証実験に成功した。作業者の日常の進捗管理や点検業務の負担軽減につながる技術として期待される。

従来建築現場では，作業工程ごとの状況写真や経過写真など，工事の記録や進捗確認のために多くの工事写真を撮影する。

建屋内で撮影する写真は，位置情報

の判定が困難なため，多くの場合は「階」や「工区」などの位置情報を写真管理システムに作業者が手で入力しており，作業者の大きな負担となっていた。また異なる日付の写真を比較する場合は，それぞれの日付のフォルダから同じ位置情報の写真を探す必要があるため手間と時間もかかっていた。

実証実験は米国Skydio社製のドローンと，ドコモが技術検証用に開発したドローン飛行プログラム，NTTコムウェアのソフトウエアを活用して，品川区にある建設現場で実施。116ヵ所の位置を記憶したドローンが最大10日間の間隔で計3回撮影。天候などに関わらず，設定されたルートを正確に自動・自律飛行できることを確認した。

数日間隔で複数回，ドローンが建設現場の写真を自動で撮影。撮影した各日の工事写真は3Dデータ上の任意の箇所をクリックするとその場所の工事写真を閲覧することができる。

これにより同じ場所で撮影した写真の時系列での比較が容易となり，人手のかかる作業が自動化できるため，現場の負担軽減も図れる。

▲建設現場を巡回するドローン

鉄道台車の検査を自動化・伊藤忠マシン

伊藤忠マシンテクノス（東京・千代田区）は日本電磁など検査機器メーカーと共同で鉄道車両の台車部分の非破壊検査を自動化するシステムの提供に向けて開発を進めている。

鉄道車両の台車において台車枠の状態を検査する場合，磁粉探傷検査

（MT）が適用されていることが大半だが，検査が必要な部分は20—30箇所にわたり，かつ複雑な形状の部分に検査箇所が集中している。さらに現在は塗膜剥離から探傷検査までの工程をほとんど人力で行っており，検査作業者にとって大きな負担となっているほか，鉄道車両台車の保守点検においてリードタイムを増大させ，検査の効率化という観点でボトルネックとなっていた。

そのような中，検査機器を含む幅広い産業機械や工作機械など取扱う機械専門商社である伊藤忠テクノスは産業用ロボットやレーザやAI技術を活用することで自動化に向けてのソリューション提案に着手を開始した。MTの自動化については磁気製品応用技術の専門メーカーとしてMT機器の開発と製造を多く手掛け，MTにおける自動化装置の開発にも実績がある日本電磁測器と共同で開発を進めていく予定だ。また検査前工程である塗膜剥離などはレーザクリーナーの技術を活用することで生産性の高い自動化が実現することが期待されている。

一方で台車枠という複雑形状かつ検査箇所の多い検査対象物を検査の品質を確保しながらアーム型のロボットなどを用いて効率的に自動化を行う課題も多く，「ユーザーの意見も参考しながらAIなどの活用も視野に入れてコストおよび検査にかかる時間を大幅に改善できるソリューションシステムを提供していきたい」と同社の関係者は語る。

また，鉄道車両の台車では超音波探傷試験（UT）を適用する箇所も少なくないが，同社ではフェーズドアレイ技術を用いて鉄道車両の台車のUTを自動化するソリューションの開発も進める。FAをはじめとするUT技術は鉄道産業などでも自動化技術の開発が進んでいる技術であり，MTと比較すると解決すべき課題は的少ないという。

高専生がインフラテーマに研究

全国の高等専門学校（高専）が鉄道や電力，橋梁など公共インフラを対象に研究成果を応募する「第2回インフラマネジメントテクノロジーコンテスト（インフラテクコン）」が開催された。同大会実行委員会が主催し，日本橋梁建設協会などが後援する。

実行委員会は2月1日に最終審査を行い，最優秀賞は群馬高専による「あつまれ！グンマの風・風レンズを用いた垂直軸型風車による高効率発電」が受賞した。群馬県特有の季節風を効率的に活用し，風力発電の効率を向上させる「風レンズ」を考案してその効果を実証した。審査員は講評で「模型による実験や数値的な裏付けも説得力があり技術的にも信頼性が高い」と評価した。また3月11日に最優秀を含む参加校が応募内容をプレゼンし，学生や企業との交流を図る交流会をアーツ千代田3331（東京・千代田区）で開催した。

工場をDXで支援，ドコモと宮村鉄工

鉄骨加工工場の宮村鉄工（高知県香美市）とNTTドコモ発の社内ベンチャー企業「複合現実製作所」（東京・港区）が共同開発し，鉄骨ファブリケーター向けの製作支援システムとして販売を行っている。NTTドコモではコンピュータ技術とウェアラブル端末による，現実と仮想の複合環境「XR（エクステンデッド・リアリティ）」を掲げ，多様な製品開発を行っている。

同社が鉄骨ファブリケーター向け作業支援システム「LOCZHIT（ロクジット）」は，鉄骨製作の管理者や作業者が専用ゴーグルを装着し製作中の鉄骨を見ると，現実世界の鉄骨にCGデータが重ねて表示される。二次元図面だけでは把握することが難しかった完成形の情報を立体的に共有することが

できる。

これにより部材の取り付けミスや検査時間の削減が実現できる。同社によると「図面」「製作」「溶接」「検査」すべての工程の時間計測のトータルで，従来150分かかっていた時間が79分と約47％の時間短縮につながるとしている。

専用ゴーグル「ホロレンズ」は，点検者の頭の動きに連動して3Dの完成図や寸法が表示されるため，直観的な判断をもとに作業ができる特徴を持つ。鉄骨製作における罫書や仮付け位置の確認といった製造に直結した作業に適する。自社内の作業効率向上に加えて，発注先に対しての管理報告がデータを通して行えるため，コロナ禍で余儀なくされたリモート環境にも適するものして期待される。

▲実際の鉄骨と専用ゴーグルを通した画像（右）

講習会

日本溶射学会
全国講演大会

　日本溶射学会は6月9・10日の2日間，2022年春季全国講演大会を開催。現在講演申込みを受け付けている。大会はオンラインで実施。溶射に関わる研究者や技術者が一堂に会して，日頃の研究成果や最新の溶射技術を発表・議論する場として定着している。また溶射技術に限らず，表面処理（レーザクラッド，PVD，CVD，めっきなど）や，アディティブ・マニュファクチャリングなどの発表も可能。

■日時／2022年6月9日・10日
■会場／Zoomによるオンライン開催
■講演申込期間：2022年3月1日〜4月8日17時締切
■予稿原稿締切：一般講演：2022年4月21日17時必着
　ショート講演：予稿原稿不要
■講演時間：一般講演：講演15分，討論5分
　ショート講演：講演10分以内（質疑応答を含む）
■申込方法：講演申込みは，日本溶射学会ホームページからのオンライン申込みのみ受け付ける。問い合わせは日本溶射学会，電話06-6722-0096

－－－－－－－－－－－－

溶接学会2022年度
春季全国大会

■日時／2022年4月13日—20日（一般講演：オンデマンド方式）
　13日：総会，特別講演，シンポジウム
■内容／特別講演：「接着・接合技術の現在と将来への展望」，シンポジウム「接着・接合・溶接技術の現状と今後の展開」—など。
■参加費／会員10,000円，一般20,000円，参加登録：4月20日まで
■申し込み先／溶接学会HP，問い合わせ，電話03-5825-4073

国際会議

国際溶射学会
ITSC2022

■日時／2022年5月4日—6日
■会場／オーストリア・ウィーン

内外行事リストは変更する場合もありますので，事前にお問い合わせください。

下野大学工学部の先生でしたの？

とんでもありません！社長様の時間を割くなど！

ワタシが勝手に来ただけでございます！

皆様もどうぞお仕事にお戻りください！

ワタシごとき無視していただければ！

あぁ！お茶などめっそうもございません

申し訳ないです天王寺はあいにく出張でして・・・・

ばっ

関東先生には新しい高速フレーム溶射システムの開発に協力していただいててな

もちろん優秀な方なんやけど

マイナス思考ゆうか自分を卑下なさるとこあってなぁ

ガチャ

鶴見さん！

関東先生！鶴見さんにお願いしましょう！

え？

そ・・・・それはありがたい

しかしワタシは今

先程の城東さんという方のダメージが残ってまして

ご安心ください！

鶴見さんは言語でコミュニケーションが取れるんです！

わはは

・・・

これこそが
新しい可搬型の
HVOF（高速フレーム）
溶射システムの
試作機です！

素晴らしいと
思いますよ

お客さんの所に
持ち込む装置で
工場と同じレベルの
仕事ができるなんて

そうなん
ですよ！

現地施工で使用
できる高圧ガスは
1MPaまでと
いう法の壁が
存在します

※注

それでは工場の
1.5MPaに比べ
皮膜性能が
落ちてしまう

現地でも工場と
同等の皮膜を！

摂津さんの話には
燃えましたよ

しかしワタシは
過去にいくつかの
新しいシステムに
係わらせていた
だく中で

職人さんたちからの
数々のクレームに打ち
ひしがれて来ました

なぜ自分は
使う側に生じる
問題点を想定
し切れなかった
のか・・・

慚愧に堪え
ません！

そこで今回は
現場の方の意見を
事前に聞こうと
やって来たわけ
なのです！

このシステムに
問題を感じる
なら指摘して
ください！

それは
わかりま
せん

鶴見さん？

※注　1MPa以上の高圧ガスを使用する場合
　　　現地施工する都道府県への届出と
　　　承認（完成検査等）が必要となります

問題はシステムを
持ち込んだ現場が
どういう状況なのか
千差万別であると
いうことです

大半のトラブルは
それで生じるんや
ないかと・・・・

それに先生は
クレームと
おっしゃいましたが
それを意見と捉えて
いただいた方が・・・・

意見？

現場の者は
常により良い
システムを
望んでいます

だからもっと
こうであればと
声をあげて
いるんやと！

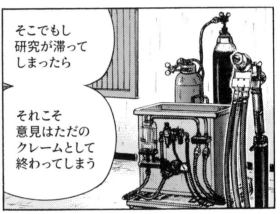

そこでもし
研究が滞って
しまったら

それこそ
意見はただの
クレームとして
終わってしまう

先生と摂津が
ベストと判断した
システムで良いと
思います！

それを現地に
持ち込んで
どう工夫して
使いこなすかは
ボクたちの仕事
なんですから

鶴見さん
・・・・

今の言葉で
吹っきれ
ました！

摂津さんと力を
合わせ最高の
システムを完成
させますよ！

ど・・・
どうも

それでも
職人さんの負担を
少しでも軽減
させるため

あらゆる最悪な
危機的状況を
想定しておき
ましょう！

はいッ

しかし先生・・・
最悪な危機的
状況を想像する
だけでも体に
悪そうです

それが
技術研究と
いうものです

関東先生って
摂津さんと似た
とこありません？

摂津さんも
けっこう
マイナス思考やし

行き詰まったら
パニクるもんね

あぁぁ
ぁぁ

マイナスに
マイナスを掛け
るとプラスに
なるんやで

おッええこと
言うやないか
城東！

算数では
な！

！

人間の場合
マイナス掛ける
マイナスは
ドツボと相場は
決まっとんじゃ！

ぬははは

時たま妙に
説得力がある

あ・・・・
やっぱり

あぁッ
わからない！

こういう場合
このシステムで
いかに対処すべきか！？

あぁぁ
ぁぁ

研究への想いは
けがれなく
されど道けわし

編集後記

◆早いもので2022年も3ヶ月が過ぎ,気が付けば年度末。年明け早々からオミクロン株の急拡大で,3月21日まで全国各地で蔓延防止等重点措置がとられてきました。今年も重苦しい空気の中でのスタートとなりましたが,ようやくそれも解除となり,ひとまずはホッと。一方で,東欧での国家間の衝突というニュースに重苦しさが拭えません。一日も早い停戦を望むばかりです。国内では感染拡大がやや落ち着いているというものの,様々な製品やサービス等の値上げや電力不足など,今年もモヤモヤとした春になりそうです。

◆とはいうものの,北京オリンピック・パラリンピックの感動に続き,春の訪れを知らせる大相撲春場所や選抜高校野球が連日熱戦を繰り広げ,選手たちの躍動感が我々に勇気と元気を与えてくれています。彼ら・彼女たちに負けぬよう,私たちも春を満喫しようではありませんか。

◆春と言えば,今年は国際ウエルディングショー(JIWS)の開催年。通常,4月に開催するのですが,今回は世界溶接学会の年次大会が17年ぶりに日本で開催されることもあり,JIWSも7月開催となりました。前回,コロナ禍で中止を余儀なくされ,4年ぶりの開催です。是非,来場いただき出展企業各社の熱意や躍動感をリアルに堪能してください。(T)

次号予告

◇2022JIWS&コーティングフォーラム,事前特集
◇防錆・防食における溶射技術

『溶射技術』Vol.40 No.4〜Vol.41 No.3 バックナンバー

●表面改質のあれこれ
●(一社)日本溶射学会
　第114回(2021年度秋季)全国講演大会

●溶射材料と溶射用ガス
●創業70周年を迎えたトーカロ
●技術レポート

●溶射皮膜の品質管理
●DLCコーティングの適用
●技術レポート

●防錆・防食溶射特集
●クリーンエネルギーにおける溶射技術
●技術解説

※溶射技術のバックナンバーに関するお問い合わせは当社販売部へ

溶 射 技 術

●定価 3,300円(本体 3,000円+税10%)+送料 310円
●年間予約購読料 13,200円

第41巻 第4号　2022年3月31日発行
編集発行人　久木田　裕

発　行　所　産報出版株式会社ⒸＣ
印　刷　所　株式会社ケーエスアイ

東京本社　〒101-0025 東京都千代田区神田佐久間町1-11(産報佐久間ビル)
電話 03(3258)6411(代表)　FAX 03(3258)6430　振替口座 00100-7-27544
関西支社　〒556-0016 大阪市浪速区元町2-8-9(難波ビル)
電話 06(6633)0720(代表)　FAX 06(6633)0840
ホームページアドレス(URL) https://www.sanpo-pub.co.jp

Website Pick Up !
広告掲載企業ホームページ一覧（掲載ページ順）

企業名	URL
ユテクジャパン株式会社	www.eutectic.co.jp
エリコンジャパン株式会社	www.oerlikon.com/metco
株式会社シンコーメタリコン	www.shinco-metalicon.co.jp
倉敷ボーリング機工株式会社	www.kbknet.co.jp
株式会社澤村溶射センター	yosha.jp
株式会社アルミネ	www.almine.co.jp/
株式会社フジミインコーポレーテッド	www.fujimiinc.co.jp
三興物産株式会社	www.sanko-stellite.co.jp
大阪ウェルディング工業株式会社	www.osakawel.co.jp

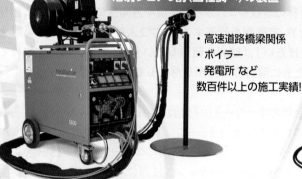

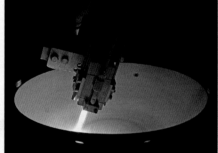

特別企画

(一社)日本溶射学会 会長
(東北大学 教授)

小川 和洋 氏 ✕

日本溶射工業会 会長
(㈱シンコーメタリコン 社長)

立石 豊 氏

2022年 新春特別対談

新春を迎えた2022年1月。京都・東山で小川和洋氏((一社)日本溶射学会会長)と立石豊氏(日本溶射工業会会長)は,今年のスタートにあたり溶射界の現状やこれからの展望や方向性について大いに語り合った。学術界,産業界を代表するトップ2人は,対談を通じ「溶射をもっと盛り上げたい」,「魅力を発信したい」という熱い想いを改めて確かめ合い,ともに溶射界の発展に尽力していくことを誓った。

立石氏は今年のキーワードに「挑戦」を掲げた。新しい分野に果敢に挑戦する年にしたいという。一方の小川氏は「グリーン(エネルギー)」と「デジタル」。2050年のカーボンニュートラルを見据え,エネルギー分野を中心に溶射・コーティング技術に求められる役割,重要性が更に増していくとした上で,DXを念頭に,誰もが同じ皮膜を安定的に成膜できるようなデジタル溶射の必要性を訴えた。

昨年は新型コロナウイルス感染症の拡大により,様々な経済活動が抑制されたが,溶射・コーティング業界は引き続き旺盛な半導体需要に加え,ワクチン接種の普及による世界的な経済の復活から鉄鋼需要や自動車分野なども持ち直しの兆しがあり,産業機械やエネルギー分野の需要も堅調に推移している。

しかもこれから先,蓄電池や再生可能エネルギーなどの環境分野や,SDGsに関連し社会インフラや製造設備,装置部品の耐久性向上,長寿命化などを目的とした補修・メンテナンスなど,省エネ・省資源に貢献できる溶射・表面改質技術への期待は極めて大きく,市場の更なる拡大も見込まれている。

このような中,小川氏は研究者の立場から既存技術をベースとしつつ,「従来の基材表面への成膜という目的に加え,機能性部材製作の1つのプロセスとして溶射が活用できるのではないか」と新たな可能性を示唆し,立石氏も「特に電気自動車(EV)分野などでは,我々溶射専業加工メーカーでさえ驚くような表面改質技術の研究開発や適用法を検討されている」と溶射の適用拡大に期待を寄せる。

2人が今後,特に注目する技術として挙げたのが,サスペンションプラズマ溶射(SPS),コールドスプレーによる積層造形技術(CSAM),ハイエントロピー合金。加えて,「1つのプロセスだけで膜を作るのではなく,複数のプロセスと組み合わせるハイブリッド化がキーワードになる」と小川氏は言い,立石氏も「今後,DXやAI技術を活用することで皮膜の再現性や信頼性などを高め,溶射のアプリケーションを更に増やしていき

小川 和洋 氏 プロフィール

- 1966年 仙台市生まれ
- 1999年 東北大学大学院工学研究科博士課程修了
- 2013年 東北大学教授(工学研究科)
- 2019年 東北大学大学院工学研究科附属
  先端材料強度科学研究センター・センター長

日本溶射学会　会長
日本ファインセラミックス協会先進コーティングアライアンス　会長
自動車学会東北支部　理事

溶射の魅力,発信へ。
学術・業界の両団体トップが語る
展望と抱負 キーワード[挑戦][グリーン][デジタル]

たい。その意味でもデジタル溶射がポイント」と技術革新を望む。

一方,現状に満足せず,「溶射をもっと盛り上げたい」「溶射の魅力を発信する」という想いは2人の共通認識であり,それぞれの会運営にも明確に表れている。昨年6月に日本溶射学会会長に就任した小川氏は直ちに「将来構想ワーキンググループ(WG)」という新しい組織を立ち上げた。国内外の溶射分野の技術動向や今後の展開について広く議論し,共有化することを目的に,「既存分野や固定観念にとらわれない自由な発想や意見を出し合う場」と位置付け,ニュービジネスの創造や仕組み,アプリケーション開発への一助となるWGを目指す。立石氏はその構想にいち早く共鳴したひとりで,「学会と工業会は車の両輪。一丸となって魅力的なWGにしていきましょう」と協力を誓う。

その立石氏もまた日本溶射工業会の会長に就いて以来,持ち前の発想力と行動力で業界を牽引。溶射の魅力を発信し続け,会員増強に努めている。昨年は,日本溶射学会と共同で「溶射業界における市場調査及び将来市場展望報告書」を発刊したほか,溶射を広くPRするため,4月28日を『溶射の日』という記念日に制定。理解を得るため今後,記念切手の作製や各種イベントなども企画していくという。更に溶射技能士の更なる技能向上とモチベーションアップおよび溶射の認知度向上を目的とした「溶射技能オリンピック」構想を打ち上げ,開催に向け委員会を組織するなど,新たな挑戦を本格的に始動させている。

溶射界の発展に熱い想いを持つ2人。今年の抱負を伺うと,小川氏は「既存の溶射技術をベースに,さらにプラスアルファすることでハイクオリティな溶射技術・コーティング技術を追求し,『魔法の技術』と称される溶射を具現化できるような研究をしていきたい」。立石氏も「無限の可能性を秘めた溶射技術。カーボンニュートラルやSDGsを追い風として,溶射業界をもっと盛り上げていきたい」とし,「これからもコロナに負けず,一丸となって溶射の魅力,素晴らしさを伝え,社会に貢献していきましょう」と,両団体の変わらぬ協力を誓い合った。
(関連記事は20㌻-)

対談のもようはYouTubeにてご覧になれます!

2022年の更なる発展を誓い合う2人

立石 豊 氏 プロフィール

- 1961年 京都市生まれ
- 1983年 大阪芸術大学映像計画学科卒業
- 1985年 株式会社シンコーメタリコン入社
- 1994年 同社代表取締役社長就任

日本溶射工業会	会長
日本溶射学会	理事
防食溶射協同組合	理事
滋賀県男女共同参画審議会	委員

GTV社 レーザークラッド用（LMD用）周辺機器

クラッドノズル GTV6625

◆GTVのレーザークラッドノズル PN6625
（6ジェットパウダー送給、25mmスタンドオフ距離）

内径肉盛用クラッドノズル I-Clad

◆GTV社の内径コーティング用クラッドノズル "I-Clad"（アイクラッド）
　最小肉盛内径：60mmφ
　内径肉盛長さ：500mm（標準品）

パウダー送給装置（パウダーフィーダー）PFシリーズ

◆溶射用（プラズマ溶射、HVOF用）や
　レーザークラッド用（レーザー肉盛）の粉末送給装置として
　世界中での実績あり

◆1塔式（パウダーホッパー1本）から
　最大4塔式（オプションで更に増設可）まで用途に応じて供給可能

◆稼働中には実際値もパネルに表示

◆その他、多彩なオプションが選択可能

レーザークラッド装置、設備の導入は是非ご相談ください。

貴社とメーカーを直結する技術専門商社

三 興 物 産 株 式 会 社

〒550-0013 大阪市西区新町2丁目4番2号なにわ筋SIAビル7F
TEL. 06-6534-0534　FAX. 06-6534-0532
URL. http://www.sanko-stellite.co.jp/　E-MAIL. sanko.b@crocus.ocn.ne.jp

10

溶 射 技 術

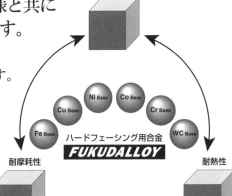

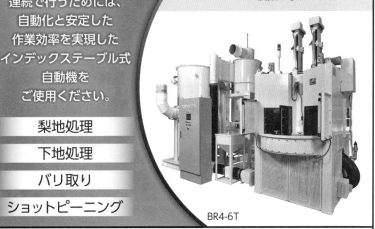

TPF-1012型 POWDER FEED SYSTEM
（粉末連続定量供給装置）

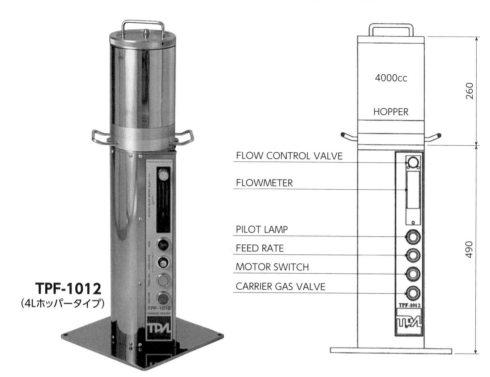

TPF-1012
（4Lホッパータイプ）

FLOW CONTROL VALVE
FLOWMETER
PILOT LAMP
FEED RATE
MOTOR SWITCH
CARRIER GAS VALVE

4000cc
HOPPER

260
490

項 目	仕 様
使用ガス	N2、Ar、Air（DRY）
粉末供給量	① 50〜500cc/hr:KU
	② 100〜1000cc/hr:S
	③ 400〜4000cc/hr:M
	④ 1000〜10000cc/hr:L
ホッパー容量	4L（標準）、8L、12L、20L
電源	AC100V（50/60Hz）
サイズ	φ165×750H
重量	約25kg

カートリッジ型
ホッパー

● 粉末の連続定量供給制御を可能にし、±5%で供給制御が可能です。
● カートリッジ型ホッパーを採用のため、複数ホッパーを所有することで、粉末のコンタミがありません。
● 軽量コンパクトな設計で移動も簡単、出張工事に最適です。
● レーザークラッド用粉末供給機としての実績があります。
● 3Dプリンター用としての微量供給も制御可能にしました。
● その他、不明な点がありましたらお問い合わせ下さい。

島津工業有限会社
〒500-8333 岐阜市此花町6-1
TEL.058-253-3691　FAX.058-253-4356

九溶技研株式会社
〒812-0007 福岡市博多区東比恵3-21-19-102
TEL.092-441-5787　FAX.092-481-5071

http://www.tpajp.com/

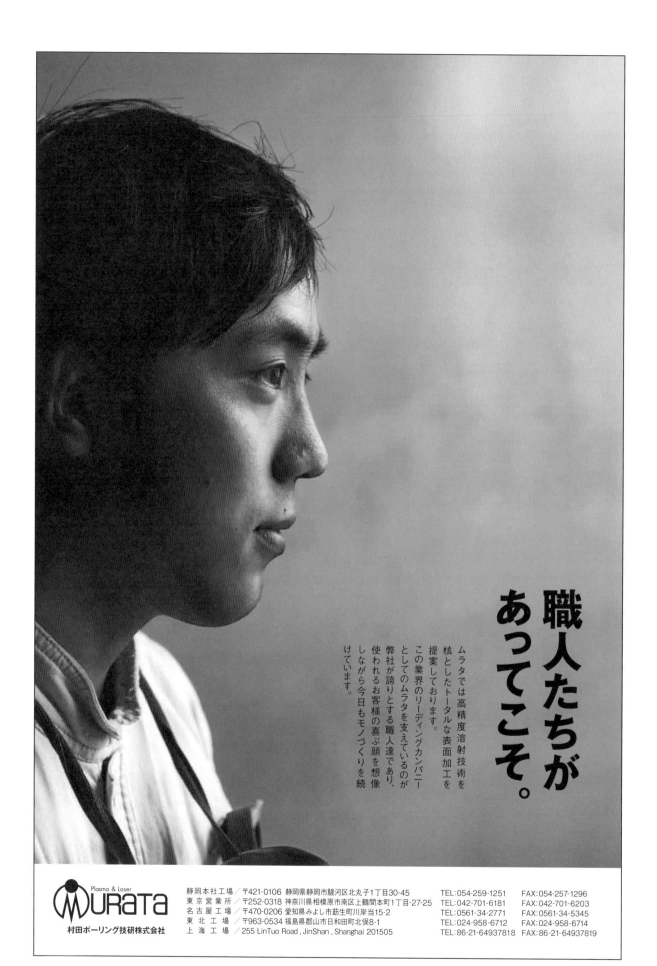

職人たちが
あってこそ。

ムラタでは高精度溶射技術を
核としたトータルな表面加工を
提案しております。
この業界のリーディングカンパニー
としてのムラタを支えているのが
弊社が誇りとする職人達であり、
使われるお客様の喜ぶ顔を想像
しながら今日もモノづくりを続
けています。

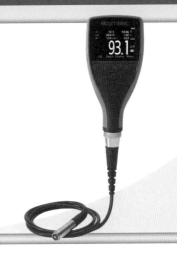

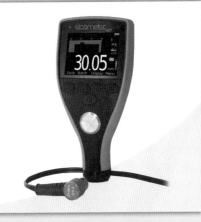
溶 射 技 術

溶射技術 THERMAL SPRAYING TECHNOLOGY 2022 Vol.41 No.3

溶射技術 THERMAL SPRAYING TECHNOLOGY 2022 Vol.41 No.3

溶射技術 THERMAL SPRAYING TECHNOLOGY 2022 Vol.41 No.3

◇表紙説明

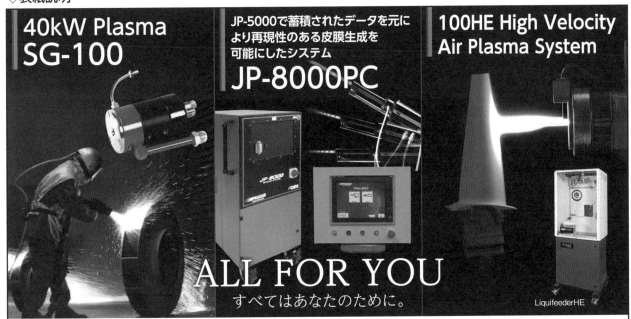

40kW Plasma SG-100

JP-5000で蓄積されたデータを元により再現性のある皮膜生成を可能にしたシステム JP-8000PC

100HE High Velocity Air Plasma System

LiquifeederHE

ALL FOR YOU
すべてはあなたのために。

溶射技術 Vol.41 No.3 広告索引　(五十音順)

══2022年 新春特別対談══

(一社)日本溶射学会 会長(東北大学 教授) 小川 和洋 氏 ✕ 日本溶射工業会 会長(株)シンコーメタリコン 社長) 立石 豊 氏

　新型コロナウイルス感染防止のためのワクチン接種の普及とともに徐々に日常を取り戻しつつあった社会活動も，年明け早々から変異株のオミクロン株の急速な拡大や第6波の到来による不安感から先行き不透明な状況が続く。製造業などでは半導体等の部品供給不足問題が顕著化し，生産活動に大きな影響をもたらしている。一方で，2050年に向けてカーボンニュートラル実現への取り組みやSDGs，あるいは働き方改革をキーワードとした取り組みが進捗する中，溶射をはじめとしたコーティング技術への期待，注目度や貢献度はますます高まっている。このような中で迎えた2022年。大きく変化する社会にあって溶射界はどう進んでいくのか。(一社)日本溶射学会の小川和洋会長と日本溶射工業会の立石豊会長に，今年の学術界，産業界の見通しや展望，抱負などを語って頂いた。

■コロナ禍，WEB 活用で 新たな仕組み構築（小川）

■こだわった明るい話題の提供（立石）

——明けましておめでとうございます。昨年はコロナ禍に振り回された1年でしたが，新年を迎え，新しい気持ちでスタートしたいと考えています。本日は溶射界を代表する2団体トップのお二人に登場いただき，2022年を大いに語り合っていただきたいと存じます。その前に，まずは2021年を振り返っていただきたいと思います。

　小川・おめでとうございます。日本溶射学会の小川です。昨年の今頃は，早々にコロナ禍も収束し，普段の生活に戻るだろうと考えていましたが，残念ながら未だ収束せず，むしろ年明けからオミクロン株の急速な蔓延により，第6波として新型コロナウイルス感染症が再び全国で拡大しています。本当にコロナに振り回された1年でした。

　そのような中，当学会では全国講演大会をはじめ，各種講習会などの主要な行事や会議等を，オンラインによる WEB 開催としました。with コロナを念頭に，高橋智副会長（東京都立大学）を主査とするオンライン

会議ワーキンググループ（WG）が中心となり検討を重ね，当学会に即したスキームを構築してスムーズな運営を行っていただきました。そのお蔭で，ある程度，新しい形での情報発信や情報交換などが行えたと考えています。ただ，懇親会といった対面形式でのコミュニケーションが図れなかったことで，本来，そこから生まれるであろう新しいアイデアや方向性，取り組みなどがなかなか創出できなかったことが残念です。

立石・おめでとうございます。今年もよろしくお願い致します。当工業会も同様にコロナ禍で各委員会・各支部ともに，従来のような満足いく活動が行えませんでした。そんな中でも各委員長や支部長らがいろんなアイデアを出し合い，また WEB なども併用しながら，運営にあたっていただきました。私たちが特にこだわった点は，コロナ禍であっても少しでも明るい話題を工業会から提供しようということでした。

その成果の一つとして，昨年は日本溶射学会と当工業会が共同で進めてきた『溶射業界における市場調査及び将来市場展望報告書』が完成，発刊しました。全194ジ・オールカラーからなる同報告書は，様々なデータを駆使して詳細に市場を分析しています。現状の我々の立ち位置を認識し，今後の方向性への道標の一助となればと考えています。同時に行政や新しい分野の方々に溶射を理解していただくための資料として大いに活用していきたいと思います。

また大きなトピックスとしては，当工業会ではスイスの発明家マックス・ウルリッヒ・ショープ博士が溶射を発明・特許登録した（1909 年）4 月 28 日を『溶射の日』と定め，（一社）日本記念日協会に登録したことです。この記念日をより多くの方々に知っていただこうとポスターも作製し，全国の関係者に配布するなど，積極的に啓もう活動に取り組んでいます。

小川・私の研究室にも掲示させてもらっています。

立石・ありがとうございます。少しでも溶射が認知されるきっかけになればと考えています。一方，産業界に目を移すと，2021 年度はコロナ禍で営業活動に一部支障をきたす面もありましたが，ものづくり現場は比較的堅調に推移しているようです。2021 年度のコーティングビジネス全般を見渡すと，確かに工事の着工遅れや延期など，インフラ関連の防食防錆溶射関係が前年度に比べやや落ち込んでいるようですが，半導体や FPD などを中心とした表面改質分野は堅調に推移しています。そういう観点からすると，全体的にはほぼ横ばいというところではないでしょうか。しかも IoT や AI，自動運転，あるいは 5G や 6G といった超高速通信など，デジタル

社会の到来に伴い，半導体需要は今後ますます拡大することは間違いなく，コーティング技術の重要度も更に増すでしょう。

小川・市場調査報告書の中にも記されていますが，コーティングビジネスにおいて半導体・液晶関連分野はかなり高いシェアを占めています。言い換えれば，現状，溶射技術なしでは半導体製造装置は動かないと言っても過言ではなく，貢献度は高いですね。

立石・工業会の会員企業の中でも半導体関連に携わっている企業は好業績のようです。

■カーボンニュートラルを見据え，EV，エネルギー分野に期待

■DX 実現に向けデジタル溶射がポイント

――さて，今年（2022 年）はどんな年になると予想されますか。

立石・半導体・液晶分野は引き続き堅調に推移していくでしょうが，併せて溶射関連では今年，電気自動車（EV）向け分野が大きく成長するのではと考えています。また既にそういう動きも顕著に出ています。これは非常に大きな波で，EV に関わる様々な溶射技術のニーズが出てくると期待しています。

小川・2022 年だけに限定するものではありませんが，はやり 2050 年カーボンニュートラルを見据え，2030 年度に温室効果ガスを 2013 年度に比べ 46％削減する政府目標を受け，エネルギー関連を中心に様々な挑戦が繰り広げられるでしょう。その中で溶射技術の貢献度はかなり大きくなると考えています。例えば，ガスタービンも今後，アンモニアや水素が使われるようになると，これまでとは異なるコーティング技術が必要となるでしょう。また，立石会長が言われたように，EV 化がかなり加速するとみていて，それに対する溶射へのニーズもあると思います。

それと，もう一つ。学術的には溶射分野で今後どれだけ適用できるかは判断しにくいのですが，DX（デジタルトランスフォーメーション）を採り入れ，デジタル溶射を目指したいですね。従来，溶射施工に関しては，作業者の経験値や技能，蓄積ノウハウなどを駆使して様々なパラメータに対処してきましたが，DX を活用することで誰でも常に安定して同じ皮膜を成膜したり，非常に微細なところだけをピンポイントで溶射できるようになれば，世界がガラッと変わるのではないかと期待してい

ます。そういうところの研究にも着手したいですね。

立石・そうですね。溶射における永遠の課題の一つとして再現性が挙げられます。そして、皮膜の評価やより高いレベルの信憑性も重要です。小川会長が言われたように、今後、DXやAI技術を活用することで、これらの課題も解決できると期待しています。そうすることで溶射のアプリケーションを増やしていきたいです。昨秋の溶射学会全国講演大会でもAI活用などの話題が提供されていましたね。小川会長が言われる通り、デジタル溶射はこれからのポイントになるでしょう。

小川・はい。だた、溶射の場合、あまりにもパラメータが多いことがネックです。それらをどう処理するかが重要となってきます。しかし、コンピュータの処理能力も日進月歩で進化しており、実現不可能ということではありません。

立石・同感です。小川会長がおっしゃったように溶射にはいろんな要素がありますが、決して不可能ではないと思います。溶射の原理・原則、あるいは各種パラメータを数値化し、シミュレーションに落とし込むことで「デジタル化」や「見える化」を実現し、DXを可能とする。そういう方向に進むと期待しています。先ほど、ガスタービンの話題が出ましたが、再生可能エネルギー分野においても溶射皮膜は使われるのでしょう。

■注目されるSPS，CSAM，　そしてハイブリッド技術

■表面改質だけでなく　機能性部材の製作に

小川・現状、ガスタービン分野ではTBCが用いられ

ていますが、今後、アンモニアや水素燃料により酸化雰囲気から還元雰囲気に変わっていくでしょう。そうなると、今までの酸化物系のセラミックスが本当に使えるのか、ということになります。また水素自動車の場合、水素ボンベのリークがないようにするために溶射皮膜が活用できないか。あるいは2次電池でも溶射皮膜でできることはまだまだあると思います。

更にコールドスプレーアディティブマニュファクチャリング（CSAM）という積層造形技術も、具体的な部品・部材名は明言できませんが、カーボンニュートラルに貢献できると考えています。これまで溶射は「膜を作る」ことが大きな役割でしたが、CSAMでバルク材のような大きいものも造形できるとなれば、新たなアプリケーションが生まれるのではないでしょうか。部材製作の1つのプロセスとして溶射を活用できるのでは、と大いに期待しています。

立石・確かに溶射技術の適用分野は幅広く、専業加工メーカーの我々でさえ、「えっ、こんなところに！」と驚くことが多々あります。特に新しい分野のEVではそれが顕著です。実際、当社が手掛けている仕事でもビックリするようなオーダーがあります。ここ（のど元）まで出かかっているのですが、守秘義務の関係上、その内容をお伝えできないのが残念です。

ただ、ひと昔前まで電気自動車はある意味、夢物語でしたが、この僅か数年間で現実のものとなり、しかも自動車メーカーだけでなく、大手電気メーカーをはじめ、様々な企業や団体が参入するなど、まるで電化製品のような身近な存在になりつつあります。このように物事や発想、価値観が変わるということはコーティング技術が変わる。求められるニーズも変わってくる訳です。例えば、軽量化もその1つですね。

小川・従来、安全性や強度の観点から厚い素材を使用しなければならなかった部材や部品も、例えば、軽い基材に耐食性を付与することで薄くできます。また耐摩耗性が求められる部材では、これまで削りシロまでを考慮しなければならなかったが、必要箇所だけ耐摩耗コーティングをすれば、素材の無駄もなく、軽量化が図れます。

前述したように、これまでコーティング技術は構造材料の表面改質を主目的としてきましたが、それに加え、これからは太陽光やスマートウィンドウなど機能性材料への応用というニーズも高まってくるでしょう。間違いなく、カーボンニュートラルに貢献できる分野が出てきます。

ただ、そうなると、今のコーティングよりも更に薄いものを作らなければならず、粒子径がナノサイズまでと

は言わなくても，サブミクロンオーダーレベルの薄い膜を緻密に作る技術が必要となります。

立石・これまでにない非常に緻密な皮膜を作れるという点では，サスペンションプラズマ溶射（SPS）が可能性を秘めていますね。詳細は言えませんが，実際，当社もいくつかの案件に携わっていますし，期待しています。現段階で日本溶射工業会メンバーの中で，どのくらいの企業がSPSを導入されているかは把握していませんが，少なくとも数社は導入されているようです。日本溶射学会の講演大会でも年々，発表件数が増加傾向にあり，注目されているようですね。

小川・はい。またSPSと同様に先ほども触れましたが，コールドスプレー（CS）についても金属積層造形という新しいアプリケーションが注目されます。ご存知のように，CSは薄い膜から厚膜まで成形でき，しかもポリマーやセラミックス，金属など様々な材料に対応できることから，マルチマテリアル化に対応できる強みを有しています。しかも，CSAMは他の金属AMプロセスと比べ積層造形速度が速いという優位性を持っており，この分野の可能性を究明していきたいですね。

立石・CSも我々ジョブショップレベルで考えるニーズや活用法だけでなく，実際のメーカーさんでは全く異なる発想・着眼点でCS皮膜を活用しているケースもあります。各メーカーさん，特に自動車関係では，CS活用による様々な研究開発や実ワークへの適用を検討されています。

小川・先ほどから話に出ているSPSは溶射材料を溶かした懸濁液を用いることで緻密，かつ滑らかな皮膜を形成するという特徴がありますが，例えば，CSと複合させた，いわばSPCSのようなものができれば，表面が緻密，かつ滑らかな積層造形物ができるようになり，適用分野が広がりますね。一方で，SPSの課題は如何にナノ粒子を正確に搬送するかということです。

立石・その通りです。

小川・その辺りの研究を他の学会や団体などとコラボレーションしていきたいですし，また，他団体との交流が当学会のこれからの課題の一つだと考えています。単に粉末送給装置だけではなく，流体や粉体関係の方々と連携し合うことで，より良い皮膜ができると思います。

立石・そうですね。是非，実現してください。今，小川会長からSPSやCSAMといったプロセスの可能性について話題提供していただきましたが，粉体材料面で注目しているものは，どのようなものですか。

小川・材料ではハイエントロピー合金（5種類以上の元素が同程度含まれる合金）ですね。今後，いろんなと

ころに使われるのではと注目しており，既にCSや溶射での研究もされているようです。また，材料ではないのですが，溶射技術単体で思考するのではなく，プラスアルファの技術，例えば，レーザとの組合せやクラッディングなど，1つのプロセスだけで膜を作るのではなく，複数のプロセスと組み合わせるハイブリッド化がキーワードとなると考えています。

──溶射の適用領域という観点から，コロナ禍で改めて医療分野や，抗菌・防菌作用としてのコーティング技術も注目されています。お二人はどのようにお考えですか。

立石・溶射技術はこれまで人工骨（インプラント）などに適用されていますが，銅の溶射や光触媒の皮膜など，抗菌や防菌作用として溶射が活躍できる分野は結構あると思います。医療分野と言っても裾野が広く，例えば，医薬品分野でも粉末の薬を錠剤にする工程で，耐摩耗性や金属コンタミ防止で溶射が使われています。

小川・抗菌コーティングについては，産業総合技術研究所で積極的に研究をされていますね。非常に可能性があると同時に，重要だと考えています。特にこの2年間，我々はコロナ禍を経験し，抗菌・耐菌の大切さを知りました。安心・安全な生活を送れるようにコーティング技術が役立つことを願っていますし，また今後ますます期待されるのではないでしょうか。当学会としても医工連携も視野に入れたコラボレーションも必要になると考えています。会長に就任してすぐ，いろんなアイデアを出し合っていただく場として，「将来構想WG」という新たな組織を立ち上げました。これから様々な討議が重ねられるでしょうが，確かに抗菌もテーマの1つになるでしょう。

■溶射の更なる可能性を信じ，『将来構想WG』を組織

立石・小川会長の「溶射をもっと盛り上げよう！」という想いは，私の想いと一致するところです。中でも将来構想WGというのは非常に素晴らしい取り組みだと思います。

小川・立石会長が言われるように，溶射技術は防錆防食から耐食，耐摩耗，耐熱・遮熱，さらには各種機能性付与に至るまで，本当にいろんな分野で活用されています。その幅広い分野で，これまで培ってきた既存技術をベースにしつつ，更にもっと広い新しい分野への適用や可能性を，多くの異なる業種の方のお知恵もお借りしながら追求していきたいのです。

一人や二人では思いつかないことも，10人，20人のアイデアが集めれば，今まで想像もつかなかったところが創出できるのではないでしょうか。WGの目的の一つとして，既存分野や固定観念にとらわれない自由な発想や意見を出し合う場にしたいのです。そこで生まれたアイデアを会員の方々に発信することで新しいビジネスや仕組み，アプリケーションにつなげていければと考えています。

物質・材料研究機構の渡邊誠先生に主査を務めていただき，若い人ばかりでなく，年齢層に捉われない幅広いメンバー構成となっており，今後，会合の機会を増やしていきたいです。

将来的には，全国講演大会の中で，WGの取り組みやアイデアなどを発表できる場も設けたいですね。それを聞いた会員企業の方がニュービジネスの可能性を見出し，「それを実現するためには，どうすれば良いか」などについて，大学や研究機関に相談してもらえるような

循環を生み出していければと考えています。

立石・その構想をお聞きし，私も"いの一番"に委員に立候補しました。また私のほか，当社技術部の大窄正が参加しています。彼は非常にユニークな発想を持っていますので，大いに引き出してやってください。

小川・期待しています。このWGは日本溶射工業会の協力なくして実現できません。実際のものづくりで何が行われ，何が課題となっているのか，どういうところにビジネスチャンスがあり，研究テーマは…など，忌憚のないご意見やアイデアをどんどん出していただきたいのです。

立石・日本溶射学会と日本溶射工業会は，溶射界にとって，いわば車の両輪です。私個人の想いとしては，WGではなく，すぐに委員会にしても良かったのでは，と思っています。それだけ魅力的なWGだと興味を持っていますし，また，そういう組織にしていきたいですね。是非，ご一緒に活動させてください。

小川・宜しくお願いします。そしてWGの2つ目の目的は，若い人に溶射の魅力を理解してもらうことです。溶射に興味を抱き，溶射関係の企業や大学，研究機関にどんどん入ってもらえるような環境を作っていくことが重要です。そのためにも，新しいアイデアを出し合い，「溶射ってこんなに凄いことができる」ということをアピールしていきたいのです。現状，大学で溶射関係を学んだ学生も，就職すると全く違う世界に行くというケースが多く残念です。それをどうにかしたいのです。

結局，「溶射を盛り上げる」ということは"人"だと思います。溶射に携わる人を増やし，育てていく。それが最大の課題だと痛感しています。会長就任時，会員増強を表明しましたが，立石会長も会員増強に積極的に取り組んでいますね。

立石・溶射という事業を通して，切磋琢磨できる仲間がいないと成長はありませんし，また小さなキャパシティでは技術のポテンシャルが下がっていきます。当工業会では現在，会員数100社を目指し取り組んでいますが，近年，少しずつ増加傾向にあります。これからもどんどん増やしていきたいと思います。

■様々なアイデアを駆使し，溶射の魅力，発信へ「溶射の日」「溶射技能オリンピック」「記念切手」で，大いにアピール

小川・立石会長は様々な活動を通して，本当に「溶射の魅力，発信」に注力されていますね。

立石・冒頭，申しましたように，当工業会では一昨年の総会で，『溶射の日』を制定しました。世の中には，いろんな記念日がありますが，これまで『溶射の日』は存在していませんでした。中国メタリコン工業㈱の河本守人社長の発案で，「それは面白い」とすぐに実行しました。総会に諮り，その日を何時にするか，とみんなで検討した結果，やはりショープ博士が溶射を発明・特許登録した1909年4月28日が最適ということで，4月28日を溶射の日と決めました。（一社）日本記念日協会に登録申請し，正式に受理されています。これからいろんなイベントも企画していきたいですね。

小川・昨年の総会では，溶射技能オリンピック委員会という組織も立ち上げたとお聞きしましたが…。

立石・そうです。「溶射の日」に続く，次の一手として『溶射技能オリンピック委員会』を組織しました。溶射技能士の更なる技能向上とモチベーションアップ，さらには社会へのアピールを主目的としています。現状，技能オリンピックの中に溶射という種目はありません。ないのであれば，我々で作ろう，という発想です。

当然，"0"からのスタートですので，実現するために，まずは委員会を組織し，発案者である新栄防蝕㈱の大家淳晃社長に委員長に就いていただきました。今年度は，これからの方向性や活動方針，運営方法などについて，他団体の取り組みなどを視察しながら学び，独自のスキームやルールを作っていきたいと思います。希望としては2年から3年後，いや，もう少し早い段階で実現したいですね。ご存知のように，溶射には「防食」と「肉盛」の国家資格がありますが，このほか様々な手法があります。委員会のメンバーは，大家委員長のほか，防食溶射委員長やハードフェーシング委員長，JIS・ISO溶射推進委員長らにも加わっていただいています。当然，公正な審査にあたっては第3者機関の評価も必要となることから，今後，学会の方々にもご協力いただきたいと考えています。

小川・良いですね。実は学会でも界面領域の強い溶射皮膜に着目したコンテストができないか，といった話も出ています。是非，コラボレーションしてやっていきたいですね。

立石・二人で話しているだけでも話が広がり，何かワクワクしてきましたね。こういうことが大事なのです。突拍子のないようなことかもしれませんが，ワクワクしながら論じ合うことこそが「溶射を盛り上げる」，「溶射の魅力発信」につながると思うのです。おそらく「将来構想WG」も同じ発想ではないですか。

また技能オリンピックと同様，次の一手として当工業

会では「溶射の日」に合わせて記念切手を作製しようと考えています。これも中国メタリコン工業の河本社長の発案で，今期中に作ることになっています。もちろん，郵政省が認可するオフィシャルな切手ですので，楽しみにしていてください。

―話は尽きませんね。少し現実離れするようですが，マンガのドラえもんのように，将来，溶射あるいはコーティング技術で「こんなことできたら良いなぁ」的な夢はありますか？

小川・機能コーティングという観点から言えば，従来のような表面改質ではなく，将来，皮膜自体が機能を持つ，例えば，それ自体でエネルギーを生み出すようなものができれば，と考えます。また，ナノコーティングというか，本当に微細なところにコーティングすることによって，特性がガラッと変わるというものができれば，もっと面白い世界が広がると思います。

私個人的には，CSを使って太陽光電池を作ってみたいですね（笑）。全ての屋根，全ての壁が太陽光電池というものです。そうなれば，ソーラーパネルを作る必要も場所も必要なく，メガソーラーが要らない世界ですね（笑）。

立石・それは面白いですね。良いです。是非，小川会長，それを実現させてください。小川会長の発想はとても素晴らしいですね。会長のそういう産業人とは違う視点・発想がとても大切です。そういう全てが電池という発想。「これ，アリ！」ですね（笑）。エネルギー分野は今後，ますます注目されますからね。研究に期待しています。

私の場合，工業会会長というよりもシンコーメタリコンとして発言させていただくと，当社は現在，「未来に

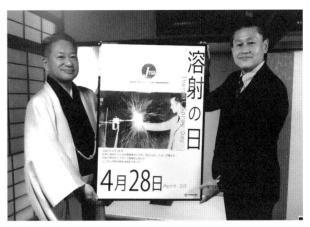

▲溶射の日を説明する立石会長

ツナグ Next50」プロジェクトを推進しており，その一環として，今年，新工場建設を計画しています。工場建設はそうそう何度も経験できることではありませんので，いろいろ細部に拘り，50 年先まで社員みんなが夢を描けるようなものにしたいですね。特に新工場は，オープンファクトリーをコンセプトとしており，地元の小中学生などが見学できるようにして，製造業や溶射の魅力を発信していきたいと考えています。建設時，小川会長の CS 太陽光屋根や壁が実現していたら採用するのですが…（笑）。

小川・Next50 プロジェクトですか。立石さんはネーミングのつけ方が非常にお上手で，ワクワクするネーミングですね。オープンファクトリーということですので，日頃，ものづくり現場をみる機会の少ない我々研究者，特に若い学生らにも是非，門戸を開いていただければと思います。

立石・以前，日本溶射学会 CS 研究会の皆さんに，当社を見学していただきました。これからもでき得る範囲でご協力し，交流を深めていきたいと考えています。百聞は一見に如かず，前後工程や作業環境も含め実際の現場を見ることで，溶射を理解し，魅力を知ってもらうきっかけになります。先日も『溶接女子』として活躍しているアイドルグループ AKB48 の "はまちゃん" こと，濱咲友菜さんが地元テレビ局の「『お仕事』手伝います！」という企画で来社され溶射ガンを振ってくれました。ユニークなところでは，当社がある滋賀県湖南市では小学 3-4 年生を対象とした副教材の「お仕事ノート」に溶射が紹介されています。

― 魅力発信という意味では，今年 7 月に開催される国際ウエルディングショーの併催行事「2022 コーティングフォーラム」でもお二人は講演いただけるのですね。

立石・せっかくの機会ですので，前述の市場調査報告をベースに，国内の溶射市場の現状や展望について紹介するとともに，溶射の日も PR したいと考えています。

小川・私は溶射とレーザとを組み合わせ，既存塗膜をレーザクリーニングで除去した後，溶射していくことの効果について発表したいと考えています。1 つのプロセスだけでなく，いろんなものと組み合わせることで，「1+1 = 2 ではなく，3 や 4，5 になる」ということを通して溶射の魅力を発信していきたいのです。そういう意味で「ハイブリッド」がキーワードとなります。

■研究を通して「魔法の技術」を具現化したい（小川）

■カーボンニュートラル，SDGs を追い風に（立石）

― 2022 年の抱負をお聞かせください。

小川・既存の溶射技術をベースとして，さらにプラスアルファでハイクオリティなものを追求していきたいと思います。学術的研究に加え，新しい発想・アイデア・思考でこれまでになかった溶射技術・コーティング技術を研究していきたいですね。シンコーメタリコンさんのホームページでは，溶射を「魔法の技術」と紹介されていますが，それを具現化できるような研究をしていきたいと考えています。特に私は「これまで付かなかったものを付けるようにする」ということにこだわり研究してきましたが，これからも様々なコーティング技術を駆使して，あらゆる可能性を追求していきたいと考えています。

立石・カーボンニュートラルや SDG s を追い風として，溶射業界をもっと盛り上げていきたいと考えています。溶射技術はリサイクル・リユース・リデュースに貢

献できる技術であり，カーボンニュートラルに貢献できると確信しています。

　一方，工業会会長として経済産業省金属課が主催する会合に出席させていただいており，他の業界団体との交流や情報交換，意見交換を行っていますが，大いに参考にさせていただいています。中には，業界の市場性や動向をしっかりと把握し，カーボンニュートラルに向けては業界全体のCO_2排出量などを詳細にデータ管理している団体もあります。そういう方々とお話しすると，つくづく我々工業会はまだまだだなぁと痛感します。市場調査はできましたので，工業会としては次の段階にステップアップしていきたいと思います。それと個人的には，新工場建設を楽しみにしています。

―会員に対してのメッセージを

　小川・コロナ禍の2年間，皆さん我慢を余儀なくされました。このような中，当学会ではオンライン会議WGも立ち上げ，なんとか情報発信もしてきましたが，一日も早く会員各位と対面で，情報や意見交換ができることを望んでいます。同時に工業会の方々とがっちりとタッグを組み「溶射の魅力，発信」に向けて，ともに次の一手を考えていきたいです。全員で溶射を盛り上げていきましょう。

　立石・当工業会の最大の強みは，伝統的に会員同士みな仲が良いことです。これからもコロナに負けず，一丸となって溶射の魅力，素晴らしさを伝え，社会に貢献していきたい。そのためには会員の皆さんに何らかの形で，工業会活動に参画してもらいたいと期待しています。それと1年半程度，学会と工業会の溶射連絡協議会が開催されていませんので，是非，今年は再開しましょう。

■「挑戦」（立石）と「グリーン」「デジタル」（小川）で，更なる発展へ

―最後に今年のキーワードは

　立石・「挑戦」。新しい分野に取り組んでいく挑戦の年にしたいと考えています。

　小川・いみじくも会長就任時，私も「新しい溶射への挑戦」をスローガンに掲げました。今年のキーワードは「グリーン」と「デジタル」です。この2つを駆使することで，溶射界の更なる発展に貢献していきたいと考えています。立石会長，今年も宜しくお願いします。

　立石・ともに手を携え，2022年を素晴らしい一年にしましょう。

特集1

表面改質のあれこれ

アディティブマニュファクチャリング（AM）は、「従来、不可能だった形状や構造物を創造できる技術」として、今後のものづくりに大きな影響を及ぼすと言われている。溶融金属を積層させ造形するAMは、溶接や溶射と同様のプロセスを辿り、材料の熱影響や残留応力など、これまで培ってきた基礎的な原理から加工技術での知見、施工管理手法など多くの蓄積が活かされる。レーザや電子ビームを熱源に用いたAMが国内においても、研究から普及段階に入っているが、厚膜創生技術である溶射技術の一つコールドスプレー（CS）を用いたAMもまた実用化が進んでいる。

特集では、金属AMの可能性とともに、金属AMを用いた薄肉チタン配管の開発およびCSによる金属積層造形技術（CSAM）の現状について紹介するほか、近年注目を集めるAIを活用したレーザクラッディング技術や、レーザクリーニングと高周波誘導加熱技術を用いたハイブリッド皮膜除去技術について解説する。

ものづくりを変革する金属AMの可能性
AM独自の「アディティブ設計」がカギ
残留応力など溶接と同等の課題も

編集部

金属アディティブマニュファクチャリング（金属AM）と呼ばれる3Dデータを活用したものづくり技術が注目を集めている。金属粉やワイヤを溶融，凝固しながら造形するプロセスで，造形品は残留応力や熱ひずみなど溶接・溶射に類似した課題も多い。また金属AMでしか実現できない製品設計など更なる可能性を秘めている。

金属AMは開発されてから約30年以上が経過し，用途も増えコスト効率もよくなってきている。製品開発サイクルの短期化，生産の低コスト化，新技術投入までの短縮化が顕著な中，新しいソリューションを創出するためのアイデアのデジタル化，3Dによるデザイン，製造，検査，管理で，生産性，耐久性，再現性，低コストが求められている。

日本における金属AM事情は2015〜16年頃に活発化し，少なからずのユーザーが購入したが，大型の設備投資が控えられている昨今では，購入した装置の能力を引き出しきれない事例も見受けられる。

その一方，重工企業や自動車メーカーは，将来を見据えた独自の技術開発を進めており，航空宇宙分野ではJAXAが主導する次世代宇宙ロケット「H3」のエンジンに金属AMを使用することが決定している。

金属AMは従来の切削加工などと比較して，高価な耐熱・対腐食材料を無駄なく使用することができるため，国際競争が激しい宇宙分野においてはコスト低減を図れることが大きな採用理由のひとつともなった。

中小製造業を含めた産業界全体への普及の課題は造形スピードと装置導入コスト。今後は造形エリアの拡大やレーザの高出力化，複数レーザの同時照射など，時間当たりの造形速度を大幅に上げたAM装置の開発や，パーツの耐久性のための材料，設計者の意図を失うことのない再現性としてのソフトウエアなどが求められる。

欧米と比較すると後れを取っているAM技術だが，

TRAFAMなど国家プロジェクトでは，装置だけではなく粉末，ソフトウエアメーカーから，ユーザー，研究機関まで一体となり世界最高レベルの装置を開発し次世代に繋げる取り組みも行う。

AM装置におけるものづくりはデータ作成，準備，出力，検査，後工程と進むが，設計と準備ではデータを読み込み，配置してサポート付けを行い，CAEでシミュレーション後，出力設定を行う。出力には様々な方式があるが，金属AM装置の代表的なパウダーベッド方式は，基板のベースプレート上に金属粉を薄く敷き，ガルバノミラーでレーザ光を走査して加工する。溶接の溶融現象と同様のプロセスで，1層の加工が終われば次の2層目の粉を敷きレーザを照射して積み上げていくが，プレートは徐々に下がっていくので金属粉を敷く面はいつも変わらない。層は20〜80マイクロ㍍間で調整することが多く，微細構造は薄く積層し，単純形状は厚く積層して時間の短縮化を図る。

造形が行われるチャンバー内部は，外気に触れないよう不活性ガスを充填し，低酸素濃度の環境を保つ。溶接同様ヒュームが発生するのでガスを循環させるが，フローが少ないとヒュームが停滞し，多すぎるとパウダーが舞ってしまう難しさがある。

造形チャンバーの管理は重要で，ハイエンドモデルは真空ポンプで空気を抜き，アルゴンガスを投入するので酸素濃度が低く保たれ，低酸素で乾燥した質の良い金属粉末で積層することができる。造形に時間がかかればコ

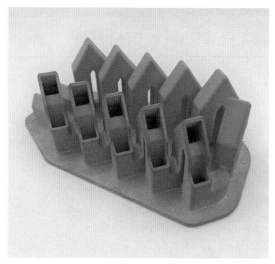

▲従来は難しかった純銅部品もレーザの進化で実現

▲金属AMで製造された精密部品

ストに跳ね返ってきてしまうが，双方向から金属粉を敷くことで出力時間を短縮する高速機種もある。

　パウダーベッド方式の金属AM装置は積層が終わるとパウダーを除去し，ビルドプレートから切り離すなどの後工程をもってパーツが完成する。後工程は手作業も多く，リーマーでサポートをとるなど人海戦術に頼るところもあるが，目指すはロボットで自動化し量産することだ。

　金型にパウダーを入れて成型し焼結する金属粉末射出成型（MIM）に対し，AMは型を使わない積層造形でパウダーベッドの他にはデポジションやバインダージェット方式などが存在する。デポジションのうちレーザクラッディングは，レーザ光によって局所的に溶融した領域に特殊なトーチを用いて金属粉末を供給し，母材と共に溶融した金属粉末が自己冷却作用により冷えて固まることで肉盛層を形成する方法で，製品表面へのコーティング，既存製品の補修や，比較的単純な形状の大型造形品の製造に向いている。粉末という肉を対象物に吹き付けレーザで焼結する肉盛は，形状を変える，膜を作る，補修をするなど用途は様々だ。

　レーザクラッディングは母材も加熱する冶金的結合で密着性，耐腐・耐摩耗性効果が高く，プラズマ粉体溶接（PTA）と比べると入熱は半分以下となるため母材歪みも少なく，肉盛材の特性を最大限活かす。

　レーザ加工は電気を直接レーザ光に変換する熱源のため低電力で，SDGsへの取組みにも効果を示す。そんななか高輝度青色半導体レーザによる積層造形で純銅のコーティングを実現している事例もある。加工が難しい銅は，近赤外線レーザは反射率が高く加工に適さないが，波長450ナノ㍍の青色半導体レーザは吸収率が上がるため，3本の200㍗高輝度青色半導体レーザを1本に集光

した600㍗マルチビーム加工ヘッドと，コーティング技術を組み合わせ，基板材料の真上から金属粉末を噴射しながら横からレーザを照射し微細な皮膜を形成する。

　銅製品はバルク材からの削り出しや鋳造などの製作が主だが，表面だけに銅をコーティングできれば病院，介護施設，学校，電車などのあらゆる施設で手すりやドアノブなどへの利用で殺菌・抗菌作用，ウイルスに対しては不活化作用が期待される。

　またグリーンレーザとAM装置を組み合わせた純銅の加工も実現しており，電動化の過程で純銅へのニーズは増えるなか，AM技術によるワンプロセスへの期待が高まっている。インダクターコイルや熱交換器などにおいて電気伝導性，熱伝導性に優れた銅部品の加工は航空・宇宙・電気自動車など高い精度が要求される産業での活用に期待がかかる。

　アーク溶接を応用したワイヤアーク方式（WAAM）は市販の溶接ワイヤが使用出来ることから，大型の立体形状を安価に作り上げることが可能で，高い溶着効率で造形時間が短縮できるCMTなども検討されている。

　WAAM方式は一般的に大気中で行われるため理論上サイズに制限はないが，チタンなど酸化し強度低下する材料を溶接する場合は，ワーク形状に応じてチャンバーを用意したほうが良い。

　バインダージェット方式は，造形スピードは速く，金属粉を接着剤で造形し光を使わず積層するが，脱脂作業が必要で，その後の焼結で縮むため縮みを計算して積層する。金属粉末とプラスチック樹脂などを混ぜ合わせた固形材料（バインダー）を，カートリッジ式で供給し射出成形し，脱脂工程でバインダーを除去し，高温焼結することで高密度の金属製品を製造していく工程だ。

◆日溶協・3D積層造形技術委員会の取り組み

（一社）日本溶接協会は，3D積層造形技術委員会（AM委員会，平田好則委員長）を2020年7月に立ちあげ，現在大学や企業，研究機関など約50社・団体で活動を行っている。金属AMの実用化に向けて課題を抽出し，各社の保有技術にフィードバックをすることで国内のAM産業の底上げを図る。

平田委員長は，「ものづくりの在り方がDX化をはじめ大きく変わってきた。金属AM委員会は，重工や電機，自動車といったエンドユーザと装置，粉末・ワイヤ，ガス，受託加工会社が，金属AMの実用化に向けた課題について意見交換や共同研究などを通じて基盤を構築し，AM技術の国際競争力を高める」とその設立目的を語る。21年はAM合金の疲労特性やチタン合金ワイヤなどを研究テーマとする3つのワーキンググループによる研究活動や，シンポジウムの開催など活動を本格化させた。今年7月に開催の国際ウエルディングショーでは，国際溶接学会（IIW）とのコラボレーション企画として，金属AMに関する装置や造形物の展示を計画する。

金属AMは既存工法に置き換わるものではなく複雑な形状や，機械加工では工数やコストがかかりすぎるも

▲3D積層造形技術委員会　平田委員長

のとの置き換えで高付加価値を生み出していくものだ。ターゲットとなる市場は医療，航空・宇宙，自動車，タービンなど多岐に及ぶが，最大の魅力は設計の制約が外れ，本来実現しなかった製作が実現し，複雑な設計部品を量産化へ繋げられることにある。金属AMならではの「アディティブ設計」によるものづくり技術の蓄積がこれからの産業界に求められている。

溶射業界
あの日あのとき
1927年　　昭和博覧会において金属溶射の実演が行われた。

金属AMを使用した薄肉チタン配管の開発

※山本　晃弘,※山田　洋,※※栗田　健也,※※藤井　柾至

※日本ハイドロシステム工業㈱,※※日本積層造形㈱

1　はじめに

日本ハイドロシステム工業株式会社は，これまでモータースポーツ向けにホースおよびパイプを用いた小型で軽量な配管システムの開発および製造を行ってきた。配管システムはモータースポーツの技術発展とともに進化し，ホースのみで構成していた2000年代から，2010年代後半に入りホースと配管を組み合わせたハイブリッド製品の開発へと進化を遂げている。モータースポーツのみならず自動車開発における小型，軽量化に対する要求は年々高まりを見せており，パワートレインはハイブリッド化が進み搭載される部品の形状も複雑化が進んでいる。小型軽量で効率的な機能を有した製品が求められる中で，AM（Additive Manufacturing）技術の適用は1つの解であると考えられる。AM技術は課題もあるが，われわれの製品を当てはめた場合に，これまで実現できなかった複雑な配管システムが構築できるなど享受できる利点は大きいと考え金属AMを用いた薄肉配管の開発に着手した。

金属AM技術については，日本積層造形株式会社と共同開発とした。日本積層造形は，日本において金属AM分野での先駆者である株式会社コイワイから，金属AM部門の事業移管を受けており，その技術や設備をすべて継承している。また，東北大学の金属材料研究所と深く連携しており，学術的な知見も有している。金属AMによる製造技術および金属AMで使用する材料開発を行っており，AM技術を用いた配管システムにおいても，これらノウハウを使用している。

本稿では，金属AM技術を用いた薄肉チタン配管の開発に対する取組みを紹介する。

2　開発の背景と目的

従来の配管システムを写真1に示す。従来の配管システムを製造する場合は加工方法に起因する制約のため，小型化に限界があった。代表的な制約として，パイプベンダーが保有する型に適した曲げR，パイプ曲げ加工を行う際につかみしろとして必要な直管部の確保，配管両端部の部品取り付けに必要な直線部の確保，ジグの形状自由度および寸法精度の維持などが挙げられる。配管部両端部品は溶接接続を用いている。さらなる小型化および軽量化を達成するためには，前述のような制約を回避する必要があると考えていた。この課題を回避するため，AM技術を使用し配管システムを一体で造形することを検討した。金属AMを使用することで，①曲げ加工が不要となるため，製品形状としてつかみしろ等を排除できる。②両端部の接続構造も一体造形することで溶接の必要もなくなる。このため溶接に起因する品質問題を回避できる。また，溶接技術者の育成や技量に起因する寸法精度の考慮が不要となる。③部品点数を削減できる。これまで複数部品によって実現していた機能を1部品に集約することができる。部品数削減により，最終製品における故障率の軽減およびコスト削減が可能となる。④異形断面といった形状の自由度が大きくなる。従来のパイプ曲げによる工法では難しい圧力損失を考慮したRを付与するなど性能向上が可能である。このような利点および小型化と軽量化によって，製品パッケージに対する課題や要望に対処できる薄肉配管システムが設計可能となる。このような構想や技術的利点を得るため，金属AMを使用した配管システムの開発に着手した。

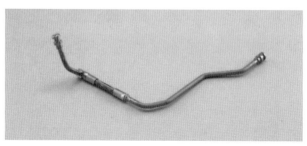

写真1　従来製品

3 技術の内容

　金属 AM を活用した薄肉チタン配管の開発目標は，日本ハイドロシステム工業がこれまでに多く製造した従来型配管システムと同等を基本的な目標とした。配管の肉厚は，従来配管システムと同じ 0.9mm とした。配管の機能として，所定の圧力を負荷することを要求されるため，日本ハイドロシステム工業で管理する基準の１つとなる 1MPa を耐圧力の目標値として設定した。

　使用した金属 AM 装置および材料を**表１**に示す。

　使用装置となる Arcam 社 Q20 Plus は電子ビームを熱源とした金属 AM 装置である。パウダーベッド法金属 AM 装置における熱源の分類として大きく，レーザビーム方式（LBM）および電子ビーム方式（EBM）の２種類が存在し，本開発では電子ビーム方式を採用した。電子ビーム方式を使用することでレーザビーム方式より多くのエネルギー照射が可能であり，高融点材料の使用が比較的容易であるメリットがある。また，造形サポート不要で残留応力が少ない点も挙げられる。造形は粉末床溶融結合法と一般的に呼称される方式に準じている。造形エリアの左右に材料を充填し，積層レイヤーごとにレーキが左右に移動することで造形エリアに材料を平滑になるよう供給する仕組みである。造形エリアは最大 φ350 × 380mm となる。材料は Ti6Al4V を使用，金属 AM においては比較的多く採用されているものと基本的に同様である。金属粉末は，PREP によって製造した粉末を用いた。金属 AM ではガスアトマイズ法によって製造された粉末の採用が多く見受けられるが，後述する

理由より本開発では PREP にて製造した粉末とした。

　PREP はプラズマ回転電極法の略称である。PREP にて製造した粉末について，走査電子顕微鏡（SEM）で撮影したものを**写真２**に示す。

　PREP の大きな特徴として，以下に示す３つがある。

・他製造方法，主にガスアトマイズ法と比較して，ガスの噴射を行わない。このため，粉末にガス由来の欠陥が極めて少ない。ガスアトマイズ法では材料粉末に残留するガス由来の欠陥によって，造形品にガスポアが発生する場合がある。ガス噴射を行わない PREP では，粉末のガスポア発生を抑制することができる。

・同様に製粉方法としてガスの噴射を行わないため，粉末の真球度が高い。流動性に優れ精緻なレーキングが可能となる。レーキングの不具合による造形品内部の欠陥発生を抑制できる。

・粉末の粒度分布がガスアトマイズ法よりまとまっており，投入エネルギーに対して安定した溶融が可能となる。このため過剰溶融などのエラーが抑制され，造形品質の向上に繋がると考えられる。

　以上に示す特徴から，PREP にて製造した粉末を使用することとした。

　造形試験に用いるテストピース外観を**図１**に示す。日本ハイドロシステム工業にて代表的な製品を単純化した，直管部と曲がり部を持つ形状にて評価した。直管部の肉厚を 0.9mm とした。曲がり先端部については，厚肉形状とした。実際の製品を想定しているため，両端部は任意の接続形状に切削加工を行えるよう厚肉としている。

　テストピース造形の評価について，以下の判断基準をもって実施した。

（1）造形後の外観について

　造形後の外観は，変形および表面荒れのあるものは NG とする。主に目視にて確認を実施し，製品に用いている評価基準に準じて判断している。

（2）比重計測

　造形後にアルキメデス法により比重を測定する。4.43g/cm^3 ± 0.03 に入っているかを確認する。

（3）圧力検査

　圧力検査を実施し，テストピース本体より漏れなきことを確認する。試験圧力は 1 MPa。使用ガスは窒素。

表1　金属AM装置および材料

Equipment used	Arcam Q20Plus
Material used	Ti6Al4V
Type of powder used	PREP powder

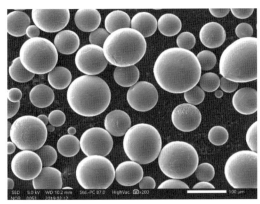

写真2　PREPにて製造した粉末

図1　テストピース

表2 パラメータ

Speed Factor（SF）			
35	30	25	20
Current			
28	18	8	3

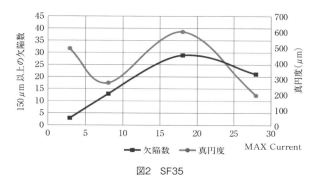

図2　SF35

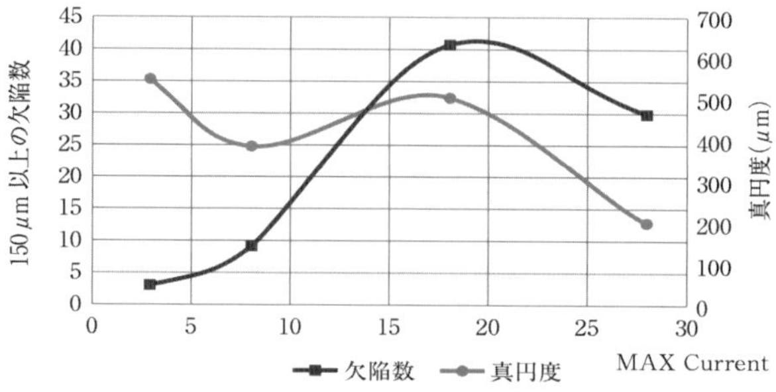

図3　SF30

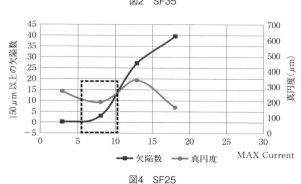

図4　SF25

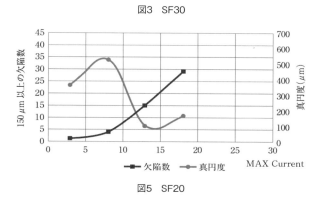

図5　SF20

液没法にて実施した。

（4）CT 検査によるボイド確認

　CT 検査によりボイドの確認を実施。以下のボイド大きさのしきい値および許容数量を設定し，ボイドが基準に収まっているかを確認する。

・φ 150 〜 200（μm）：10 個

・φ 200 〜 300（μm）：5 個

・φ 300 〜 400（μm）：1 個

（5）CT 検査による真円度測定

　CT を用いて直管部の真円度が 100 μm 以下であることを確認する。真円度は直径最大値と最小値を計測し算出する。

（6）外観寸法

　非接触式測定器 ATOS を用いて製品の外観寸法を測定する。外観寸法が造形に使用した 3D データに対して ± 0.3mm 以下であることを確認する。

　造形におけるセッティング項目として，装置メーカーから提供されるパラメータのみならず，ユーザー側である程度任意の設定値を使用することができる。本造形試験ではユーザー側で調整可能である範囲にてパラメータ

を調整することで欠陥数の減少および真円度の向上を狙う。このため標準的に使用されるパラメータに変更を加え，造形を実施した。代表的なパラメータの変更内容を表2 に示す。

　表 2 中の Speed factor は電子ビームの走査速度の大小を調整するパラメータとなる。値が大きいほど走査速度は速くなる。表 2 中の Current は電子ビーム出力の大小を調整するパラメータとなる。値が大きいほど，電子ビームの出力上限が大きくなる。Speed factor および Current は任意の値が使用できるが，ある程度大きな変化と傾向を観測するため，任意の間隔を設けた 4 バリエーションのパラメータを使用して造形を行った。

　各 Speed factor における Current を変化させた場合の欠陥数と，真円度の結果を図 2 〜図 5 に示す。

　各 SF ともに，Current を小さくすることで欠陥数が減少する傾向がみられる。ただし，真円度に対する相関については明確な特性を示していない。

　図 4 の点線枠内について，薄肉部の欠陥数および真円度のバランスが比較的良好な結果であったと考える。しかし，CT による検査を実施したところ，肉厚部の輪郭

部分近傍に欠陥の発生が見られた。点線枠内のパラメータにて造形したテストピースを写真3，および肉厚部のCT撮影の結果を図6に示す。

図6の丸枠内に欠陥がみられた。肉厚部の外周近傍に発生している。このような表面近傍の欠陥は，切削加工を施す場合に表面に凹みのような不良として現れる可能性が考えられる。とくに欠陥が造形品の輪郭部に発生し，なおかつ切削部分がシール面などの機能を有する箇所となると，製品が機能不全に陥り歩留まりの悪化につながる。そのため，当該箇所の欠陥発生を抑制する必要が生じた。欠陥数および真円度が比較的良好であったSF25のパラメータをベースに，輪郭部の欠陥の減少および真円度の向上を目的としたパラメータを追加で確認する必要が発生した。表3に追加造形におけるパラメータの設定を示す。

先に実施したSpeed factor25の造形パラメータをベースにCurrentをより低い領域にてバリエーションを設ける形で設定した。これはCurrentが小さくなると欠陥数が減少する傾向が先の造形より確認できたため，よりCurrentが小さい領域でも同様な傾向を示すか確認する目的である。また新たにInner/Outer Currentの項目を変更した。Inner/Outer Currentは製品の輪郭近傍のビーム走査パスに限定して電子ビーム出力の最大値を設定するものとなる。造形する際に輪郭部のみ，ビーム走査パスが製品外周を一筆書きするように移動する。この外周パスのみビーム出力を小さくすることで，とくに輪郭部の欠陥を抑制する目的で調整した。

追加造形の結果を図7〜図10に示す。

In/Out Currentの調整により，欠陥数を抑える効

写真3　造形したテストピース

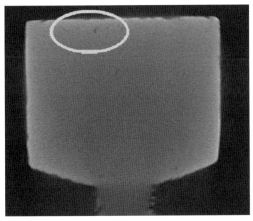

図6　CTによる検査

表3　パラメータ

Speed Factor（SF）		
25		
Current		
8	5	3
Inner/Outer Current		
8	5	3

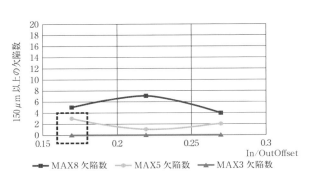

図7　In/Out current 8（nos. of defects）

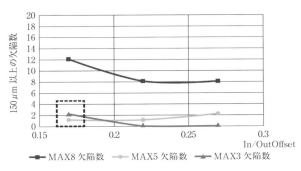

図8　In/Out current 5（nos. of defects）

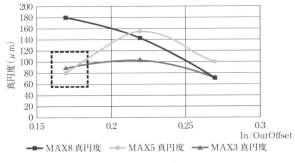

図9　In/Out current 8（circularity）

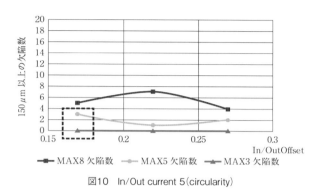

図10 In/Out current 5（circularity）

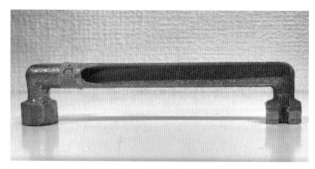

写真4 テストピース断面

果を確認できた。また，真円度が改善される傾向を確認できた。In/Out Current を調整することで品質向上につながる良い結果が得られた。当テストにおける判断基準に対して，いくつかのパラメータはすべての判断基準を満足させる結果を得られた。その中でも，Current 5，In/Out Current 5 の設定がもっとも良好な結果が得られた。今回製作したテストピースの断面を写真4に示す。

4　これまでの成果

　AM 技術を使用した配管システム製品（写真5）を市場に投入しており活躍している。従来システムに対して自由度の高い配管システムであり，年々複雑化するレイアウト要求に対応可能であり適用が進んでいる。突発的な設計変更への対応が容易であり試作段階の度重なる設計変更に対応可能である点は AM を適用するメリットといえる。

5　今後の展開

　今回開発した製品のさらなる改善点として，とくに下記の項目を挙げ開発に取組んでいる。
・表面粗度の改善
・寸法精度の向上
・製品の安定製造
・さらなる小型薄肉化
・高耐圧化
　製品化にあたり，今回のパラメータはあくまで本テストにおける初期値に過ぎない要素が強い。これは製品ごとに形状が違い要求される仕様が異なるため，個々の製品に適したパラメータの適用が必要であった。製品ごとにパラメータの調整を要する都合，パラメータのデータベース化を構築し，調整の試行回数を軽減させる工夫が必要であると考える。とくに近年では，機械学習（強化学習を含む）やディープラーニングといった統計や傾向

写真5　AM技術を用いた配管システム

分析が盛んに行われており，これら技術による開発についても避けて通ることができないと思われる。また，装置性能向上として各装置メーカーが取組んでいる「モニタリング・フィードバックシステム」の導入によるプロセス最適化も期待できる。

6　おわりに

　今回開発を行った製品は，AM 技術による製造が非常に効果的な形状であり，その恩恵も大きかったと言える。とくに，パイプ曲げに関する工程・設計制約を無視できるアドバンテージは AM 技術の特徴や仕様が非常に上手く合致したケースであった。

　金属 AM の課題が多いことは事実である。コストも然ることながら製造ノウハウの積み上げや現象理解などこれまでの製造方法とは違う課題が存在している。また，設計ノウハウの積み上げは発展途上といえる。最適化などを利用した効率的な形状検討と生産技術を理解した形状検討が求められる。

　今後も AM 技術が様々な場面で活用できるよう，この開発で得た知見を元に積極的に提案していく所存である。配管システムをはじめとする各種開発を日本積層造形と共同で実施し，金属 AM 技術の普及に取組んでいく。

溶射による金属積層技術 ※
（コールドスプレー付加製造CSAMを中心に）

榊　和彦

国立大学法人信州大学学術研究院（工学系）

※この技術解説は，『溶射』第58巻第4号（2021年10月31日発行）p.194〜198.を一部内容を加筆修正した。

1　はじめに

　学術雑誌の本誌の溶射技術[1]や溶射[2]などでも特集されたようにレーザや電子ビームによる金属の積層造形である付加製造（アディティブマニュファクチャリング，以下，AM）が国内においても，研究から普及段階に入っている。一方で，厚膜創生技術である溶射技術の一つであるコールドスプレー（Cold Spray 以下，CS）を用いたAMも，実用化が進んでいる。その取り組みの成果が，一昨年の5月に横浜で行われた国際溶射会議 ITSC2019 などでも Cold Spray Additive Manufacturing（CSAM）の名のセッションとして取り上げられ，CSAM という用語も認知されている[3]。昨年の ITSC2021 でも，CS を含め CSAM の報告が全220件中約35％と多い傾向にある[4]。本報告は，既報[5, 6]を加筆修正して，この CSAM を含め溶射技術の金属積層造形について紹介する。

2　溶射技アディティブ
　　マニュファクチャリング

　100余年歴史の中で，厚膜創成技術である溶射による積層造形は，水プラズマ溶射によるセラミックの成型品を除くと，溶融凝固に伴う皮膜の引張りの残留応力を持つ皮膜のため数 mm が限界であった。水プラズマ溶射[7]は，あまり普及はしていないが最大 50kg/h の溶射速度を持ち，20〜50mm まで可能であり[8]，筆者らも以前に HVOF 溶射ガンの先にフレームジェットのシュラウドとして使用したことがある。金属造形においては，HVOF 溶射の登場により，いわゆる半溶融高速衝突での圧縮性の残留応力を伴って皮膜が cm レベルの厚膜にできるようになった。念のため，世界を代表する学術雑誌文献データベース Web of Science[9]で，データベース初年となる 1990年以降の "thermal spray"（溶射）と "molding"（造形）で出版物を検索すると，12件がヒットし，うち5件が CS であり，一番古い論文が

Microstructure and Properties of Plasma Ceramics[10]で，やはり水プラズマ溶射による厚さ 3.2mm の種々のセラミックによる円筒管の作製とその機械的強度についての論文で，写真には直径 1m 以上のセラミック製のパイプなどが掲載されている。いずれにしても，CS と水プラズマ溶射以外による積層造形は少なく，金属の積層造形では CS がほとんどであることがわかる。

3　コールドスプレーによる
　　積層造形の歴史と現状

　まず，CS について簡単に復習する。CS は材料粒子の融点よりも低い高々 1,000℃ 程度の作動ガスを先細末広形ノズルで超音速流にして，その流れの中に材料粒子を投入して加速・加熱して，基材に高速で衝突させて成膜する。他の溶射法と異なり材料粒子を溶かさないので，皮膜は酸化などの熱変質が抑制され，圧縮性の残留応力を帯びているため，10mm 以上の厚膜が容易に作製できる。よって，CS の研究者の一部は，研究開発の始まった当初からその成膜速度の高さからも，金属造形技術に使用しようとしていた。2002年の ASM 主催のワークショップ Cold Spray2002 において，Pratt & Whitney Space Propulsion 社の Jeffrey D. Haynes は，"Potential Cold Spray Applications for Aerospace Industry, Cold Spray Technology" と題して，切削で削る部分の多いジェットエンジンやロケットエンジンノズルの部材を CS で製造して材料費の削減を検討中であることが報告された。また，図1に示すように 2003年の国際溶射会議 ITSC2003（米国・オーランド）の展示会にも CS による造形体が出展されていた。国内でも，産学共同で行われ筆者も加わった（財）機械システム振興協会の平成16年度に調査研究で，図2に示す造形体の検討例が掲載されている[11]。その後，図3に示すようにプラズマ技研工業株式会社が CS による造形体を実用化している。図3（a）は，ガス絶縁開閉装置の銅被覆のアルミニウ

ム導体部材に適用につながり，CS銅皮膜の電気抵抗率が圧延材に近いことで，大幅な軽量化と表皮効果による大容量通電が実現されている[12]。

国際溶射会議 ITSC2018（米国・オーランド）では，航空宇宙関連国際会議の AeroMat との共催もあって AM が一番ホットな話題となり，初日の最初のセッションが『Additive Manufacturing and Cold Spray Processing』であった[13]。展示会場でも，CS を出展するブースでは CS による AM の部材が多数展示されおり（図4），ITSC2019（横浜）でも同様の展示がされていたのは記憶に新しい。また，PLENARY 講演で，Dr. JAMES RUUD（GE Global Research Principal Scientist）の発表の中にも，CS による航空機エンジンの補修とともに，CSAM が報告された。なお，図4の CSAM は動画サイト[14]でも閲覧できるので，是非とも自分の目で確認していただきたい。

前述の論文検索データベース Web of Science で 1990 年以降の "Cold spray" & "Additive Manufacturing" を検索すると，216 件がヒットする。これらの掲載雑誌別では，1位が JOURNAL of Thermal Spray Technology で 39 件（18％），2位が Surface Coatings Technology で 25 件（12％），3位が Additive Manufacturing で 19 件（9％）となる。著者の所属別の上位20位を表1に示す。また，著者の国別では，1位 中国 51（27％），2位 米国 42（22％），3位 フランス 39（15％），4位 カナダ 28（15％）5位 豪州 23（12％），6位 ドイツ，アイルランド，イタリアでそれぞれ 19（10％）で同じとなり，9位 英国 12（6％）となり，日本は 10 位（5％）となる。表2の所属で見るとフランスの研究機関と大学が上位を占めていることが意外であったが，米国は航空宇宙を含め CS および CSAM の研究が盛んで，V. K. Champage 博士（The Army Research Laboratory（ARL））を中心に，大学，研究機関などの垣根を越えて研究活動をている Cold Spray Action Team[15]の存在が大きい。この

図1　国際溶射会議ITSC2003（米国・オーランド）の展示会で
コールドスプレーによる造形体の出展の一部:
（a）アルミニウムの基材上への直径約200mm，長さ約2mの銅の皮膜（米国・ASB Industries,Inc.），（b）各種の造形体（米国・Ktech Corporation）

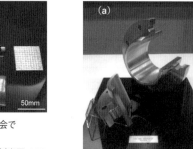
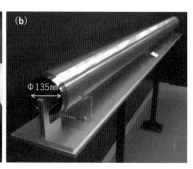

図3　実用化されたCS法による造形体の例:
（a）φ100mmアルミニウムパイプ（肉厚10mm）上に，5mmの純銅皮膜を成形後に約50mmの純銅フランジ部を成膜後，機械加工仕上げした導電部材，
（b）φ135mm×3mのSUSパイプ上に，10mmのZnAl皮膜を成形した円筒ターゲット
（プラズマ技研工業（株）提供）

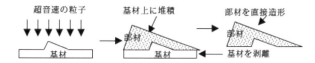

図2　コールドスプレーを利用した部材直接造形技術[11]

図4　国際溶射会議ITSC2018でのImpact Innovations GmbHのCSによる造形体の出展の一部:
（a）と（b）ロケットモーターのノズル（内面の銅:成膜速度率10kg/h，付着率99％以上，外周面のニッケル:10kg/h，97％以上，造形総質量41kg（加工後の質量:36kg），造形時間4時間10分）と銅の井形の造形体（6kg/h，90％以上，造形質量5kg，1時間），（c）チタン製の円形造形体（3kg/h，97％以上，7kg（加工後の質量:5.5kg），2時間25分）.これらの造形状況は動画で閲覧できる[14]

表1 コールドスプレーアディティブマニュファクチャリング（CS）に関する出版物の著者の所属
（Web of Scienceによる"CS"と"AM"で検索した結果の出版物数計216件.（2022年1月12日現在））

順位	著者所属 - 拡張	国	レコード数	% / 216
1	CENTRE NATIONAL DE LA RECHERCHE SCIENTIFIQUE CNRS	フランス	33	15.3
2	UNIVERSITE DE TECHNOLOGIE DE BELFORT MONTBELIARD UTBM	フランス	30	13.9
3	CNRS INSTITUTE OF PHYSICS INP	フランス	24	11.1
4	TRINITY COLLEGE DUBLIN	アイルランド	19	8.8
5	UNIVERSITY OF OTTAWA	カナダ	17	7.9
6	SHANGHAI UNIVERSITY	中国	16	7.4
7	UNITED STATES DEPARTMENT OF DEFENSE	米国	16	7.4
8	US ARMY RESEARCH DEVELOPMENT ENGINEERING COMMAND RDECOM	米国	15	6.9
9	US ARMY RESEARCH LABORATORY ARL	米国	15	6.9
10	GUANGDONG INST NEW MAT	中国	14	6.5
11	COMMONWEALTH SCIENTIFIC INDUSTRIAL RESEARCH ORGANISATION CSIRO	オーストラリア	13	6.0
12	POLYTECHNIC UNIVERSITY OF MILAN	イタリア	12	5.6
13	NORTHWESTERN POLYTECHNICAL UNIVERSITY	中国	11	5.1
14	SWINBURNE UNIVERSITY OF TECHNOLOGY	オーストラリア	11	5.1
15	WORCESTER POLYTECHNIC INSTITUTE	米国	11	5.1
16	CHINESE ACADEMY OF SCIENCES	中国	10	4.6
17	CORNELL UNIVERSITY	米国	9	4.2
18	INSTITUTE OF METAL RESEARCH CAS	中国	9	4.2
19	MASSACHUSETTS INSTITUTE OF TECHNOLOGY MIT	米国	9	4.2
20	UNIVERSITY OF SCIENCE TECHNOLOGY OF CHINA CAS	中国	8	3.7

表2 CSAMと他の溶融式AMとの長所と短所の比較（文献[3]を和訳し，一部加筆）

	分類未定（DED？）	選択的固化方式の中の粉末床結合（パウダーベッドフュージョン），PBF		指向性エネルギー堆積法, DED
	CSAM	SLM（レーザ）	EBM（電子ビーム）	LMD（レーザ）
粉末供給モード	直接供給	粉末床	粉末床	直接供給
原材料の制限	高硬度・高強度の金属の堆積が困難	反射率が高く，流動性の低い金属粉末の堆積が難しい	非導電性で低融点の金属には不適	高反射率の金属が困難
粉末の溶融	なし	溶融	溶融	溶融
造形物の大きさ	大きい	限定	限定	大きい
寸法精度	低い	高い	高い	中
機械的特性（造形後）	低い	高い	高い	高い
機械的特性（熱処理後）	高い	高い	高い	高い
生産時間	短い	長い	長い	長い
機器の柔軟性	高い	低い	低い	低い
補修への適用	可能	不適	不適	可能

DED:Direct Metal Deposition,CSAM:Cold Spray AM,SLM:selected laser beam melting, EBM:electron beam melting,LMD:laser metal deposition

組織では2011年より毎年1回のワークショップを開催し，HPには過去の発表のプレゼンテーション資料が公開されているので一度参照を勧める[16]。筆者はななかなか都合がつかず参加していないが，深沼博隆氏（2011年），黒田聖治氏（2015年）が招待講演している。しかし，中国のパワーは凄いものを感じ，上海大学などの大学と中国研究院（16位）などの公設研究機関などが入って研究に取り組んでいる。なお，表2の所属や国のレコード数を足すと論文数216を超えるが，著者の所属なので重複して論文をカウントしているので注意したい。図5にその出版物数と被引用数の推移を示す。AMの用語が，2009年に定が始まった米国ASTM Internationalの規格F 2792-12a（2012）で定められたが，すでに2007年にケンブリッジ大のW. O'Neill教授らの研究グループがAMの用語を使用して論文投稿しているが[16]，まだ，CSAMとは呼んでいない。また，2015年以降，論文と被引用数が急速に伸びている。筆者は，2005年1月にW. O'Neill教授の研究室を視察し[11]，当時は珍しかったヘリウムガスのリサイクルシステムを備えた自作のCS装置とこの装置で作った造形物を見学した。同教授らはもともとレーザクラッド装置で金属造形を研究していたが，過熱による大きな残留応力の問題でレーザクラッド装置を撤去して，CSに切り替えたとのことであり，ノズルの設計の議論で盛り上がった記憶がある。レーザ技術の進展はすばらしく，現在はAMの一旦を担っているが，当時は熱変質のほとんどないCSに注目していたようで，後述するCSAMの可能性と課題もこの論文で述べている[16]。

4 コールドスプレーアディティブマニュファクチャリングの特徴と現状

Web of Scienceによる被引用文献数が177と2番目に高いCSAMの総説（Review Articles）であるS. YinらのCold spray additive manufacturing and repair: Fundamentals and applications[3]は，表2に示すようにCSAMと他の溶融式AMの長所と短所を比較している。ちなみに，被引用数の1番目に高いCSAMの総説は，AssadiらHelmut Schmidt Universityの研究グループによるCold spraying e A materials perspective[17]であるが，粒子接合のメカニズムが主となっており，CSAMの記載がない。表2で，他の積層造形プロセスに対するCSAMの最も重要な利点は，製造時間の短縮，無制限の製品サイズ，高い柔軟性，および損傷した部材の修理への適合性である。さらに，CSAMは，レーザベー

スの積層造形プロセスを使用して製造することが非常に困難な銅やアルミニウムなどの高反射率・高熱拡散の金属に特に適している。現在は，青色半導体レーザを用いて銅への適用は可能になっている。しかし，CSAMの欠点も明らかである。CSAMは通常，粒子の積層のため表面が粗い半製品となるが，これには後加工が必要となる。さらに，CSAM積層造形物は，粒子間の気孔や局部的な結合力の弱さのために，製造されたままの状態では機械的特性が劣る。その結果，機械的特性を改善するために一般的に熱処理を適用する。現在，CSAMは，主にシリンダー内面，管（図1（a），図3（b），フランジ（図3（a））などを含め回転対称の部材（図4（a），（c））の製造に使用されている。また，適切に設計されたマンドレル，スピンドル，またはマスクを使用してアレイフィン熱交換器，金属ラベルおよび金属2Dコードなどの複雑な構造の製造にも適用できる[18]。CSAMは，柔軟性が高く，基板材料への悪影響が少ないため，損傷したコンポーネントの修理や原料の特性を維持するために，広く使用されている。これまでのところ，CSAMは，さまざまな分野，特に航空宇宙産業で，腐食や機械的に損傷したさまざまな部材を復元・補修するために適用されている。CSAMを使用した修復は，部材を使用可能な状態に戻し，新しい部材との交換と比較してコストを大幅に削減できる。上述の図5に示すように近年は，CSAMに関する調査と応用が広く報告されているが，それはまだ新しい技術である。すなわち，CSAM関連の作業に関する体系的な要約はまだ不足しているが現状である。なお，この総説[3]には，151件の引用文献から内容をまとめて，機械的な特性を含め重要なデータが多数掲載されているので，CSAMに興味のある方は一読されたい。

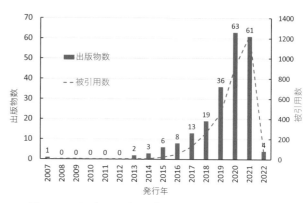

図5　コールドスプレーアディティブマニュファクチャリング（CSAM）の出版物数と被引用数の推移（Web of Scienceによる"CS"と"AM"で検索した結果（2022年1月12日現在）.出版物数計216は，原著論文184，総説25，会議録11，早期公開7，編集資料4件，修正3件）

表2を含め，CSによる金属造形の長所と短所は以下のようになると思う。

＜長所＞
(1) 大気中での造形で，寸法の制約が少ない。
(2) 造形物内部は酸化がほとんどない（表面が材料により酸化する場合がある）。
(3) 高い粉末供給量と付着率で，造形速度が高い。
(4) 2種以上の金属材料の造形も比較的容易。

＜短所＞
(a) 造形パターンが大きく（およそノズルの内径で直径約5~8mm程度），重ねるほどパターン断面が三角形状となり，鋭角化する。
(b) 圧縮性の残留応力が大きい。膜厚を厚くすると，基材から剥離する場合がある。
(c) 粒子間の結合力がCSの作動ガス条件や施工条件に依存し，通常のガス条件ではほとんど伸びのない部材となる（必要に応じて熱処理が必要）。
(d) 造形用のガンとロボットなどの制御用ソフトの開発が未だ不十分。

レーザや電子ビームほどビーム幅を絞れないので小型の部材には限度があるが，大型の部材を作製するにはCSが適しており，また上述のように特に，円形部材の造形には強い。例えば，オーストラリアのTitomic社は，世界最大の金属造形機と称して，プラズマ技研製CS装置を使用した自社開発の9×6×1.5mの大型のCSAM装置で，自転車のフレーム，直径1.8mを超えるドローンの機体や航空機部品を製作している[19]。

なお，短所（b）に関連し，図6に銅皮膜の膜厚と皮膜基材間の密着力の関係を示す[20]。図6で，軟鋼とアルミニウム合金の基材ともに，銅の膜厚が厚くなるにつれて，皮膜の残留応力が高くなるので密着力が下がり，鉄鋼基材では膜厚1.3mmで数MPaまで低下している。また，軟らかいアルミニウム合金基材では密着力が軟鋼基材より高く，また，膜厚を0.7mmから旋削して膜厚を0.3mmまで薄くしても密着力は変化しなかった。すなわち，成膜時の厚さで皮膜と基材間の密着力が決まってしまうことになる。このように，CSで膜厚を厚くする場合，基材やその表面性状によって密着力が変化し，数cmの厚膜を積層造形する際には，基材への初層の成膜時には，粒子速度をより高くする必要がある。

一方，図4（b）のような厚肉の井型や，I型，L型などの形状は，まだまだ開発の余地が残されているように思う。筆者らはCSAMでは後発なので，あまり取り組んでいない肉厚2mm程度の薄肉造形の研究に，ノズルの小径化，ノズル出口部への円錐型マスクの設置や矩形断面ノズルにより取り組みはじめている[21]。図7は，2mmの矩形断面ノズルにより作製した銅の薄肉造形物であるが，図7（a），（b）で底辺3mmの台形状で，皮膜上部に平坦部が確認できる。しかし，パス数を重ねると，図7（c），（d）に示すように，平坦部が狭小化し三角形状に変化し，二点鎖線で示すように均一な薄肉壁とはならなかった。また，断面の最大厚みは，それぞれ，基材から1mm高さでの測定値で，3mm程度の肉幅での造形が可能であるが，断面組織は空孔が多く見受けられた。これは，スプレー角度が90°から小さくなると粒子の付着率が下がることが知られているが，1パスごとに造形

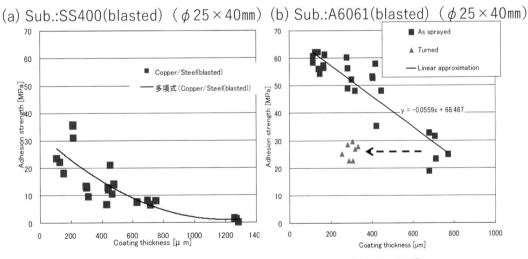

図6　コールドスプレーにおける銅皮膜の密着力に及ぼす膜厚と基材材質の影響[19]
(a)鉄鋼基材（SS400），(b)アルミニウム合金基材（A6061）窒素ガス，ノズル入口部の圧力3MPa，温度350℃，
純銅粒子（平均粒径10μm），皮膜密着試験　JIS H 8402による

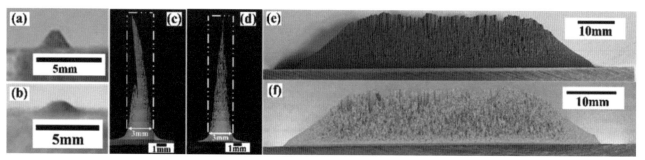

図7　矩形断面ノズル(2×18mm)で異なるガン移動速度とパス数で作製した銅薄肉造形物の試み
(a)断面形状(20mm/s,1パス),(b)断面形状(50mm/s,1パス),(c)断面組織と(e)側面形状(20mm/s,12パス),(d)断面組織と(f)側面形状(50mm/s,34パス)

物側面の勾配が大きくなることで，粒子が衝突しても弾かれる割合が増加し，積層物最表面において，粒子が付着しない箇所が所々に存在してしまう。よって，後続の粒子も同様に堆積した結果として断面組織に空孔が生じてしまうと考えられるが，ガン移動速度，ガンの角度，パス数をさらに検討すれば問題は解決すると考えている。

また，オーストラリアのSPEE3D社は，スプレーガンを固定して，基材側を6軸のロボットアームで動かして独創的な手法で造形を行って独自のソフトも開発し，造形シミュレーションも可能である。さらに，コンテナの中にCS装置やロボットを含め一式を収納し，移動も可能となっている[22]。このため，オーストラリア軍と現地で部品を直接成形，加工する実証実験などを行っている。

いずれにしても，CS特有の残留応力やCS条件による粒子間結合力の差異などの問題点はあるものの，比較的大きな造形物へのAMとしてのポテンシャルは十分有しており，さらなる技術開発に期待したい。

5　おわりに

溶射技術の一つであるコールドスプレーによる付加製造（AM）を中心に紹介した。CSは，細かな部品には不向きな点もるが，大型の部品には適しており，損傷した部材の修理も可能で，特に，金属積層造形に対しては大きな潜在能力を秘めている。これは，原料粉末の特性を維持しつつ，基材への過熱などの悪影響が少ないCSの特徴によるものである。比較的付加価値の高い航空宇宙用の部材には，海外で適用検討が進んでいる．国内においても一部で実用化されており，今後が期待されるが，未だに課題も多いのが現状であり，さらに，研究を深めていくことが望まれ，特に国内においてはその必要が高く，他の付加造形と同様に国を挙げての取り組みに期待したいが，そのためには他の付加造形技術との差別化が必要となる。

最後に，本報告で紹介した薄肉造形CSの結果は，筆者の研究室で得られた結果の一部で，学生の馮運晨，中島一磨，金海裕洋の各氏に感謝の意を表する。

参　考　文　献

1) 特集1 金属3D積層造形の今，溶射技術，40，3 (2021)，21-35.

2) 特集：Additive Manufacturing（付加製造）における金属積層造形の現状と研究開発動向，溶射，58，3 (2021)，113-158.

3) 例えば，S. Yin et al: Cold spray additive manufacturing and repair: Fundamentals and applications, ADDITIVE MANUFACTURING,21 (2018) ,628-650.

4) 榊和彦：国際溶射会議ITSC2021に参加して〜コールドスプレーの動向〜，溶射技術，41，1 (2021) 84-87.

5) 榊和彦：コールドスプレーによるアディティブマニュファクチャリングの取り組みの現状，溶射技術，38，3 (2019)，22-24.

6) 榊 和彦：コールドスプレーによるアディティブ・マニュファクチャリングの現状，日本機械学会機械材料・材料加工部門ニュースレター，No.60 (2020)，12-13.

7) M. Hrabovsky: Water-stabilized plasma generators, Pure and Applied Chemistry,70, 6 (1998)，1157-1162.

8) 例えば，大阪富士工業㈱HP：水プラズマ溶射，http://thermalspray.ofic.co.jp/about/water-plasma.html，（参照日2022年1月13日）.

9) クラリベイト・アナリティクス・ジャパン㈱HP：Web of Science, https://clarivate.com/ja/solutions/web-of-science/,（参照日2022年1月13日）.

10) E.H. Lutz: Microstructure and Properties of Plasma Ceramics, J. of The American Ceramic Society,77,5 (1994) ,1274-1280.

11) システム技術開発調査研究16-R-17 高速粒子衝突を利用した革新部材創製に関する調査研究報告書-要旨-,機械シ

ステム振興協会，（2005），https://sokeizai.or.jp/japanese/ rimcof/images/shisukyou-16.pdf.（参照日 2021 年 9 月 18 日）現在は閲覧不可．プロジェクト名のみ掲載 https://www. sokeizai.or.jp/pages/55/

12）細川修，中野修，深野孝人：最新の 550kV ガス絶縁開閉装置技術 - 新型ガス絶縁母線及び超高圧耐圧避雷器 -，東芝レビュー，66，5（2011），46-49.

13）例えば，榊和彦：国際溶射会議 ITSC2018 に参加して〜コールドスプレーの動向と ITSC2019（横浜）に向けて，溶射技術，38，1（2018）79-82.

14）Impact Innovations GmbH の CSAM の動画 Cold Spray Additive Manufacturing - Part 2：https://www.youtube. com/watch?v=DnVny_pioJ8.（参照日 2022 年 1 月 13 日）.

15）CSAM ホームページ：https://www.coldsprayteam. com/about-us（参照日 2022 年 1 月 13 日）.

16）J. Pattison et al: Cold gas dynamic manufacturing: A non-thermal approach to freeform fabrication, International Journal of Machine Tools and Manufacture,47,3-4（2007）,627-634.

17）H. Assadi, H. Kreye, F. Gartner, T. Klassen：Cold spraying e A materials perspective, Acta Materialia, 116（2016），382-407.

18）V. Champagne & D. Helfritch, The unique abilities of cold spray deposition, International Materials Reviews, 61,7（2016）437-455.

19）Titomic Limited の CSAM の動画：Titomic's Past, Present & Future - https://www.youtube.com/ watch?v=fpFhjuSV2is2019，（参照日 2022 年 1 月 13 日）.

20）髙田光一，榊和彦ほか：コールドスプレーによる銅皮膜の密着に関する考察，日本機械学会北陸信越学生会第 37 回学生員卒業研究発表講演会講演論文集，116，（2008），31-32.

21）中島一磨，金海裕洋，榊和彦：矩形断面ノズルを用いたコールドスプレーによる銅薄肉造形の試み，日本機械学会 2021 年度年次大会，S041-06（2021）.

22）日本バイナリー㈱ HP　SPEE3D 社の超音速 3 次元積層装置の解説 http://www.nihonbinary.co.jp/ Products/3DModeling/SPEE3D.html（参照日 2022 年 1 月 13 日）.

溶射業界 あの日あのとき 1976年　日本溶射協会で自溶合金溶射技能士および溶射管理士制度を設定。

AIが広げるクラッディングの可能性とSDGsへの貢献

石川　毅

住友重機械ハイマテックス㈱ 技術部

1　はじめに

レーザクラッディングは図1に示すように，レーザ光を熱源として被加工物の表面で金属粉末を溶融して積層するAM（Additive Manufacturing）技術の一つである。LMD（Laser Metal Deposition）あるいはDED（Direct Energy Deposition）ともよばれる。従来の肉盛溶接法では扱うことができなかった高硬度で耐摩耗性や耐食性に優れた合金を肉盛することもできる。

過酷な条件で使われる機械部品の激しく消耗する部分だけを選んで施工することができるので，全体を高価な高機能材料で作る場合に比べ経済的で，サイズが大きくなるほどその効果は大きい。また単に消耗品コストを低減するだけでなく，あるいは逆に消耗品コストとしては増大する場合であっても，連続運転時間が長くなり交換作業やオーバーホールの頻度を減らせると，より大きなメリットが得られる。2章ではいくつかの革新的な適用事例を紹介する。

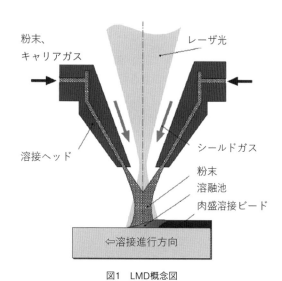

図1　LMD概念図

（図中ラベル）
粉末、キャリアガス
レーザ光
溶接ヘッド
シールドガス
粉末
溶融池
肉盛溶接ビード
⇐溶接進行方向

レーザクラッディングの施工では，要求性能に応じて加工条件や粉末組成など多くて複雑なパラメータの最適化が必要である。そのため品物によっては，熟練技術者が試作や実験と検証を繰り返すことで，製品への応用に相当の時間を要している実情がある。そこで機械学習によって加工条件や粉末組成を推奨するAIシステムの検討を始めた[1) 2)]。3章では，AI開発の取組みと推奨条件を実作業に適用した事例を紹介する。

また最近では社会のSDGs意識の高まりとともに，鋳造やメッキなど環境負荷の高い工法から，エネルギーや資源消費の少ないクリーンな工法にシフトすることも社会的な使命となってきた。顧客からは部品の再生に関する要望も一段と増えており，形状や摩耗状況が様々な品物に迅速に対応することが求められるようになってきた。4章では再生溶接の実施例とその対応力強化に向けた取組み等を紹介する。

2　LMDの特長と適用事例

LMD肉盛溶接層には従来のコーティング法や溶接法にはない優れた特長があり，単に耐久性が向上するだけでない利点もある。本章ではLMD溶接部の特長と，使用あるいは製造工程における革新的な事例をいくつか紹介する。

2.1　溶接部の特長

レーザクラッディング（本稿では以後，LMDとする。）では母材への入熱は小さいので図2に示す断面のように，その熱影響部はきわめて狭い範囲に限られていることがわかる。このことは，熱応力による変形をきわめて小さく抑えられることに通じる。また母材の溶融量も少なくて済むので，供給した粉末の成分が母材の溶融分によって希釈される度合いも小さい。そのため他の工法よりも硬い肉盛層を形成することができる。表1に示す

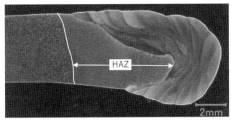

(a)PTA

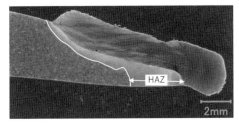

(b)LMD

PTA（プラズマアーク溶接）よりもLMD（レーザクラッディング）
の熱影響部（HAZ）は明らかに小さい。

図2　肉盛部の熱影響部

表1　耐エロージョン性

硬化方法	硬さ	重量減少
レーザ焼入れ	HV639	10.4mg
ロウ付け（ステライト）	HV354	8.1mg
PTA（ステライト）	HV450	6.5mg
LMD（ステライト）	HV497	3.9mg

母材：JIS SUS410J1 / ISO X20Cr13
ウォータージェット圧力：150MPa（10分間）

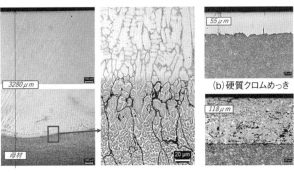

(a)ステライトLMD　　　　　　　　(b)硬質クロムめっき

(c)ステライト溶接

図3　LMD肉盛層と他のコーティング法の断面比較例

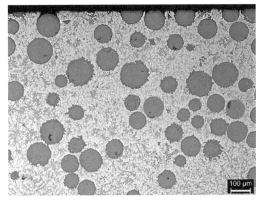

白い基地はニッケル自溶性合金（硬さHV500）
黒く見える粒子がWC（硬さHV2500）

図4　硬質粒子配合溶接部

ようにエロージョンを模したウォータージェットの噴射
実験でもLMDの重量減少が最も少ないことが確認され
た[6]。

　また，LMDの肉盛層は図3に示すように，母材と冶
金的に接合しているためメッキや溶射のように剥離が生
じる心配はない。そして緻密な組織が形成されているの
で，メッキ層で見られる微細なクラックや溶射層で見ら
れる空隙も見当たらない。さらにLMD肉盛層の厚みは
任意に大きくすることができるので，表面についた傷を
研削して何度も繰り返し使用することができるのも大き
なメリットである[3]。

2.2　LMDを適用した革新事例

2.2.1　硬質粒子配合による耐久性改善

　LMDでは溶融池の温度が必要以上に高くならないの
で，供給する金属粉末にタングステンカーバイド（WC）
のような高融点の硬質粒子を配合すると，硬質粒子を溶
融させずに肉盛層を形成することができる。図4に断
面を示すように，アスファルト中に小石が分散している
かのように，白い自溶性合金の基地の中に黒い硬質粒子
が分散していることがわかる。

　これを鉄鋼搬送ローラに適用すると高い耐摩耗性が得
られて，図5に示すように従来の硬化肉盛では数か月
の使用で表面に大きな摩耗が生じるのに対して，LMD
ではほとんど摩耗しないことが確認できた。

2.2.2　溶接変形の低減による製造工程短縮

　先に述べたようにLMDでは溶接変形を小さく抑える
ことができるので，溶接後に変形を矯正するというムダ
作業を省略することが可能になる。また，溶接変形を嫌っ
て一次加工では大きい余肉を残して溶接後に最終形状に
加工するといった2段階で加工する品物について，最初
から最終形状に加工して溶接後は表面の手入れで完成す
る，というふうに製造工程自体を短縮することも可能に
なる[5]。

　図6はタービンブレードの溶接変形を小さくした事
例である。解析を併用して走査方法等も最適化したとこ

ろ，最終形状に加工された肉厚の薄いブレードを無拘束で溶接しても，ごくわずかしか変形しないことが確認された。

2.2.3 LMDへの工法変更によるオーバーホール期間短縮

長尺金型部品の長辺片側全長にあるエッジ部のコーティング法を，従来の硬質クロムメッキから LMD に切り替える検討を行った。とても細長い形状で LMD といえども当初の溶接変形は 10mm を超えるなど苦労した。溶接のための予熱を行いながら同時に拘束して変形を防止する専用ヒーターを開発して肉盛を行ったところ，長さ 1,400mm に対して溶接歪みは 2mm 以下に抑えることができた。現在は実用化に向けて実機でのテストを行っている。

また衝撃によってコーティングにキズが生じた場合，図 7 のように従来品ではメッキを除去して再メッキするのに長い工期が必要となるが，LMD では肉盛層が厚いので表面を研削するだけで再使用できる。工期は 13 日も短縮できると試算している[5]。

3 AI開発の取り組み

LMD のようなレーザ溶接では多数のパラメータを設定する必要がある。その最適化のために現状では試作や実験検証を繰り返している。そこで新しい製品の応用開発期間を短縮することを目的として，機械学習を援用した AI 溶接条件推奨システムと AI 品質モニタリングシステムの構築を検討している[1) 2)]。本稿ではこのうち AI 溶接条件推奨システムについて紹介する。

3.1 AI 溶接条件推奨システム[2)]

LMD 溶接時には複雑で多数のパラメータを設定する必要がある。これは機械学習における説明変数が多いことを意味し，溶接条件詳細にかかる各パラメータ，粉末の組成や物性値，母材の物性値や熱容量，さらに予熱温度に影響される温度プロファイルがあげられる。結果系の目的変数としては肉盛形状，ブローホールや融合不良などの内部品質，そして硬度や耐摩耗性などの機械的な性能などがあげられる。

さらに各パラメータの許容範囲は狭く変動に敏感で品質に大きく影響する。また母材への溶込み量を減らすと硬度は大きくなるが融合不良など溶接欠陥が増える，欠

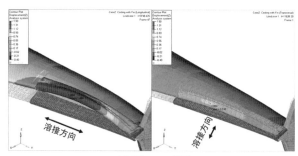

(a)解析による検討

変位量4.6mm　　　　変位量0.5mm

(b)実機での検証

図6　溶接歪み低減事例

(a)LMD（硬質粒子配合）

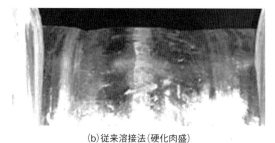

(b)従来溶接法（硬化肉盛）

図5　鉄鋼搬送ローラーでの比較例

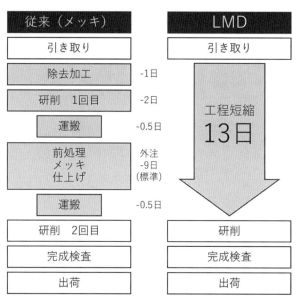

図7　オーバーホール工程の短縮例

陥が少なくなる条件にすると溶接時間が長くなる，など複数の目的変数の間でトレードオフの関係を持つものも多い。

　そのため現在は複雑なパラメータを設定するために熟練技術者が経験に基づいて試行錯誤を繰り返している。この課題に対してAI溶接条件推奨システムを検討している。図8の左下に示す要求性能（形状，内部品質や設備制約）を入力すると，学習済モデルを用いて溶接条件や粉末組成の推奨パラメータを出力する。現在は数種類の材質でのプロトタイプを作成し，実溶接へ適用する検証も始めている。

3.2　機械学習の概要 [2)]

　機械学習のモデルは目的変数の種類とサンプル数に合わせて4〜7層のニューラルネットワークを用いた。目的変数 y_m ごとにモデルを定義し，説明変数 X_n は目的変数ごとに20〜50個を選択した。学習用データ作成のために初層5パス，2層目4パス，3層目3パスの合計12パスの溶接を行った。溶接条件や粉末組成を幅広く変化させて約1,200種類の試験を行い，試験片の断面を評価して教師データとした。データセットはランダムにシャッフルした後で70%を学習用に，30%を評価用に分割し，100〜400回学習したのち，評価用データを用いて目的変数の予測を行った。

　こうして得られた予測結果の一例を図9に示す。横軸には機械学習モデルが予測した肉盛高さを，縦軸には実際のテストピースを実測した肉盛高さを表している。

評価用サンプルの予測結果は実測値と強い相関を示しており，MAE（平均絶対誤差）は約0.2mmであった。この値は機械学習による予測が実用的に使える精度であることを示している。

3.3　AI推奨条件の活用

　AI推奨条件を求める大まかなイメージを説明する。機械学習モデルにより各パラメータの設定値が機能特性や品質特性など各種の目的変数に対してどう影響するかを示すマッピングができる。図10では一例としてレーザ出力とパウダー供給量を変動させた場合に機能特性や品質特性がどう変化するかを示している。このように並べると特性によって異なる最適解やトレードオフの関係なども可視化できる。AIは入力された要求性能に応じて重みづけを行ったうえで全マッピングを網羅して最適解を抽出して推奨条件とする。

　多くの材質に対してこのようなマッピングが可視化できると，要求品質が特に厳しい場合や形状制約がある場合などの指針ともなる。図11はある品質特性項目に対するステライト6と12のマッピングを並べたものである。左図では品質が安定しているが右図では品質は安定せずパラメータを少し変動したくらいでは解決しないことがわかる。これをもとに顧客に材質提案を行うことで試行錯誤や実験を減らすことができた。

3.4　AI推奨条件を適用した溶接事例

　図12の写真は，高速度工具鋼粉末 [4)] を用いて素材

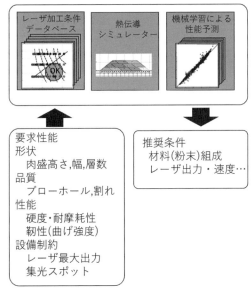

図8　AI溶接条件推奨システム

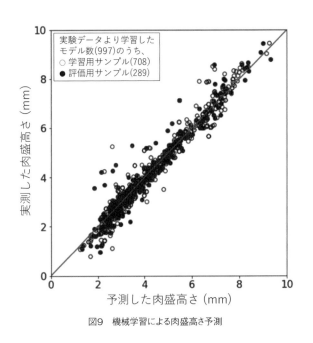

図9　機械学習による肉盛高さ予測

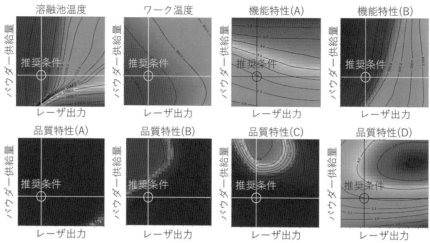

溶融池温度　ワーク温度　機能特性(A)　機能特性(B)

品質特性(A)　品質特性(B)　品質特性(C)　品質特性(D)

要求特性に応じた推奨条件を求めるイメージを示す。特性ごとに異なる最適解やトレードオフの関係も可視化できる。
（本図は特定パスにおける一例を示す。）

図10　AI推奨条件の設定（イメージ）

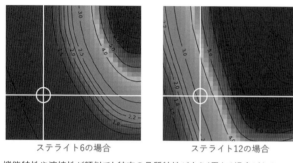

ステライト6の場合　ステライト12の場合

機能特性や溶接性が類似でも特定の品質特性が大きく異なる場合がある。
AIが最適な材質を選定してくれると品質トラブルを回避できる。

図11　使用粉末による品質特性の差異例

素材径610mm，高速度工具鋼を両面に肉盛，肉厚2〜7mm

図12　AI推奨条件適用例

径 610mm のワーク両面に多層肉盛溶接を実施した事例
である。肉盛厚さは部位により 2mm 〜 7mm である。
従来は下層はきれいに溶接できても上層では外観が荒れ
るなど，多層溶接の条件をうまくコントロールすること
が難しかったが，AI 推奨条件を適用することで全層に
わたり外観良く溶接することができた。

すみ肉溶接ではワーク形状による拘束が大きいため
か，現状ではまだクラック発生のリスクがある。今後は
内部応力の予測を機械学習に組み込むことでクラックが
防止できるように改良を図りたい。

4　LMD による SDGs への貢献

従来から，大きな部品のごく一部の表面が摩耗しただ
けで全体を更新するのはもったいないので何とかしたい
という顧客要望があった。最近は社会全体の SDGs 意識
も高まりその要望は一段と強まっている。また当社の
ロール事業では鋳造品がメインであるため CO_2 排出削
減やレアメタル使用量の削減も大きな課題である。本章
では今後増える再生アイテムに対応するための取組み等
を紹介する。

4.1　再生事例（射出成型スクリュー）

フライト部が摩耗した射出成形スクリューの再生事例
を図 13 に示す。まだ事例が少なく一概には言えないが，
LMD では使用環境や摩耗程度に応じて材質を選定でき
るので，新品のときよりも長期間使用することができる
ケースもあると期待している。

4.2　自動教示システムの検討

前項のような再生品目では形状や摩耗状況はまちまち
であり，一品ごとの対応となる。つまり，どこにどれだ
けの肉盛量が必要か計測して，それに応じたロボット溶
接プログラムを作成し，溶接後は肉盛量が足りているか
確認することがその都度必要となる。これら一連の作業

図13　再生溶接事例

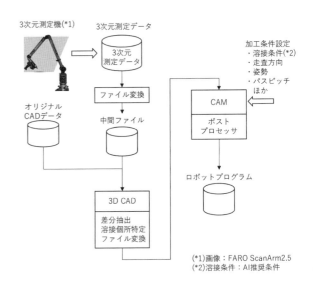

(*1)画像：FARO ScanArm2.5
(*2)溶接条件：AI推奨条件

図14　自動教示システム

に膨大な作業時間を費やしていたのでは経済的に合わないことが明白である。

　そこで，図14のような自動教示システムの開発を進めている。品物の3次元測定データと，オリジナルCADデータ（又は使用前の3次元形状測定データ）を比較照合することで差分を抽出し，溶接が必要な箇所と肉盛量を特定する。そしてAI推奨による溶接条件や溶接箇所に応じた走査方向や溶接姿勢を指定したうえで，自動的にロボットプログラムを生成するものである。

4.3　CO_2 排出削減等

　前章でAI推奨条件による肉盛溶接例として紹介した高速度工具鋼[4]は，その名の通り切削工具等に使用される材料であるが，遠心鋳造で製造する圧延ロールでも多く使われている。LMDで高速度工具鋼を高能率に肉盛することができれば，鋳造品をLMDにシフトすることも可能になる。そうするとエネルギー消費やCO_2排出量を減らすことができる。さらにLMDでは必要な箇所だけに肉盛を行うので合金の使用量も最小限に削減することができる。

5　おわりに

・LMDの活用が広がってきた。いくつか革新的な適用事例を紹介した。今後はSDGs意識の高まりも追い風に一層の拡大を期待したい。
・しかしながら施工パラメータの許容範囲は狭く，熟練技術者が経験に基づいて試作や実験を行っているのが実情である。この課題に対してAIを活用して溶接条件や粉末組成を最適化する取組みや，インプロセスでの品質判定

を目指す取組みを2019年からKISTTEC（地方独立行政法人神川県立産業技術総合研究所）とともに開始した。
・AI活用についてはまだまだ課題が多いものの，AI推奨条件を実溶接の施工パラメータに適用したり材質選定に利用したりといった，実用上の成果も得られるようになってきた。
・今後はAIシステムの拡充を通して対応力の強化や品質の向上に努めLMD製品の普及拡大に寄与したい。

　この成果の一部は，国立研究開発法人新エネルギー・産業技術総合開発機構（NEDO）の委託業務（JPNP18002）の結果得られたものである。

参 考 文 献

1）森清和,石川毅,薩田寿隆,奥田誠,福山遼,中村紀夫：機械学習によるレーザ溶接モニタリング技術，レーザ加工学会誌 Vol.28,No.2（2021）
2）森清和,薩田寿隆,奥田誠,福山遼,中村紀夫,石川毅：機械学習によるレーザ粉体肉盛り溶接の粉末組成と加工条件の推奨,第94回レーザ加工学会講演論文集（2020.11）
3）石川毅：国内最大級LMD装置の概要と事業化への取り組み,溶射技術 Vol.39,No.4（2020）
4）薩田寿隆,石川毅,高橋和仁,横田知宏,中村紀夫,本泉佑,吉田健太郎：粉体レーザ肉盛により形成した高速度工具鋼肉盛層の特性,熱処理59巻2号（2019.4）
5）石川毅：レーザクラッディング,特殊鋼 Vol.67,No.4(2018.7)
6）Takeshi ISHIKAWA: The build-up welding method with extremely low distortion for the steam turbine blade, 3rd International Symposium Additive Manufacturing（2019）

ハイブリッド皮膜除去技術の開発と，今後の展開
レーザークリーニングと高周波誘導加熱
「IHハクリ」のハイブリッド技術

竹屋　昭宏

第一高周波工業㈱

1　はじめに

　当社は，創立 71 年となる高周波誘導加熱の老舗企業である。炭鉱採掘，運搬部材への高周波焼入から始まった当社においては，永年にわたって高周波誘導加熱技術を活用した多くの技術開発と製品，サービスで，様々な分野，業界へ向け，社会貢献を行ってきた。1953 年には，世界に先駆けて，鉄道レールの頭頂部への高周波焼入の開発，事業化を行った。また，製鉄設備向けを始め，自動車産業，鍛圧機械部品，電子産業用部材加工設備向けのロールなどについては，高周波焼入のみならず，溶射施工，超精密仕上研削なども手がけている。

　とくに，高周波曲げ鋼管については，国内外の石油化学，ガス，ライフラインなど，各種パイプラインに数多く採用され，溶接箇所削減による品質向上とコストダウンが図れると非常に高く評価されている。

　そのような中で，およそ 20 年前から，高周波誘導加熱を用いた「IH ハクリ」技術の提供による，装置設計・製作・販売と塗膜剥離工事施工サービスを行ってきた。この原理としては，塗膜の上部に高周波誘導加熱コイルを載せて，高周波誘導加熱をすると，塗膜はまったく加熱されず，基材である鋼のみが 140 〜 240℃程度で適切な温度に制御されながら急速に加熱される。ここで，加熱温度のみならず，加熱周波数を適正にすることで，さらに基材の塗膜との界面近傍のみを昇温させ，その熱で塗膜の接着層を熱破壊し，塗膜を容易に剥離できるというものである。そのため，1mm や 2mm といった厚膜の剥離についても容易に施工することが可能である。基材が，プラスティックやコンクリートなどでなく，高周波誘導加熱が可能なものであれば鉄鋼材料以外のチタンやアルミ，銅と言った金属材料だけではなく，カーボン材料や CFRP などであっても基材を選ばない。さらに，基材が高周波誘導加熱さえできれば，剥離する塗膜にはほとんど制限がない。過去

の実績においても，ゴムライニング，エポキシ樹脂，FRP，ポリエチレン，フレークライニング，タールエポキシなどと広い種類での剥離施工を行ってきた。また，アプリケーションについても，石油タンク底板，ガス球形タンク，取水管・放水管内面などと多くの工事を行っている。

　この技術は，各種塗膜の剥離を高周波誘導加熱によって，簡便・迅速に施工できるのみならず，火炎や剥離剤を用いないことやブラスト処理を少量で完結でき，騒音・粉塵の発生がほとんどないクリーンな作業環境を達成することによって作業者への負荷を最小限にするだけではなく，地球への環境負荷の低い技術としてユーザーから好評いただいている。

　しかしながら，完全無欠とはいかず，高周波誘導加熱が苦手とするような狭矮部においては残存塗膜が残りやすく，IH ハクリ実施後にはブラストによる残存塗膜を除去するプロセスを必要とし，ブラストレスまでは達していないことが，狭矮部が多数あるようなアプリケーションによっては課題となり得る。

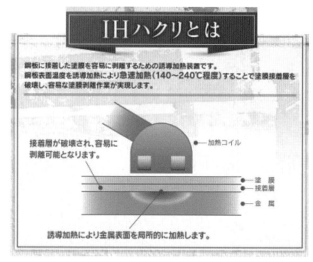

図1　IHハクリとは

2　レーザクリーニング技術の導入

そこで，当社としては，これらの課題を解消し，さらに技術を高度化させることによって，市場のお役に立っていきたいと考えていたが，高周波誘導加熱視点からの施工面，技術面，設備面のみで自社での試行錯誤を行っていたものの，なかなか決定打が出ない状況が続いていた。

そしてこの度，サステナブルソリューションズ㈱が提供しているサービスであるレーザークリーニング技術を紹介頂き，これらの当社が抱えていた課題の解消が可能となった。このサステナブルソリューションズが有する技術とは，米国レーザーフォトニクス社製の装置を用いた差別化された技術サービスである。

近年では，塗膜剥離において，レーザークリーニングも徐々に活用され始めており工事実績も出てきてはいるが，このレーザーフォトニクス社製レーザークリーニング技術においては，レーザ出力を特殊な制御方法で最適化された出力条件に抑えることで，基材へのダメージを極最少に抑え，塗装前に調整した面粗度にも影響を及ぼさず，クリーニング後にもほぼ同等の面粗度を得ることができる。そのため改めての前処理をすることなく再塗装を行うことができると言う非常に優れた特徴を有している。しかしながら，レーザ出力を抑えているため，厚膜への適用には出力不足であり，厚膜の剥離には不向きであると言う課題がある。当然，出力を上げることで剥離現象そのものは同装置においても可能であるが，高い出力は塗膜が過加熱となり易く，ブラストなどの再調整をすることなく，再塗装が可能であるという利点をスポイルすることとなる。

3　ハイブリッド被膜除去技術の開発

今回，両技術を複合化（ハイブリッド）させることで，双方の課題を埋め合わせ，相互に補完することで課題解消をすることができた。ブラストや火炎，剥離剤を用いないIHハクリによって，迅速に簡便に塗膜剥離を実施した後，狭矮部などやその他の局部において細かく残存した塗膜をレーザークリーニングで完全に剥離させることが可能となった。さらには剥離後にもブラストなどの再調整をせずに再塗装が可能となった。

つまり，このハイブリッド技術の最大の特長としては，ブラストや剥離剤を一切使用しないで鋼構造物表面の塗膜を剥離できることであるが，この前後工程のどちらにもブラストを用いない剥離であることで，ブラスト研掃材などの二次廃棄物の発生を削減できることにある。

環境負荷への配慮ニーズが高まってきた昨今においては，剥離後の塗膜にブラスト研掃材が混入していないことは，廃棄物の回収，取扱，処理ならびに施工中の保管も含め，容易に行うことができることは大いに有効である。一般的には，廃棄物においては，剥離された塗膜に比べブラスト研掃材の物量が圧倒的に多く，塗膜が少量混入したブラスト研掃材廃棄物であるということは，アイロニックである。また，腐食環境の厳しいインフラ構造物や工場，プラント設備に多く用いられている金属防食溶射と塗装を組み合わせた防食システムにおいては，このハイブリッド技術であれば，溶射皮膜を残しての塗膜のみの選択的剥離が可能であるので，ライフサイクルコストの低減にも有効との評価を頂いている。

写真　レーザクリーニング技術

特許出願済みのハイブリッド被膜除去技術は，高周波誘導加熱による被膜剥離技術と，レーザークリーニング技術を組み合わせることにより実現した，環境配慮型被膜除去ソリューションです。

図2　ハイブリッド被膜除去技術の概要

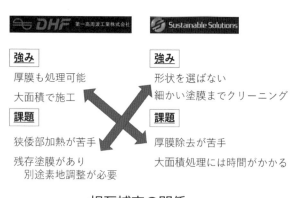

図3　ハイブリッド被膜除去技術の相互補完の関係

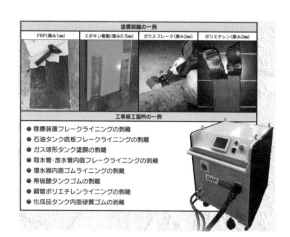

図4　被膜除去の一例

表　浮遊粉じん,ガス等の測定値

		ピュアエポキシ		ガラスフレーク	
		IHハクリ	レーザクリーニング	IHハクリ	レーザクリーニング
浮遊粉じんガス	浮遊粉じん量	全ての測定値において指針値（＊）を下回った			
	二酸化炭素				
	一酸化炭素				
	窒素酸化物				
	揮発性有機化合物				
堆積粉じん		塗膜由来の物質のみであり，有害と認められるものは検出されなかった			

指針値（＊）厚労省作業環境評価基準,日本産業衛生学会勧告

このハイブリッド技術を市場ニーズにマッチングし，ユーザーが必要とする場面に採用判断をする際の技術データとして有効に活用していただけるものを準備するため，各種塗料，塗装方法，基材の条件を変えた実証実験を繰り返している。結果としては，多くの塗料，塗膜に対応できており，容易に剥離できることが判明している。もちろん，再塗装についても，ブラストなどによる再調整を行うことなく問題なく可能であり，かつ再塗装された塗膜の性能についても剥離前の塗膜性能と同等であるとの評価を得ており，目標としていた効果を十分に得られている。

また，作業環境改善としての作業者への負荷を担保すべく，作業中における粉じんと発生ガスの調査を行っ

た。剥離作業付近と約1ｍ離れた位置との両方において，表に示すように全ての値において指針を下回っており，十分に作業環境が良好であることが示されている。

国内に限らず世界的にも，市場においての，塗膜剥離の需要は，インフラの老朽化なども含め，ますます高まっている。さらには，地球環境負荷低減，作業環境改善については，どちらも社会的発展を目指していく中では必ずやらなくてはならない命題となってきている。本技術の施工範囲においては，橋梁，タンク，機械部品と広く適用されるもので，低環境負荷で作業環境の良い技術として，多くの需要にお応えできるものと考えられる。発展途上ではあるが，少しずつでもお役に立てるよう，引き続き，研鑽に努めていく。

ちょっといい話

倉敷ボーリング機工㈱のSDGsへの取り組み，高校生が取材「仕事を通じて働きがいを」

　世界を変えるための17の目標「SDGs」。今や世界で注目され，様々な取り組みが進んでいる。自分たちの身近にある製品や暮らしを支える技術が，実はSDGs達成に貢献しているのだ。

　KBS瀬戸内放送では，高校生が企業や団体を取材し，それぞれの取り組みがSDGsにどう結びついていくのか？それによって未来がどんな風に変わるのか？を考える番組『高校生と見つける，私たちのSDGs』（毎週日曜よる8：56～）を放映している。

　倉敷ボーリング機工㈱（本社・岡山県倉敷市，佐古さや香社長）がこの番組に初めて登場したのは，2020年6月のこと。当時，岡山後楽園高校の学生3名が同社を訪れ，「溶射ってどんなもの？」から適用事例，企業の雰囲気まで，学生目線でいろんな疑問を投げかけた。佐古社長は各種コーティング技術の原理や特徴，適用事例などを解り易く紹介するとともに，溶射技術がSDGsの9番目の目標である『産業と技術革新の基盤をつくろう』につながることを説明。また「賑やかで，和気藹々とした雰囲気」と会社の特徴を披露した佐古社長は「ものづくりは1人ではできない。チームで互いをよく知るために，レクリエーションやプライベートを含め，コミュニケーションを大切にしている」ことが8番目の目標「働きがいも経済成長も」にも通じると，同社の取り組みを紹介した。取材した学生らは「溶射で縁の下から支えるスペシャリスト」と同社

を評した。

　それから1年半が経った2021年10月に放映された「その節はお世話になりました～私の感じたSDGs～」という番組に，当時取材した学生の1人・平松心さん（現在・大学生）が出演し，最も印象に残った企業として倉敷ボーリング機工を挙げた。平松さんは「佐古社長の女性目線の優しさと気配りで，社員の方々が皆，イキイキと働いている姿や雰囲気がとても印象的でした。私も将来，働きがいのある仕事に就きたいですし，また仕事を通じて働きがいを見出していきたいです」と笑顔で応えた。

サプライズ花火が冬の夜空を彩るこんな時代だからこそ，新しい気持ち，楽しい気持ちで新年を

　2021年12月26日，静岡県静岡市葵区の阿倍川河川敷で約10分間，約2,000発の花火が冬の夜空を彩った。溶射をはじめとする表面改質の専業加工メーカー・村田ボーリング技研㈱（本社・静岡市駿河区，村田光生社長）が「コロナ禍で落ち込む人と地域を元気づけよう」と企画。見物客が密になるのを避けるため，事前予告なしの「サプライズ花火」を演出した。昨年に続き2回目となる同企画だが，社員や家族だけでなく，噂を聞きつけた人や花火の音に誘われた人たちが夜空を彩るあざやかな輝きに歓声を上げていた。

　村田社長は「暗い気持ちになりがちな世の中だが，地域の方々に花火を楽しんでもらえたことが何より。新しい気持ち，楽しい気持ちで2022年を迎えたい」とこれからも地域に貢献する企業を目指す。

▲「高校生と見つける，私たちのSDGs（KBS瀬戸内放送）」撮影風景

▲冬の夜空を彩ったサプライズ花火

特集2

（一社）日本溶射学会
第114回（2021年度秋季）全国講演大会

　（一社）日本溶射学会第114回（2021年度秋季）全国講演大会が11月11日,12日の2日間，開催された。今回の講演大会も新型コロナウイルス感染防止のため，完全オンライン形式で行われた。「AIが変える製造業の未来」をテーマとした2件の特別講演のほか，オーガナイズドセッション「金属積層造形と溶射」,15件の講演発表に加え，オンライン上のミーティングルームに分かれて溶射業界に関わるテーマについて議論を行うイブニングセッションなど，時間や場所の制約を受けないWEBならではの企画も行われた。日本溶射学会の小川和洋会長は「本来なら，フェーストゥフェースで全国大会を行いたかったが，もう少しの辛抱。次回以降の全国大会では対面式とオンラインのハイブリッドで進められることを期待している」と述べるとともに，「オンライン上で交流を図り，新しい技術の核となるものを見つけてもらいたい。大会を大いに楽しみましょう」と参加者に呼び掛けた。

（一社）日本溶射学会 第114回（2021年度秋季）全国講演大会
オンラインならではの多彩な内容
金属積層造形の特別セッション

編集部

　（一社）日本溶射学会（小川和洋会長＝東北大学）は11月11・12日の2日間，2021年度秋季第114回全国講演大会を開催した。

　初日の冒頭，和田国彦大会実行委員長（日本溶射学会関東支部長，東芝インフラシステムズ㈱）は「関東支部長を6月に引き受けて，今回初の全国大会を迎えた。いろいろと至らない点があったかと思うが，たくさんの方に支えられて本日を迎えることができた」と挨拶。続いて「大会はまずは開催する側が楽しまなければならないというのがポリシー。特別企画として金属3D積層やAI，DXなど興味を持って参加していただけるものとなっている。また未来を担う学生との議論の場を設けたほか，実りある2日間となるよう実行委員会一同頑張っていく」と述べた。

　続いて開会挨拶として小川和洋・日本溶射学会会長は「今大会の開催にあたって実行委員会や事務局の皆様にご尽力をいただいた。本来ならばフェーストゥフェースで全国大会を行いたかったが，もう少しの辛抱だと思っている。次回以降の全国大会では対面式とオンラインのハイブリッドで進められることを期待している。今大会のプログラムも非常に内容の濃いものとなった。オンライン上で積極的な意見交換を行ってほしい。イブニングセッションという新しい取り組みも行う。オンライン上

でお互いに交流を図り，新しい技術の核となるようなものが見つけられることを期待する。大いに大会を楽しみましょう」と参加者に呼びかけ挨拶とした。

　今大会は新型コロナウイルス感染防止のため，完全オンライン形式で開催。「AIが変える製造業の未来」をテーマとした2件の特別講演のほか，オーガナイズドセッション「金属積層造形と溶射」，15件の講演発表に加えて，オンライン上のミーティングルームに分かれて溶射業界に関わるテーマについて議論を行うイブニングセッションなど時間や場所の制約がないWebならではの企画も行われた。

■特別講演・AIをテーマに

　初日のシンポジウム「AIが変える製造業の未来」では，神奈川県立産業技術総合研究所の森清和氏が「機械学習によるレーザ粉体肉盛溶接の条件推奨と品質モニタリング」をテーマに講演を行った。森氏は日産自動車㈱の技術者を経て現職に就き，現在はレーザ加工学会の会長も務める。

　森氏は住友重機械ハイマテックス㈱との共同研究内容を紹介。レーザ粉体肉盛溶接を3Dプリンター的に活用し，AIによる機械学習を加工条件の設定に用いた。加工をするにあたり「しっかりとした溶融池を作ることが重要」とポイントを示した。

▲和田実行委員長

▲小川会長

▲基調講演の森氏

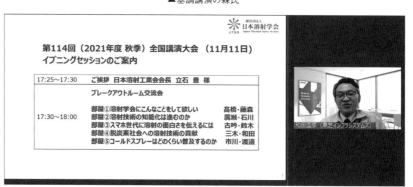

▲テーマごとの部屋に分かれたイブニングセッション

■オーガナイズドセッション

初日と2日目の両日にわたり企画されたのが，オーガナイズドセッション「金属積層造形と溶射」。近年，新たな生産プロセスとして注目が高まる金属積層造形（金属AM）に関して，3件の講演が行われた。金属粉末を溶融させて堆積，積層させる金属AMは，溶射と類似するプロセスを経て造形を行うため，溶射関連企業の果たす役割も高い。適用例もタービンブレードや医療器具など従来溶射を適用している部品も多いことからユーザーニーズも見込まれている。

講演は京極秀樹氏（近畿大学）による「金属積層造形の最新動向と今後の展開」，榊和彦氏（信州大学）による「溶射による金属積層技術（コールドスプレー付加製造CSAMを中心に）」，太期雄三氏（日立金属㈱）による「金属積層造形を活用する新材料とその造形技術の開発」，塚本雅裕氏（大阪大学）による「表面改質と金属積層造形―レーザコーティング技術」の4本。金属AMの国内外の動向や最新情報や溶射，コールドスプレーとの関係性，金属材料からみた知見などが紹介された。

■講演発表

全国講演大会の中心となる講演発表は4セッション「コールドスプレー・エアルゾルデポジション①②」，「遮熱・耐環境コーティング」，「溶射・レーザクラッド」に分類され，各発表ともZoomによるオンライン形式で最新の研究成果が報告された。

■イブニングセッション

オンラインシステムのミーティング機能を生かし，特定のテーマにそって自由にディスカッションを行うイブニングセッションを全国大会で初めて企画。5つのオンライン上の部屋に分かれてディスカッションを行った。

セッションの冒頭，日本溶射工業会の立石豊会長（シンコーメタリコン社長）が開会挨拶。参加者はテーマごとの部屋に自由に出入りができ，それぞれの場で参加者間の活発な議論が展開された。

テーマは①溶射学会にこんなことをして欲しい―産業界から学会への要望・期待②溶射技術の知能化は進むのか―AI技術と溶射との関わり③スマホ世代に溶射の面白さを伝えるには―技術継承と人財の育成④脱炭素社会への溶射技術の貢献―アフターコロナの溶射技術⑤コールドスプレーはどのくらい普及するのか―新しい溶射技術の課題と今後――の5つ。

溶射技術を広げていくためのアピールとして「今大会でも見られた金属3D分野など溶射の知見が生かせる分野との連携が重要となってくる」「時間や場所の制約がないというオンライン大会ならではメリットが今回感じられた。リアルの場とうまく組み合わせれば可能性が広がる」といった意見が出された。

日本溶射学会
第114回（2021年度秋季）
全国講演大会論文要約集

◆ 101　低圧コールドスプレーによる銅成膜に及ぼす
　　　　基材低温プラズマ処理の影響

東北大学　○齋藤宏輝，市川裕士，小川和洋

　低圧コールドスプレー（CS）法は，装置がコンパクトで携帯性に優れ，構造物のオンサイト補修等への応用が期待されている。しかし，高圧CS法と比較して一般的に皮膜密着強度が弱く，成膜できる材料も限られるのが課題である。密着強度が弱い要因の一つとして，粒子の衝突速度が高圧型に比べ遅く，粒子・基材の塑性変形が小さいため金属表面に存在する酸化皮膜の破壊および金属新生面の接触が十分に促進されないことが考えられる。そこで，金属新生面の曝露を促し，金属粒子 - 金属基材間の接合性を向上する方法として，大気圧低温プラズマを用いた酸化皮膜除去を基材前処理として用いることを検討した。大気圧低温プラズマは酸化皮膜の還元作用があることが報告されており，真空を必要とせずハンドリングに優れることから，低圧CS法による金属成膜の前処理法として有効である可能性がある。

◆ 102　低圧コールドスプレー法によるCFRP上への
　　　　金属皮膜の形成とその成膜メカニズムの考察

東北大学　○泉安津志，海老原寛明，齋藤宏輝，市川裕士，小川和洋，東レ㈱　石田翔馬，鈴木康司，成瀬恵寛，西崎昭彦

　近年，航空機は軽量化およびメンテナンスコスト削減の要求から，機体への炭素繊維強化複合材料（CFRP：Carbon Fiber Reinforced Plastic）の適用が急ピッチで進められている。しかし，航空機の構成部材としてCFRPの使用割合が高まるにつれて，飛行中に生じる機体への落雷が問題となっている。従来の航空機は，Al合金を主とする金属製の機体であったため，被雷しても雷電流は金属製機体を通電し，機体の損傷は小さかった。しかし，CFRPは金属と比べて電気抵抗が高く，雷電流

の流入に起因するジュール熱で，機体が大きく損傷することが危惧されている。そのため現在は，CFRP表面に金属製の薄いメッシュを貼り付ける等の対策が取られているが，製造コストの増加，被雷後の修理プロセスの煩雑化等の課題を有している。そこでこれらの問題を解決すべく，CFRP上に高レートかつ低コストで金属成膜可能なプロセスの開発が望まれている。本研究では，上記プロセス開発の候補として固相成膜技術であるコールドスプレー（Cold Spray:CS）法を提案する。基材には，現在航空機に使用されている熱硬化性樹脂を母材に用いたCFRP，および今後航空機への使用が検討されている熱硬化性樹脂（PEEK: Poly Ether Ether Ketone）を母材に用いた熱可塑性CFRP（CFRTP：Carbon Fiber Reinforced Thermo Plastic）の2種類を用い，電気導電率に優れるCu粒子によるCFRP上への金属皮膜成膜を目的に，CS皮膜成膜試験を行った。試作した皮膜の接合界面の様子を走査型電子顕微鏡（SEM），透過型電子顕微鏡（TEM）で観察し，エネルギー分散型X線分析装置（EDX）による元素分析を行い，成膜メカニズムを考察した。

◆ 103　コールドスプレーによる窒化アルミニウム
　　　　基板上の金属皮膜の密着メカニズムに関する
　　　　一考察（アルミニウムと銅の皮膜材料，
　　　　基板予熱の影響）

信州大学（院）　○佐宗依吹，児玉創磨，信州大学　芦田健，長野県工業技術総合センター　傳田直史，信州大学　榊和彦

　コールドスプレー（Cold Spray, 以下，CS）法において，セラミックス基板と金属皮膜の密着メカニズムについて，未解明な点が多い。既に，焼成上がりの窒化アルミニウム基板上に，3〜4nm程の薄い酸化物層があり，それを介して，アルミニウム皮膜と窒化アルミニウム基板が化学的に結合することで，皮膜密着力が向上すると

推察してきた。一方で，セラミックス基材上の銅皮膜は良好な密着が得られないことが知られている。このように，金属皮膜材料の違いによる皮膜密着力への影響の原因は明らかになっていない。そこで本研究では，窒化アルミニウム基板表面の焼成時に生じる酸化膜（以下，焼成酸化膜という）とアルミニウムと銅を用いて金属皮膜との密着に着目し，基材予熱温度とともに，密着メカニズムの考察を行った。

◆104　ハイブリッドエアロゾルデポジション法における粒子速度の計測

筑波大学　○明渡祐樹，産業技術総合研究所　久保田英志，シャヒン ムハマド，鈴木雅人，明渡純，筑波大学 藤野貴康，産業技術総合研究所　篠田健太郎

セラミック微粒子を材料としたコーティング手法の一つとして，ハイブリッドエアロゾルデポジション（HAD）法が注目されている。HAD法はエアロゾルデポジション（AD）法に高周波誘導結合型プラズマ（ICP）を重畳したプロセスである。AD法においては$Pb(Zr, Ti)O_3$（PZT）膜の電気的性質が，粒子速度に応じて変化したという結果が示されている。HAD法においてもプラズマジェットによりセラミック微粒子を加速し，基板に衝突させて製膜することから材料粒子の速度は大きな役割を持つと考えられる。しかしながら，HAD法における粒子速度の測定は系統的には行われておらず，どのような要因が粒子速度に影響を及ぼすかが不明であった。

そこで本研究では，飛行時間差法を用いて，HAD法における粒子速度の計測を試みた。材料粒子を運ぶプラズマジェットの流速に及ぼす影響が大きいと考えられるノズル形状に着目し，ラバルノズルの有無による粒子速度への影響を調べた。また，イットリア安定化ジルコニアとアルミナの二種類の材料粒子における粒子速度も計測することで，HAD法における粒子速度について系統的に調査した。

◆106　イッテルビウムダイシリケート系 耐環境コーティング材の残留応力に及ぼす 高温曝露の影響

新潟大学大学院自然科学研究科　○大澤唯人，新田幸磨，齋藤浩，大木基史

近年，環境配慮の観点から航空機ジェットエンジンの高効率化が進められてきている。SiC_f/SiC複合材料等のセラミックス長繊維強化セラミックス基複合材（以下CMC）は軽量かつ優れた耐熱性より次世代航空機エンジン部材と目されている。一方，SiC系セラミック基

複合材は，運用環境下で酸化により形成されるSiO_2が水蒸気と反応することで揮発性の$Si(OH)_4$を生成して減肉するため，酸化減肉耐性が課題となっている。これらの課題の解決策として耐環境コーティング（以下EBC）の導入が検討され，特に希土類ケイ酸塩系コーティングは，その熱的・化学的特性からEBCトップコートの有力な候補材料として期待されている。しかし，使用条件に由来する高温曝露付与による結晶化進行が，微細組織および皮膜内残留応力に及ぼす影響に関する研究はまだ不十分である。そこで本研究では，大気プラズマ溶射により施工された$Yb_2Si_2O_7$トップコート試験片に対して高温曝露を付与し，SEM・XRDなどの各種微細組織観察・分析結果より高温曝露付与の影響を検討した。また試験片反り測定による皮膜内残留応力の算出を行うとともに，FEMによる残留応力解析を行い，得られた結果に対して検討した。

◆107　Yb_2SiO_5溶射皮膜のSi/Yb比と 欠陥組織の相関

物質・材料研究機構　○中島典行，渡邊誠，佐藤美次，黒田聖治，下田一哉，垣澤英樹

SiC系複合材料は高温での力学特性に優れていることからジェットエンジン高温部への適用が期待されている。しかし，水蒸気を含む高温燃焼ガス環境下では水蒸気腐食が生じるため，腐食を防ぐ耐環境コーティング（EBC）が必要とされている。Ybシリケート（Yb_2SiO_5, $Yb_2Si_2O_7$）は高温EBC材料として有望視されているが，大気溶射プラズマで成膜すると，SiO_2が一部蒸発し，Yb_2SiO_5は皮膜中にYb_2O_3を生じ，$Yb_2Si_2O_7$はYb_2SiO_5を生じることが報告されている。Yb_2SiO_5中のYb_2O_3について，本研究グループはスプラット試験を行い，（1）Yb_2O_3量の目安であるSi/Yb比のスプラット内およびスプラット毎におけるバラツキ，（2）Si/Yb比とスプラットの外形的特徴の傾向について報告した。今回は溶射皮膜を対象に，Yb_2O_3量の目安であるSi/Yb比と皮膜組織の欠陥の関係について報告する。

◆201　微細結晶化されたコールドスプレー純鉄皮膜 の機械的特性

公立諏訪東京理科大学　○伊藤潔洋，東北大学 市川裕士

レアメタルや戦略物質によらない金属材料の強化法として，結晶粒の微細化が有効であることが知られている。メカニカルミリング（MM）法は，粉末材の結晶粒の微細化に有効であるが，粉末からバルク材を作製するためには焼結処理を行う必要があり，結晶粒が粗大化するな

どの課題がある。当研究グループでは、コールドスプレー（CS）法に着目し、MM法と組み合わせることで微細結晶化された純鉄皮膜を成膜できることを報告している。しかしながら、その機械的特性については未調査となっていた。本研究では、CS法とMM法により微細結晶化された純鉄皮膜に対し引張試験を行い、ヤング率や引張強さなどの機械的特性を調査した。さらに、微細結晶を維持したままこれらを改善するために、放電プラズマ焼結（SPS）による後処理を検討した。

◆202　コールドスプレー法によるCu/TiO₂皮膜の創製
豊橋技術科学大学　〇石橋和也，山田基宏，安井利明

　近年，自動車などから排出される窒素酸化物（NOx）による大気汚染や感染力の高いウイルスによる感染症などの社会問題が深刻化している。その対策として光によって環境浄化作用が発現する光触媒特性が注目されている。代表的な光触媒材料である酸化チタン（以下TiO₂）はアナターゼ型からルチル型へ900℃付近で相転移することが知られており，高温での成膜時に光触媒活性が低下してしまうことが課題となっている。そのため成膜手法として，材料粉末への熱的影響が小さく光触媒特性が高いアナターゼ型TiO₂を保持したまま成膜可能なコールドスプレー法（以下CS法）が注目されている。CS法によって作製されたTiO₂皮膜は広範囲に応用させるにあたり，その機械特性の改善が課題となっている。その解決策として金属粒子の添加による複合材料化が挙げられる。CS法による金属成膜は基材衝突時の粒子の大きな塑性変形によって高い付着力および密着力が得られる。また材料複合化に当たって金属粒子には高い抗菌・抗ウイルス特性を持つCuを用いた。CuはCS法においても密着強度の高い皮膜を形成可能であるためTiO₂皮膜の持つ光触媒特性に加えてCuの抗菌能力を皮膜に付与しながら密着強度の改善が可能であるため複合化の相手に好適である。そこで本研究ではTiO₂粉末にCu粒子を加えた混合粉末を用いて皮膜を作製することによって高い機械特性および環境浄化能力を有したCu/TiO₂複合皮膜の作製を目的とした。

◆203　ノズル軸方向・半径方向粉末同時供給を用いたマイクロフォージング援用コールドスプレーによるAl-Si合金皮膜の作製
信州大学（院）〇藤森誠也，信州大学（院）齋藤千隼，
信州大学　元辻雄大，信州大学　榊和彦

　機械や電気・電子機器などの高性能化や軽量化により，1種類の材料では求められる機能に対応できないため，2種類以上の材料を組み合わせた複合材料が多用されている。そこで，コールドスプレー（cold spray，以下，CS）を用いた複合皮膜作製も多数の報告がある。本研究では，CSノズルの中心軸方向（A/I）と半径方向（R/I）から異なる粉末を同時に投入する方式で複合皮膜の作製することを特徴とし，S.V.Klinkoらも検討していたが，不明な点も多い。この方式の利点として，①成膜中においても異種材料粉末の供給割合を制御できる，②粒子は投入位置（A/IまたはR/I）によって基材衝突時の粒子の速度と温度が異なるため，材料の特性に合わせて投入位置を選択できることなどが挙げられる。ところで，Xiao-Tao Luoらが提案・報告しているその場マイクロフォージング援用コールドスプレー（in-situ Micro-forging assisted cold spray，以下，MFCS）があり，成膜させたい粒子（以下，成膜粒子）と，比較的粒子の大きい粒子（以下，MF粒子）を同時にノズルへ投入し，MF粒子の比較的大きな運動エネルギーにより成膜粒子を微小領域でその場鍛造しながら，基材上での扁平化を促すことで，比較的硬度の高い金属でも緻密な皮膜の作製が可能と報告されている。また，MF粒子は，成膜を始める臨界速度に達しないように，比較的粒径が大きなものを用いる。そのため，MFCSにより作製した皮膜は成膜粒子のみで構成される。本研究室の先行研究では，ノズル軸方向・半径方向粉末同時投入方式を用いて，MFCSにより成膜粒子に耐摩耗優れるAl-12Si合金，MF粒子にステンレス鋼を用い，成膜実験を行った。しかし，成膜に用いたAl-12Si合金粉末（平均粒径73.3μm）の粒径が大きかったために粒子衝突速度が低く，成膜できなかった。そこで本報では，先行研究より粒径が小さいAl-12Si合金粉末（平均粒径17.2μm）を用いて成膜を行う。なお，MFCSによるAl-12Si合金皮膜の作製において，最適なノズル円筒部長さの検討も行う。併せて，茶道ガスおよび粒子の挙動を調査するため，数値流体力学（以下，CFD）解析も行った。

◆204　低圧コールドスプレー法による漏水パイプの補修
東北大学　〇蒙兪先，齋藤宏輝，Chrystelle Bernard，市川裕士，小川和洋

　Water leakage due to corrosion damage is a significant issue for thermal or nuclear power plants. Therefore, it is needed to repair them efficiently. As an emerging additive manufacturing technology, the cold spray process can efficiently repair the damaged part of a component. Hence, this work adopts a low-

pressure cold spray (LPCS) technique to repair the water-leaking stainless-steel pipes. Sn is selected as the repair material because it has more negative potential compared with stainless steel–the most commonly used pipe material. Meanwhile, the Zn powder is used as reinforced particles to improve the strength of the Sn deposit. Therefore, we use the cold spray technique to repair the water-leaking pipe with Sn/Zn mixing powder and evaluate its strength reliability in this study.

||||||||||||||||||||||||||||||||||||||||||||||||||||||||||||||||

◆205 教師付き機械学習を用いた溶射皮膜の品質管理と良否判定

国立研究開発法人 産業技術総合研究所 ○廣瀬 伸吾，荒川さと子，江塚幸敏

　IoT や AI，ビックデータなどのキーワードが盛んに叫ばれ，これらの動きを総括して第 4 次産業革命の波が押し寄せているとの声が高まっている。その中で，日本の強みがある熟練作業者の技能をデジタル化し，それらの新しい技術に適用していることが，高いレベルのものづくり力の維持や次世代への継承に重要であると考えている。これまでに筆者らは，溶射における技能，技術，ノウハウを成膜条件パラメータと膜特性の相関関係を提示する機能を有した「溶射データベース」を構築し，公開してきた。こうしたソフトウェアは，「熟練者の知識技能のデジタル化」したツールであるとし，これを使うことで，皮膜特性に応じた溶射推奨条件を得ることが可能であるとしている。また一方で，属人的に蓄積されている溶射欠陥と欠陥対策の対応や思考を蓄積し，継承を円滑する目的で「溶射加工テンプレート」の開発を行った。溶射欠陥と溶射プロセス（工程）との相関関係をデータ連携やデータ分析により明らかにするものであると考えている。そのような中で，溶射と同じく皮膜形成プロセスの電気めっきにおいて，高いレベルの熟練者の能力として「適切なめっき条件の設定」ができる能力であるというアンケート調査結果から，教師付機械学習を用いた電気めっきのプロセスパラメータの決定について機械学習を用いた場合を構築し，検証している。本発表では，教師付機械学習法を活用して，溶射皮膜の品質良否判定への活用を意識し，溶射皮膜品質とは何か，またその良し悪しを判断するにはどうか，など可能性検証した結果について報告する。

||||||||||||||||||||||||||||||||||||||||||||||||||||||||||||||||

◆206 レーザクラッド WC/ ステンレス鋼層への低温プラズマ浸炭処理

（地独）大阪産業技術研究所 ○足立振一郎，山口拓人，上田順弘

　レーザクラッドによるステンレス鋼層は，硬質で鉄と親和性に優れた WC 粒子を複合化することで，特性改善に成功した事例が報告されている。マトリックスであるステンレス鋼部には，レーザクラッドのプロセス中の加熱により，WC 粒子とステンレス鋼が反応して二次炭化物がデンドライト状に生成し，耐摩耗性が向上する。しかし，セラミックスなど硬質材料と比較すると，依然として耐摩耗性は劣っている。また，二次炭化物の生成に伴い，固溶クロム量が減少することにより，ステンレス鋼部の耐食性が低下する問題も存在している。WC 粒子を複合化した SUS 316L ステンレス鋼に 450 ℃以下の温度で処理する低温プラズマ窒化処理を試みたところ，窒素が過飽和に固溶した拡張オーステナイト（通称 S 相）を形成することに成功し，表面硬さの向上と耐食性の改善を実現した。低温プラズマ浸炭処理も同様に，オーステナイト系ステンレス鋼の耐摩耗性を改善する効果が知られている。そこで本研究は，WC 粒子と複合化した SUS 316L ステンレス鋼クラッド層への低温プラズマ浸炭処理について検討したので報告する。

||||||||||||||||||||||||||||||||||||||||||||||||||||||||||||||||

◆207 HVOF 溶射した WC-Co 皮膜のヌープ硬さ試験による評価

トーカロ㈱ ○小林圭史，進藤亮太，田中倫規

　HVOF 溶射で得られる WC サーメット皮膜は硬さおよび緻密さに優れた特性を有しており，耐摩耗皮膜として種々の用途で使用されている。一方，その機械的特性や破壊機構は必ずしも明らかになっていない。講演者らはこれまで WC-12Co 溶射皮膜を対象に，その機械的特性と組織欠陥との関係を検討してきた。前々報では微小引張試験を実施し，成膜面に垂直方向と水平方向で弾性挙動が異なることを報告した。また前報では溶射皮膜の組織中に含まれる主としてサブミクロンレベルの大きさの微細空隙の特徴について，小角散乱法で得られる測定結果およびその解析結果を報告した．本研究ではこのような微細空隙が皮膜の硬さや弾性的特性に与える影響について，ヌープ硬さと皮膜組織の関係を評価した結果を報告する。

||||||||||||||||||||||||||||||||||||||||||||||||||||||||||||||||

◆208 NiCu 系バインダーによるカーバイド HVOF 皮膜の機械的特性

エリコンジャパン㈱ ○山根俊幸，藤森和也，北村順也，和田哲義

　Cr や Ni 等の耐食性金属バインダーによる WC およ

びCrC カーバイド溶射皮膜は，耐摩耗性と耐食性を併せ持つ特徴から，様々な産業分野で幅広く利用されている。その中で最も使わている材料がWC-CoCr であり，硬質クロムメッキ代替は，この材料における典型的な応用である。しかしながら，メッキと比べて高コストであること，高硬度のために研磨等の後処理に時間とコストがかかること，ごく一部が損傷した場合の修復が難しいこと，再溶射する前の残存皮膜の除去が容易でないことなどの理由で，適用が限定的であるのが実情である。これらの改善を目的に，新規バインダーの検討・調査を行い，NiCu 系バインダーによるカーバイド新製品を開発した．本報告では，高速フレーム溶射（HVOF）法により作製された新製品と従来品の皮膜組織や機械的特性の比較評価を行った。

溶射技能オリンピック開催に向け，新委員会を組織
溶射の普及へ「2022JIWS」出展も
立石会長，面出・高木両副会長が再選

編集部

▲日本溶射工業会 総会のもよう

　日本溶射工業会（立石豊会長／㈱シンコーメタリコン）は11月3日，石川県加賀市のホテル瑠璃光で「第63期（2021年度）定時総会」を開催した。関東・近畿・西日本の各地区から会員約40名が参集し，63期の活動を総括するとともに，次期64期の活動方針および予算などを決めた。役員改選では立石会長をはじめ，面出隆男（第一化工㈱）・高木一生（三興防蝕㈱）の両副会長が再選。引き続き会運営にあたることとなった。また「昨年の総会で決議した『溶射の日（4月28日）』を通じて溶射技術の更なる普及・浸透を図る」とし，その活動の一環として来年7月開催の『2022国際ウエルディングショー（JIWS）』へのブース出展や『溶射の日記念切手』の作製のほか，『溶射技能オリンピック』開催に向けた新組織の立ち上げなど，新たな活動方針を明らかにした。

　総会の冒頭，立石会長はコロナ禍での社会情勢や，今後の好転への期待を述べるとともに，63期の工業会活動について言及。「コロナ禍で様々な活動に支障をきたしたが，各支部の例会や各委員会ではWEB開催など努力と工夫を凝らし尽力いただいた。また役員会も開催することができた」と，役員や会員らに改めて感謝の意を伝えた。

　言葉を継いで「3月には皆様の協力により『溶射業界における市場調査及び将来市場展望報告書』が発刊されたが，その中でわが国の溶射市場は2019年の1,570億円から2023年には1,634億円へと成長すると予想されている。また昨年の総会で承認していただいた『溶射の日』も（一社）日本記念日協会から正式に認定登録されたことから，ポスターを作製し会員各社はじめ関係諸団体・企業に配布し普及活動に務めた」と報告した。

▲日本溶射工業会 立石会長

▲総会出席者らの記念撮影

　一方，次期64期の活動については「この『溶射の日』を広く知っていただくため，溶射技術の普及活動の一環として『2022国際ウエルディングショー』への出展のほか，『溶射の日記念切手』も作製する。さらに新委員会として『溶射技能オリンピック委員会』を設け，溶射技術の普及・知名度アップ，そしてより一層われわれの溶射技能の向上を目指していく」との方針を述べた。

　総会に先立ち，新入会員の㈱川崎熱処理工業所，㈱コーレンス，ニックスビジネスコンサルティング（NBC）が紹介され，この後，三木享氏（東海メタリコン㈱）を議長に議事を進行。立石会長より第63期の事業活動が報告されたのに続き，関東・近畿・西日本の各支部と，防食溶射・安全衛生・JIS/ISO溶射推進・広報・行政担当・ハードフェーシングの各委員会からそれぞれの活動内容と決算が報告され，満場一致で可決した。なお，3支部では64期から支部長が交代。関東支部は佐々木孝夫氏（大洋特殊熔接㈱），近畿支部は進秀俊氏（トーカロ㈱），西日本支部は星野勝氏（エアロテック㈱）がそれぞれ新支部長に就いた。

　一方，役員改選では，立石会長が再選するとともに，面出・高木両副会長の留任を決めた。64期の事業活動の取り組みとして特筆される点が，「溶射技能オリンピック」（仮称）開催に向けて新しい委員会を立ち上げたことだ。これまで溶射業界では競技会というイベントはなかったが，技能オリンピックという具体的な目標を掲げることで，作業者らの自己研鑽や意欲を高め，かつ溶射業界全体の技術向上および普及拡大につなげていく考えで，新委員会が中心となってその仕組みを構築する。委員長には発案者である大家淳晃氏（新栄防蝕㈱）が就き，立石会長や秋本浩一事務局長（コーケン・テクノ㈱）をはじめ，防食溶射委員長やハードフェーシング委員長，JIS/ISO溶射推進委員長が委員としてサポートしていく。今期は他業種競技会の視察や具体的な準備を進めていく。

　このほか，議事では防食溶射や安全衛生，JIS/ISO溶射推進，広報，行政担当，ハードフェーシングの各委員会から64期の活動計画および予算案が示され，原案通り採択された。なお，64期より行政担当委員長には森俊和氏（第一高周波工業㈱）が，またハードフェーシング委員長には佐古さや香氏（倉敷ボーリング機工㈱）が就任した。

　すべての審議が終了した後，防食溶射協同組合から近況報告があり，「令和3年度の溶射工事は橋梁全体への溶射工事は減少し，桁端部への溶射適用件数が増加したため，組合全体の溶射施工量は昨年度と同程度で，第21期（会員数28社）の施工実績は21,961㎡となり，組合発足から21年間の総施工実績は952,006㎡となった」と活動を紹介した。

　コロナ禍，従来のように気軽に会うことができなかっただけに，1年ぶりのリアルな再会は参加者らにとって有意義な会合となり，総会終了後も館内各所で情報交換や意見交換などが活発に行われていた。

溶射技術

「BE TOCALO」を合言葉に，
中期経営計画をスタート

トーカロ㈱ 代表取締役社長 三船 法行 氏

　新型コロナウイルス感染症の拡大により経済活動が抑制された影響はあったものの，引き続き旺盛な半導体需要に加え，ワクチン接種の普及による世界的な経済の持ち直しから，当社業績も半導体，鉄鋼，製紙，エネルギー分野の受注に支えられ，増収増益で堅調に推移した。通期に関してもコロナの影響で先行き不透明感は払しょくできないが，今後もデジタル社会の拡大に伴う半導体需要は底堅く，当社の受注も順調に推移すると予想している。

　このような中，当社は昨年7月に設立70周年を迎えた。コロナ禍で全社員が一堂に集まるような式典を避け，初めてWEB活用による記念イベントとしたが，実行委員らが様々な趣向を凝らし，また社員らも新しい取り組みに賛同，協力したことで非常に和気藹々とした当社らしい記念行事となった。

　この70周年を機に，当社では初めて2026年3月期を最終年度とする5ヵ年中期経営計画を策定し，将来ビジョンを示した。この中期計画では，長年，溶射を中核とする表面処理加工で培ったノウハウや経験をベースに更なるものづくりの高度化を推進し，また研究開発型企業として新たな市場開拓に注力することで，表面処理皮膜が持つ省資源化や省力化，環境負荷の低減などの諸機能を通じて社会に貢献する「高技術・高収益体質の，内容の充実した企業グループ」を実現させ，結果として『人と自然の豊かな未来に貢献する』企業へと進化・成長していくというビジョンを描いている。具体的な数値目標として，半導体・FPD分野および環境・エネルギー分野への用途拡大による既存事業の拡大に加え，農業や医療などの新事業領域の創出で，5年後の連結売上高を530億円に掲げている。

　特に半導体需要は，これから先の10年間で倍になると言われており，右肩上がりであることは間違いない。当然，半導体製造装置も同様に伸張していくだろう。但し，半導体がより微細化，積層化，高強度化していく中で，従来の溶射皮膜で対応可能なのか，あるいはレーザやCVDなどとのハイブリッド技術や新技術が必要なのか，などを常に念頭に置き，新たな技術開発やアプリケーション開発に注力することが当社の使命だと自負している。

　また，蓄電池や再生可能エネルギーなどの環境分野でも，当社の表面改質技術を活用できるフィールドは大きく拡がっており，顧客ニーズに最適なアプリケーションの提供を通じ，この分野が今後の柱に育つよう経営資源を重点的に投入していく。いずれにしろ，ITおよびエネルギー分野は今後の当社成長に欠かせない存在であり，溶射技術開発研究所での先進的な研究開発と，各工場でのものづくりに直結した技術開発を着実に実行していくことで，これからも顧客のベストパートナーであり続けたい。そして「BE TOCALO（トーカロの魅力は人である）」のもと，社員一丸となって中期経営計画をスタートさせたい。

混沌とした時代，
ビジネスチャンスは存在する

ユテクジャパン㈱ 代表取締役社長 高田 尚 氏

　昨年のコロナ禍で思うような営業活動が行えず，社員らは大変苦労したと思う。特に海外への渡航，あるいは海外からの来日が制限され，当社のような外資系企業にとって活動しづらい1年だった。私自身，2020年1月の渡米以降，海外出張に行けず，WEB会議ばかりだ。一昨年7月に親会社のキャストリンユテクテックGmbHのオーナーがメッサグループからドイツのパラゴングループに移り，またその年の10月には，キャストリンユテクテック社社長も交替し新体制となったが，直接，会えずにいる。国内では宣言解除に伴い，11月に久しぶりに全国の所長らが集まり営業会議を実施したが，やはりリアルの必要性を改めて痛感した。

　このような環境の中，当社は売上・利益ともに過去最高となった。営業マンをはじめ，社員，スタッフらには頭が下がる思いで，彼らが一つひとつの案件を丁寧に対応し業績につなげてくれた。

　当社の場合，溶接・溶射の機器および材料の販売に加え，全世界のキャストリングループの中でユニークな溶接工事，施工を手掛けており，部品や部材の補修・メンテナンスや，新作品への機能性向上などを目的とした溶接・溶射施工を行っている。

　近年，特に当社では営業体制の強化・充実を図っており，昨年も優秀な営業マンを仲間に迎え入れた。当社の最大の強みは，全国を網羅する営業ネットワークと人材であり，彼らの効率的な活動が前述の業績に繋がっている。また工事部門も社内はもちろん，サプライヤーやパートナー企業との連携により着実に業績を伸ばすことができたほか，一昨年，生産能力を倍増させた耐摩耗板「テロプレート」も当社の事業戦略において大きな武器になっている。

　さて，2022年もコロナウイルの収束が見えない中，先行き不透明な状況が続くと予想している。ただ，いつの時代も全ての産業が悪い訳ではなく，必ず新しい需要があると信じている。当社は，幅広いターゲット層を有しており，とくに補修やメンテナンス，リサイクルといった分野では，当社の技術や製品がまだまだ活躍できると確信しており，「ニッチな市場で，顧客に喜んでいただくサービスを提供」というビジネススタイルを今年も推進していく。

　そのためには，人海戦術が最大の武器となる。ITやデジタル技術など手法が変わっても「顧客に頼りにされる，相談される人材」が企業の付加価値を生み出すと考えており，多種多様な顧客ニーズに対応できる，経験と知識に裏付けされた人材を育てていきたい。

　市場環境は今年も先行き不透明な状況が続くと予想されるが，それに一喜一憂することなく，全員が一丸となって顧客に喜んでいただけるような製品，技術，サービスをお届けしていきたい。どのような環境下でもモノは必要であり，機械は動く。そこに当社のビジネスチャンスは十分あると期待している。

2022国際ウエルディングショー
7月13−16日, 東京ビッグサイトで開催
テーマ＝日本から世界へ
溶接・接合, 切断のDX革命−製造プロセスイノベーションの到来−
編集部

▲2022JIWSポスター

▲実演に会場の賑わい

　溶接・接合, 切断技術や表面改質などの専門展示会「2022国際ウエルディングショー」（主催＝日本溶接協会, 産報出版）が今年7月13−16日の4日間, 東京・江東区の東京ビッグサイト東展示棟で開かれる。現在, 開催に向けてDXやカーボンニュートラルなど今日的なテーマを踏まえた様々な併催企画が進行している。

　国際ウエルディングショーは, 溶接, 切断, レーザ加工, マイクロ接合, 粉体加工, 溶射, 表面改質, 非破壊検査, 金属AM（3Dプリンター）, CFRP加工技術をはじめ, IoT（モノのインターネット）やAI（人工知能）など, 溶接・接合に関連するあらゆる技術, 製品, 情報を対象とする一大イベント。

　今回は「日本から世界へ　溶接・接合, 切断のDX革命−製造プロセスイノベーションの到来−」をテーマに開催する。

　DX（デジタルトランスフォーメーション）は, 一般に「最新のデジタル技術を駆使した, デジタル化時代に対応するための企業変革」という意味のビジネス用語として使われる。製造業においても近年, IoTを駆使した工場内ネットワークの構築による作業工程の一元管理や, 装置メーカーとのネットワークによるメンテナンスの高効率化, 各種センサ類とAIを組み合わせ, 製造ライン上で品質の合否判定を行うインライン検査の実現, 工場だけでなく工事現場の自動化にも貢献する現場溶接ロボットシステムなど, デジタル化時代に対応した変革は着実に進んでいる。

　また, 国際ウエルディングショーは, 世界の先端技術が揃う技術ショーとしての特徴と高い国際性に加えて,

▲5大フォーラムプログラム予定（変更する場合もあります）

中国，韓国，台湾，インド，ベトナム，タイ，インドネシア，シンガポール，マレーシアなどアジア各国からの集客と相まって，溶接に関するアジアにおけるハブ展示会としての地位を確立している。

特に，今回は同時期（7月17－22日）に国際溶接学会(IIW)の2022年次大会・国際会議が開かれることから，世界の著名メーカーが揃って出展し，世界をリードする最先端技術が一堂に展開されることが期待される。

しかも国際ウエルディングショーでは出展各社による最新技術・製品の展示のほか，特設行事や関連行事などの多彩なプログラムも大きな魅力の一つになっている。

今回は，国際溶接学会（IIW）2022年次大会・国際会議（テーマ＝カーボンニュートラル実現と持続可能な発展を支える溶接・接合技術の革新）が同時期に開催。このためコラボ展示コーナーなども計画している。

レーザ加工，スマートプロセス（金属3Dプリンターほか），鉄骨加工，非破壊検査，コーティングの5技術に焦点をあてた5大フォーラムは，会場内のゾーンニングによって特設された展示と会議ホールにおける講演とを有機的に結合することによって，最新技術などに対する知見を高めることを目的にしている。なお，各フォーラムの予定プログラムは付表の通り。

また，学生をはじめ，広く一般にも溶接を身近に感じてもらうことを目的に「溶接夏祭り」を企画。溶接体験コーナー，溶接アート展覧会，レーザによる光の

2022国際ウエルディングショー運営委員会委員長 西尾 一政 氏（九州工業大学名誉教授）に聞く

2022国際ウエルディングショーは，「日本から世界へ 溶接・接合，切断のDX革命－製造プロセスイノベーションの到来－」をテーマに，わが国最大の溶接・接合，切断技術の専門展示会として東京で4年ぶりに開催します。とくに今回は，国際溶接学会（IIW）年次大会・国際会議が同時期に開催されるなど大いに盛り上がりが期待されます。IIWが日本で開催されるのは18年ぶりになりますが，国際ウエルディングショーとのコラボ展示などが企画されており，産・学が一体となってでさまざまな化学反応が起こり，日本のものづくりを広く世界にアピールできる絶好の機会となるでしょう。

今回のテーマの中で「DX革命」という言葉がありますように，ものづくりにおけるデジタル化が進行してきてい

る中，最新の溶接機や自動機ではいち早くデジタル化技術を取り入れ，溶接作業をサポートしてくれるようになってきました。

このようにデジタル技術により溶接作業に対する垣根が低くなってきており，今回のショーでも高品質な溶接を担保するようなさらに進化した溶接技術，溶接機，自動機，ロボットなどの提案が一堂に出そろうことが期待されます。

ぜひ，高校生や学生など若い人たちにも参加していただき，溶接の面白さを感じることで，溶接に興味を持つ若い人たちが多くでてきてほしいところです。今回のショーが溶接の世界への入り口として，新たな溶接人材の掘り起しにつながることに期待しています。

溶接・切断に関する最先端技術が展開されるとともに，溶接の裾野を広がるような機会として，2022国際ウエルディングショーは新しい時代のものづくりへ向けてのさまざまなアプローチが提案されます。どうぞご期待ください。

オブジェ，トークショー「溶接・接合地球カフェ（仮称）」などにより，溶接の楽しさをアピール。関東甲信越の高校生を対象にした溶接コンクールの開催も予定している。

一方，最新の溶接研究については，全国溶接・接合技術研究者間ネットワーク紹介コーナー「全国溶接・接合道の駅」（仮称）の設置を予定。全国の溶接・接合技術に関する大学・研究機関のネットワークに参画している大学および研究機関から最新の研究成果の発表を予定している。

なお，各種展示会の開催に大きな影響を与えている新型コロナウイルスの感染防止対策については，日本展示会協会作成の「展示会業界における COVID − 19 感染拡大予防ガイドライン」および「東京ビッグサイト新型コロナウイルス感染防止のための対応指針」に沿って，今後の感染状況などにより適時対応し，状況に合わせた感染防止対策を講じながら開催に向けた準備を進めていく方針。開催にあたっては，出展社および来場者を含めた関係者の安全を最優先に考え，会場である東京都をはじめ関係諸官庁，関係自治体と連絡を取りながら展示会運営に関わる関係者全員の健康・安全を守る対策を講じていくとする。

◆特設イベント企画
溶接の面白さをアピール
「溶接夏まつり」など多彩なイベント

「全国溶接・接合一道の駅」では，全国の溶接・接合技術に関する大学・研究機関のネットワークに参画している大学や研究機関から，各大学の「ご当地ならでは」の研究成果発表をパネル展示とテーブル展示で成果物を出展。参観者が回遊できるような展示を展開する。参加大学は全国から 6 大学を予定する。

「溶接・接合」地球カフェでは，日常生活の中に隠れていた数々の「溶接・接合」に表舞台へ登場してもらい，学生や一般の方々にその活躍ぶりを紹介する交流の場となる講演会。

中でもベトナム，タイ，インドネシア各国の学生とオンラインでつなぎ，「溶接は面白い」をテーマに，カフェマスターが聴講者に向かい，溶接について一般の人や海外の人でも地球規模で興味深く聞くことができるユニークな内容でトークショーを展開する。

一方，「溶接夏まつり」は，「ステンドグラスをつくってみよう」として，来場した親子連れや，見学にきた学生に専門家の指導のもとはんだ付によるステンドグラスの制作を体験をしてもらい，溶接に触れる入り口として

溶接に興味をもってもらう企画を行う。当日に作った作品は記念として持ち帰り可能。

「溶接体験コーナー－アイアンプラネットベース」（企画中）では，溶接でできる DIY グッズ制作を展開。木材を用いた DIY はよくみかけるが，金属を材料に溶接でインテリアや雑貨など鉄の温かみを感じる作品の制作を行うワークショップを行う。「レーザ光による光のオブジェ」では，ブルーレーザなどによる光のデモンストレーションのオブジェを展示する。

これらの企画により，学生や一般の来場者にも溶接を身近に感じ，溶接の面白さをアピールすることを目的にしている。

◆期待される世界の最先端技術
豊富な実演と多彩な溶接技術

国際ウエルディングショーメインとなるのは，やはり出展各社による様々な最新技術・製品であろう。国際ウエルディングショーの出展規模は，前回東京開催時（2018年，東京ビッグサイト）で 264 社，来場者 10 万 428 名で，専門展示会としては他に例をみないほどの圧倒的な来場者数を達成している。

特に，来場者の大半がエンドユーザーの技術者であり，その業種は自動車，電気，電子，造船，建築，鉄道車両，航空機，産業機械，化学，石油工業，鉄鋼，金属など様々な産業分野に及んでいる。

このため，自動車分野で使われる抵抗溶接やレーザ溶接による最新のロボットシステムをはじめ，造船分野の長尺厚板溶接の自動化ニーズに応える走行台車式ロボット，建築分野で注目を集める最新型の大電流溶接機，石油・化学プラントなどで使われる高品質溶接を可能にする自動パイプ溶接機や枝管などの難しい開先を可能にする自動開先加工機など，各産業分野の最近のニーズに対応した様々な新製品・新技術が一堂に揃うことが期待される。

特に，国際ウエルディングショーの魅力は，各出展者の最新技術を実演でみることができること。来場者は出展製品について実演で確認し，その後，加工サンプルなどを確認しながら担当技術者との質疑によって目的の技術・製品の性能を確かめることができる。

もちろん，溶接ばかりでなく切断技術をはじめ，非破壊検査，溶射，表面改質，マイクロ加工など，溶接の前後工程で使われる周辺技術の出展も高い注目を集めそうだ。

特に，今回は，AM（アディティブ・マニュファクチャリング）やドローンなど，話題の技術の出展も予定されており，例年以上に豊富な出展が期待できる。

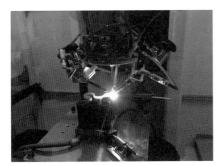
▲ワイヤ送給による3D積層造形の実演（マツモト機械）

▲造船大組立溶接システム

▲用途に合わせ各社提案 神鋼

▲D-Arc大電流MAGモード・高能率溶接システム

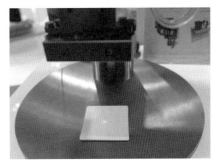
▲スパッタを低減する3スポットモジュール技術（レーザーライン）

◆国際ウエルディングショー
IIW年次大会と同時期開催
特設ブースで国内外にアピール
自動車，造船，鉄骨，金属AMなど

　今回の国際ウエルディングショーの大きな特色は国際溶接学会（IIW）年次大会・国際会議を同時期に開催する点。

　国際ウエルディングショーの会期7月13―16日に引き続き，翌17―22日の間，グランドニッコー東京台場（東京・港区）を会場に，溶接・接合に関わる世界を牽引する研究者や技術者が結集する。IIW年次大会が日本で開催されるのは18年ぶり。現段階で予定されている国際ウエルディングショーとのコラボレーション企画の一部を紹介する。

◇　　　◇　　　◇

■ IIWの役割

　IIWは研究分野の発表に加えて，溶接機や溶接材料，各種検査，安全衛生などに関するISOをはじめとした国際規格を討議，制定する役割を担っている。産業界に与える影響が非常に大きく，日本からも毎年の年次大会に向けて，日本溶接協会，溶接学会をはじめ，関連団体から多くの関係者が参画をしている。現在，IIW副会長を日本溶接協会の粟飯原周二会長が務めている。国際間の産業競争が激しくなる中，日本やアジア地域の存在感

を示すことは溶接界だけでなく，日本経済の成長にとっても重要な意義を持つ。

■コラボレーション展示

　今回の国際ウエルディングショーではIIW年次大会・国際会議との共通テーマを，「カーボンニュートラル実現と持続可能な発展を支える溶接・接合技術の革新」と定め，特設展示コーナーを会場内に設ける。

　日本溶接協会と溶接学会で組織する日本溶接会議（JIW）を中心に，IIW年次大会に向けた委員会組織を編成し，国内外に日本の溶接界の重要性やこれまで果たしてきた役割，未来への可能性を示す企画を進めている。現在，次の企画が予定されている。

■カーボンニュートラル実現に向けて

　国際的なカーボンニュートラルのものづくりへの動きに向け，特設ブースにおいて「日本のエネルギー革命」として関連技術をパネルや製品，ビデオ上映などで紹介する。水素では水素ガスタービンや船舶用水素エンジン，各種配管技術，洋上風力分野では洋上風車の模型や風力発電に関するパネル展示などを計画。このほかITER（核融合実験炉）に関連した重工企業の技術を展示する。

■自動車分野の接合技術

　特設展示会場では日本溶接協会・自動車部会と連携し，自動車メーカーから溶接・接合部の構造が分かる車体の枠組み（シャーシ）の実物展示を計画。このほか，アー

▲コラボ展示

▲IIW年次大会周知画像

クからスポット，レーザなどを多彩な溶接技術や燃料電池バッテリーの溶接技術の紹介など多彩な内容で自動車産業の溶接・接合技術を紹介。

■建築鉄骨の溶接

日本溶接協会建設部会と連携し，会員のゼネコン企業や鉄骨ファブリケータ，装置メーカーなどから，日本ならではの鉄骨構造の模型や現場溶接にも対応した溶接ロボット，ビデオ上映などで，現在の鉄骨溶接の現状を紹介する。

■造船の溶接技術

日本溶接協会船舶・鉄構海洋構造物部会や，連携を進める日本海事協会などから，船体構造における溶接技術やゼロエミッション船を紹介する展示を実施する。

■金属AM

日本溶接協会は2020年に臨時の専門委員会として3D積層造形技術委員会（AM委員会，平田好則委員長）を国内重工企業からのニーズなどを受け設立。共同研究などの活動を本格化させている。そこで，金属AMに関する特設エリアを設け，関連企業からのブース出展も受け付けている。国際ウエルディングショー会期中には，金属AMも関連した各種のセミナーも企画されており，現在の最新動向を一堂に網羅した内容が期待されている。

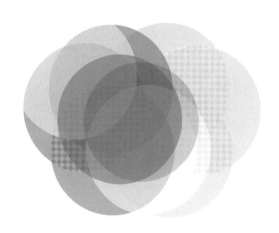

外国人技能実習制度の今
人材移動の今と人材活用の事例

編集部

　慢性的な技能者不足をかかえる国内溶接事業所にとって，課題解決のキーワードの一つである「外国人技能実習制度」。多くの外国人技能者が国内で溶接士として活躍している一方，2020年からのコロナウイルス感染拡大の影響で，海をまたいだ人材の行き来が困難になったことは大きい。例えば「技能実習期間が修了した外国人技能者は帰国できるのだろうか」という疑問や，「そもそも外国人技能実習制度を活用するには，どこに連絡すればいいのか」という基本的な質問に対して，日本最大級の国際人材育成機構（＝アイム・ジャパン，東京・中央区，金森仁会長）の齊藤英治業務部長を取材するとともに，実際に溶接事業所で活躍する外国人材の事例を紹介する。

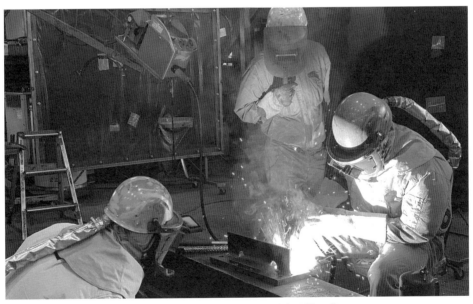

▲溶接士として実習する外国人技能者（大川鉄工所）

■外国人材が日本で働くまでの流れ

　まず，外国人材が日本で就労するまでの流れについて。外国人材が日本で就労する場合，国外の「送り出し機関」が，日本での実習を希望する外国人材に対して，現地でリクルートし，面接・健康診断などの選抜試験を行う。合格者（技能実習候補生）に対して，送り出し機関と，外国人技能実習生の受け入れをサポートする「監理団体」が連携して，日本入国前に，日本語の語学指導と日本の生活習慣，企業面接（現地面接・オンライン面接など）などをサポート。外国人技能実習候補生はその後，日本に入国する。

一般的に国内の溶接事業所が外国人材の雇用を希望する場合はまず，国内の監理団体に受入申し込みをするところから始まる。求人票・雇用契約書・雇用条件書・重要事項説明書などを提示し，外国人材と面接などを行って，マッチングした技能実習候補生と雇用契約書を締結する。技能実習候補生は，日本に入国した後に，1ヵ月〜2ヵ月（期間は監理団体による）の講習を受けて，企業に配属されることになる。

技能実習生は，あくまで外国の送り出し機関が集めた人材のため，「送り出し機関が民間企業なのか政府なのか」をチェックすることがトラブルの低減に繋がるという。

アイム・ジャパンの齊藤英治業務部長は「政府が人材を送り出している場合，実習生の情報が明確化されやすいため，受け入れに際してのトラブルの低減につながることが多い。また，トラブルの多くは，実習中に『言語の壁』でおこるため，入国後のサポートの充実に定評がある監理団体に相談するのが良いだろう。昨今では，技能実習制度を活用した企業が，技能実習生が帰国した後に，その人を軸に国外展開を行うという開発法が普及しつつある。そういったビジネスの広がりを考える意味でも，トラブル回避は必須であり，送り出し機関がどこであるかを知っておくことは有用だ」と話す。

■コロナ禍での技能実習制度

技能実習制度の活用を考えている製造事業所にとって，「技能実習生は帰国できているのか」「入国させることができるのか」という海をまたいだ人材の移動についての不安が大きいという。

まず「入国」は，昨今までストップしてしたが，昨年の11月8日からの水際対策緩和によって一日あたりの入国者数に制限があるものの徐々に入国に向けて準備が再開されようとしている。一方で，昨年1月に国内外への移動が一時的に緩和されたタイミングで入国した技能実習生を除いて，新規1号技能実習生は入ってきていないのが現状だ（2021年10月時点）。

続いて「出国」については，コロナ禍により通常通り定期飛行している航空機による行き来は難しい状況となっている。ベトナムに関しては，ベトナム人帰国困難者を対象に，不定期でベトナム大使館が「レスキューフライト」を運行している。また，国外もコロナ禍であることに変わりないため，3年目を迎えた技能実習生の継続，すなわち3号実習生として実習期間を延長する日本企業も多い。

コロナ禍で帰れなくなった技能実習生へのレスキューフライトのタイミングと，企業の技能実習修了のタイミングに誤差がある場合，レスキューフライトが飛ぶまでの滞在は監理団体で対策を講じることもあり，少数ではあるが，レスキューフライトまで会社の宿舎で寝泊まりできない技能実習生の宿泊費用を監理団体が支払うこともある。

しかし，新規で入国する技能実習生がおらず，売上が立たない状況下で，支出が続くことになるため，経営が難航する監理団体も散見されるようになっている。そのため，会社の宿舎で寝泊まりできず，宿泊の支援が滞った一部の技能実習生が，「寺で雨風を凌いでレスキューフライトを待つ」といったニュースが散見されている。今後，このような事例に対しては，企業ごと，団体ごとではなく，国家単位での一元的な対応が決定するのを待つというのが現状だ。

■技能実習制度を活用する場合の注意点

外国人材の雇用を考える事業所が理解しなければいけないのは，「技能実習制度で外国人材を雇用する場合の人件費は，一般的な日本人高卒者を雇用するよりも高額になる場合が多い」ということだという。

続いて，何の職種で技能実習生を雇用するのかも大きな問題だ。過去には職務内容の相違で裁判に発展したケースも散見されている。

例えば「鉄鋼」の業種で採用となった技能実習生の多くは「主作業」としてガス溶接・ガス溶断が作業内容に組み込まれている。一方で，自動車整備などは溶接作業を企業側で記載しない場合，溶接作業をあてがうことは原則禁止となる。例えば，「仕事が詰まっているから今日一日溶接部門を手伝ってもらう」といったことも原則禁止のため注意しなければいけない。複数職種や主職種の関連業務として届けるなど，事前に監理団体に相談することが必要だ。

どうしても溶接作業を依頼する必要がある場合は，監理団体を通じて外国人技能実習機構に業務内容の変更を報告して，許可される必要があるが，最初の段階で業務内容をある程度定めることは，どの企業であっても必須項目になるだろう。溶接を主業務とする場合は技能実習計画に実習時間全体の2分の1以上「技能実習計画」を作成し，実習することが必須となっている。

続いて，どの監理団体に依頼するのかについて。技能実習生を雇用するためにインターネットで監理団体を調べると，数多くの情報がヒットしすぎるため，情報を絞り込むことができない。そのため，技能実習制度を利用する場合，多くの場合は近隣企業の成功体験をトレースする形になる。

もし近隣に外国人材の受け入れを過去に行った経験を

持つ企業がいない場合は，日本の監理団体の情報にくわえて，送り出し機関の情報を調べることが大切だ。

ごく希に「面接を突破するための日本語のみを指導されていたため，実際に日本で生活できるだけの語学力が備わっていない人材」が送り出されてしまったというケース・トラブルもあるという。送り出し機関の確認と，技能実習生を母国語でサポートできる職員員が監理団体に居るのか否かを確認することも重要だという。

■溶接士として活躍する
外国人技能実習生の事例

神奈川県綾瀬市で自動車メーカーの部品を手がけているソリッド・スチィール工業（福島敏正社長）では，多くのフィリピン人溶接士が活躍しており，その1人が技能実習生の女性溶接士ジェエネ・リン・パララン・プラド（以下，ジェエネさん）さんだ。

多品種小ロットの複雑形状部品の需要に応えるために，ジェエネさんも高難度の溶接作業に従事している。同社で使う技術は，半自動溶接，ティグ溶接，被覆アーク溶接の3種類。同社の案件には板厚2.3㍉〜12㍉の汎用鋼が使用されることが多く，搬入した鋼板を，曲げ・抜き・溶接・研磨・強度や寸法の検査まで，全行程を1人の溶接士が担当する。

同社で勤務するフィリピン人技能者が日本人技能者と変わらずに活躍できる理由は，1人が最初から最後まで一貫して作業を担当することにより，つたない言語でのコミュニケーションを極力減らすという方針によるものだ。

ジェエネさんは日本に入国する前に，2ヵ月間，日本語を学習する期間があり，現在の日本語レベルは5級（小学校高学年程度）相当だ。つたない言語力でも，日本人溶接士と変わらずに高難度溶接をこなせるように成長したことについて，ジェエネさんは「先輩溶接士の動きを徹底的に見た」という。

「日本語を聞き取ることはできても，正確に返答するのはまだ難しい。日本人の先輩技能者と，作業中に日本語でやり取りすると，混乱が生じてしまう。先輩溶接士の手の動きを繰り返し見て，溶接中の音を聞き，鋼板の溶融の状態を感覚で覚えることで，徹底的に真似た。コミュニケーションが必要な場合はメモ帳にイラストを書きながらコミュニケーションを取った。また，綾瀬市では，格安で熟練溶接士から溶接を学ぶことができる溶接塾があるため，そこで溶接技術を習得した」（ジェエネさん）

続いて，消防設備を溶接で製造している広島市西区の吉田（吉田高宏社長）で働くベトナム人技能実習生のチャン・バン・ディンさんは，昨年の5月に広島県溶接協会が開催する広島県溶接技術競技会で，多くの日本人溶接士を押しのけて，被覆アークで4位の成績を収めた。

外国人技能実習生の溶接技術のレベルを向上するために同社が取り組んでいるユニークな教育法として，一連の溶接作業を一つひとつの動作に分解して「型」として覚えるという手法が挙げられる。同社では，日本語で細部まで説明するよりも，「見よう見まねで技術を習得する方が習熟度は高い」と考えており，一連の溶接作業を一つひとつに区分けして，見よう見まねで習得できるようにしているという。

続いて，北海道小樽市で，企業ビルや病院，事務所など商業用の建物を軸とした鉄骨の溶接を生業としている

▲技能自習制度について説明する齊藤部長

▲外国人技能実習生への溶接研修の様子(大川鉄工所)

▲日本で活躍する外国人技能実習生(フンさん)

Hグレードの鉄工所である大川鉄工所（大川晃弘社長）。同社に，昨年2月より就業しているベトナム人技能自習生のグエン・ディン・フンさん（以下，フンさん）は，それぞれ溶接未経験者ながらも来日してから技能を習得して，溶接士として活躍している。将来の夢は「ベトナムに帰った後に溶接事業所を創業して社長になること」というベトナム人溶接士だ。

フンさんが最初にぶつかったのは，指示は理解できても，先輩溶接士に質問をするタイミングで，拙い日本語では理解してもらえないという壁だ。そこでフンさんは，携帯電話の翻訳アプリを常に開いておいて，質問内容をベトナム語から日本語に変換することでコミュニケーションを取ったという。また，「動きを見るだけではなく溶接中の音を聞き，できるだけ五感で覚えるように努力した」と当時を振り返る。

言語の壁は一朝一夕で乗り越えられるものではない。また，日本語検定が2級以上のレベルの外国人技能実習生になると，製造業よりも「コミュニケーションが必須」とされている介護事業所に配属されるケースが多い。大切なのは言語の壁があることを意識しながらも，「どうすれば伝わるのか」を，双方が歩み寄りながら，会社として取り組んでいくという姿勢のようだ。

■アイム・ジャパンとは

アイム・ジャパンは1991年に設立し，92年にインドネシア政府と研修生（現在の技能実習生）の受入協定を締結。インドネシアを主要国として，現在は，タイ，ベトナム，バングラディッシュ，スリランカと計5ヵ国に駐在員事務所があり，外国人技能実習生の受け入れをサポートする監理団体だ。

同機構では入国後のサポートを充実させることが大切だと考えているという。同機構には現在，従業員技能実習生の相談に乗るアテンド職員が全国15支局に約250名，母国語でコミュニケーションが可能なスタッフが約70名在籍している。

同機構の齊藤英治業務部長は「昨今，技能実習制度は，失踪など多くの問題がメディアで報じられている。しかし，技能実習制度は，日本での雇用条件や生活保障条件など，全ての情報が確定した上で，来日するかしないかを技能実習生が選択できる制度だ。正しく使えば，国内企業も外国人材も幸福になる制度のため，ニュースで流れる一部の問題を過大認識せずに，密な情報のやり取りで解決できることを知って欲しい」と話す。

初開催のレーザクラッディングセミナーに110名が参集
「新たな表面改質の可能性を探る」を
テーマに10講演

編集部

▲レーザクラッディングセミナーのもよう

　産報出版㈱が主催し，（一社）愛知県溶接協会および中部溶接振興会が後援した『2021 レーザクラッディングセミナー』が 11 月 2 日，名古屋市熱田区の名古屋市工業研究所大ホールで行われ，約 110 名が聴講した。今回のセミナーでは，「新たな表面改質の可能性を探る」をメインテーマに，レーザクラッディング法に特化し，実際にレーザクラッディングを手懸ける大手企業や表面改質専門メーカーの研究者らが講師を務め，様々な適用事例や開発技術，あるいはトラブル事例などを解説したほか，粉末材料メーカーやレーザ機器メーカーが最新の技術トレンドや国内外事情など，計 10 件の講演を行った。

　当日は，ブルーレーザを活用し，銅を肉盛りする方法や適用事例などについて大阪大学・塚本雅裕教授の講演によりスタート。その後，自社製品への適用例やレーザ

クラッディング技術をベースに金属積層造形分野への展開を図っている三菱重工業㈱総合研究所の藤谷泰之氏が様々な研究成果を，また粉末材料メーカーの立場からヘガネスジャパン㈱の門司匠氏が粉末材料開発について言及した。

　一方，表面改質専門メーカーのトーカロ㈱東京工場の横田博紀氏は，溶射技術の応用方法やレーザクラッディングの活用事例などについて，川崎重工業㈱技術開発本部の坂根雄斗氏はチタンの積層への取り組みなどを紹介した。さらにトヨタ自動車㈱素形材技術部の青山宏典氏が自動車のバルブシート製造に活かした事例について発表したほか，様々な分野での適用事例を大阪富士工業㈱技術センターの北村裕樹氏が，人工知能を使って最適な溶接条件等を推奨する方法について住友重機械ハイマテックス㈱技術部の石川毅氏がそれぞれ解説した。

▲パネル展示コーナーのもよう

　また面白いところでは，実際にレーザクラッディング法をものづくり現場で利用している富士高周波工業㈱の後藤光宏社長が成功例だけでなく失敗例なども含めその実情を紹介するとともに，丸文㈱システム営業第2本部の江嶋亮氏が今後の可能性などについて講演した。

　受講者の一人は「レーザを使った肉盛りについて勉強にきた。あまり知識を持っていないので難しい部分もあったが，使われている現場のことがわかった」と話した。

　また同セミナー前日の11月1日と2日の両日，同研究所展示ホールで，ワークサンプルや装置・材料等の製品や技術を紹介するパネル展示コーナーも併設。19社・団体が出展した。出展企業は以下の通り（順不同）。大阪富士工業㈱・Gentec-EO　ジャパン（合）・レーザーライン㈱・エリコンジャパン㈱メテコ事業本部・㈱村谷機会製作所・プレシテック・ジャパン㈱・Physical photon㈱・トーカロ㈱・サステナブルソリューションズ㈱・三興物産㈱・東成エレクトロビーム㈱・㈱ナックイメージテクノロジー・フラウンホーファー日本代表部・㈱フォトロン・㈱ムラキ・（一社）愛知県溶接協会・名古屋市工業研究所・日本溶射工業会・産報出版㈱

2022 溶射業界を担う優良企業

2021年世界の産業用ロボット市場動向明らかに
世界の新規導入台数は前年比0.5%の微増で推移

編集部

1　はじめに

国際ロボット連盟調べによると，2020年は世界的に新型コロナのパンデミック下であるにもかかわらず，産業用ロボットの新規導入台数は38万3,545台とわずかながら増加した。これは約0.5%の成長率を表し，2020年は，2018年と2017年に続いてロボット産業にとってはこれまでのところ3番目に成功した年となった。なお，2019年の新規設置台数の10%減は，主要なユーザー産業である自動車産業での減産傾向と，電気/電子機器分野における中国と米国の間の貿易摩擦を反映したものである。

2020年の主に成長を促したのは，電子機器産業（全体に占める構成比は29%，前年比6%増）であり，産業用ロボットの最大のユーザーである自動車産業（構成比21%）を上回った。プラスチック関連および化学製品（同5%）と食品・飲料関連（同3%）に続いて，金属・機械関連（同11%）が続いている。

また，2020年の産業用ロボットの稼働台数は301万4,879台（前年比10%増）と試算される。2010年以降は自動化と技術革新が行われ，産業用ロボットの需要は大幅に増加した。2015年から2020年にかけて年間の導入台数は毎年平均9%増加してきた。

2005年から2008年の間では，ロボットの平均年間販売台数は約11万5,000台であったが，世界的な経済の低迷および金融危機により，新たな設備投資が控えられたことにより，2009年にロボットの導入はわずか6万台に減少した。2010年には再び設備投資が増加し，ロボットの導入台数は最大12万台に達した。2015年までには，年間導入台数は2倍以上の25万4,000台近くになった。2016年には年間30万台を超え，2017年には40万台近くに急増している。

2　地域別のロボット導入状況

2020年の産業用ロボットの動向を地域別で見てみると（図1），アジアは世界最大の産業用ロボット市場で

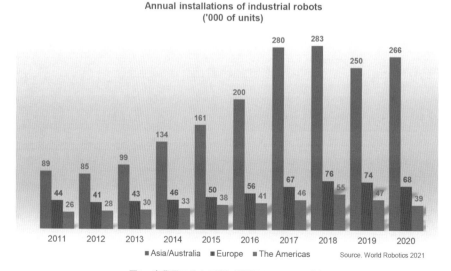

図1　産業用ロボットの導入状況（2011〜2020年）

あり，2020年には26万6,452台が導入され，2019年の24万9,598台から7％増加した。新しく生産されたすべてのロボットの71％がアジアに導入されたことになる（2019年：67％）。2015年から2020年にかけて，ロボットの年間設置台数は毎年平均11％増加した。しかしながら，アジアの三大市場では状況が不均一であり，中国での導入数は大幅に増加し（16万8,377台，前年比20％増），日本市場では（3万8,653台，同23％減）と韓国市場（3万506台，同7％減）は苦戦した。2番目に大きな市場であるヨーロッパでは，導入台数は8％減少して6万7,700台となり，2018年のピーク時の7万5,560台から2年連続で減少した。それにもかかわらず，2015年から2020年までの年間平均成長率は6％増加している。ヨーロッパ最大の市場であるドイツの導入数は2万2,302台でほぼ安定していたが，ヨーロッパで2番目に大きい市場であるイタリア（8,525台，同23％減），ヨーロッパで3番目に大きい市場であるフランス（5,368台，同20％減）が大幅に低下した。これら両国は，新型コロナ感染症のパンデミックに苦しみ，2020年前半に長期にわたる厳格な封鎖措置を講じた結果，それが経済的成長を阻害することになった。南北アメリカでは，2020年の導入台数は17％減少して3万8,736台になった。これも2018年のピーク（5万5,212台）から減少している。

産業用ロボットの5つの主要な市場は，中国，日本，米国，韓国，ドイツであり，これらの国々では世界のロボット台数の76％を占めている。中国は2013年以来世界最大の産業用ロボット市場であり，2020年の総導入台数の44％を占めている。中国に導入された16万8,377台は，ヨーロッパと南北アメリカの合計設置台数（10万6,436台）を58％上回っている。

2020年は，日本のロボット設置台数は2016年のレベルにまで落ち込んだ。すでに工業生産で高度な自動化が行われている日本では，2017年，2018年，2019年の導入数が非常に多かったが，最近の減少傾向にもかかわらず，2020年のロボット導入台数の10％をいまだ日本が占めている。

米国は2020年に世界のロボット設置台数の8％を占めた。このように，米国は2018年に設置台数が4万373台となり，韓国を3位に躍進させ，それ以来このポジションを維持している。

韓国では，2016年にピークレベルの4万1,373台に達して以来，年間のロボット設置は減少していた。しかしながら2020年には，韓国での設置は米国のレベルにとどまらず，総計のほぼ8％を占めた。

世界で5番目に大きなロボット市場であるドイツは，2020年には世界の導入台数の約6％を占めた。

台湾は，2014年から2018年までの年間ロボット新規設置数で6位にランクされ，2019年には8位に落ち込んだ。2020年には，7,373台（前年比14％増）で7位にランクされた。シンガポールでのロボットの設置は，2020年に前年のほぼ4倍のロボットを導入した電子産業に大きく依存してる。2020年には5,297台（同132％増）が設置され，アジアで5番目に大きなロボット市場となった。インドの導入台数は2020年に25％減少して3,215台になった。タイの市場は横ばいで，2,285台が新規に導入された。2020年に1,000台以上の産業用ロボットが導入された他のアジア市場は，ベトナム（1,880台，同14％減）とマレーシア（1,409台，同18％増）であった。

3　産業分野別の導入状況

つぎに各産業分野別の動向についてみてみる（図2）。

電気・電子産業は2020年に産業用ロボットの主要なユーザーになった。10万9,315台のロボットが家庭用電化製品，電気機械，半導体，ソーラーパネル，コンピュータ，電気通信機器，ビデオおよび電子娯楽用品を生産するために導入された。この数字は前年より23％増加しており，2017年のピークレベルである12万1,955台に続いて，これまでに記録された2番目に高いレベルである。2015年以降，この業界からのロボット需要は平均して年間11％増加している。2018年と2019年には，電子機器とコンポーネントの世界的な需要が大幅に減少したが，この顧客産業は，アジア諸国が電子製品および部品の製造のリーダーであるため，中国と米国の貿易紛争に苦しむもっとも影響を受けた企業の一つであった。しかし，Covid-19のパンデミックの間に急増した家電製品や電子部品は，自動車や産業機械を含むあらゆる種類のエンジニアリングにおいて重要な部品であり，パンデミックによる限られた生産能力とサプライチェーンの混乱は，電子産業におけるさらなる生産能力の必要性を示している。

一方で，2020年は，ロボットの歴史において大きな驚きをもって迎えることになる。それは，自動車産業が産業用ロボットの最大のユーザーとしての地位を失ったからである。自動車産業分野では7万9,849台（前年比－22％）が設置された。これは，電子産業で導入された台数よりもほぼ2万9,500台程度少なかったことになる。

そもそも自動車産業においては，1961年にニュージャージー州のゼネラルモーターズの工場に最初の商用

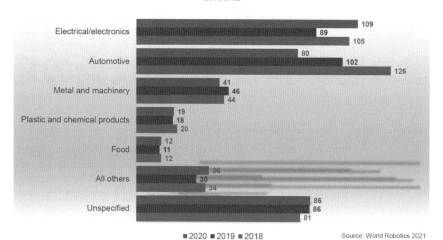

Annual installations of industrial robots by customer industry - World
1,000 units

Source: World Robotics 2021

図2　各産業分野における産業用ロボットの導入状況

販売ロボットが導入されて以来，産業用ロボットのもっとも重要なユーザーであった。2018年は，電子産業の設備は減少したが，自動車産業の設備は12万5,581台の新しいピークレベルに達し，電子産業とのギャップは2万台になった。両業界のロボット需要が減少した2019年でも，このギャップは依然として大きく，約1万3,000台あった。

両業界のロボット需要が減少した2019年には，このギャップは依然として大きく，約1万3,000台であった。パンデミックにより，世界的にサプライチェーンが崩壊したため，多くの自動車サプライヤーや自動車メーカーは一時的に生産を停止することを余儀なくされ，上流の製品（インプット）は利用できず，国境の閉鎖やその他の制限のためにアウトプットを届けることができなかった。

自動車と商用車の世界生産は2020年には前年比で16％減少している。したがって，多くの主要な投資が停止または延期されたのではあるが，しかし，パンデミックが発生する前でさえ，世界の自動車と商用車の生産は2年連続で減少傾向にあり，2019年には同5.2％，2018年には同1.1％の減少をみせている。このように，2015年から2020年にかけては，自動車産業の年間設備は毎年平均4％減少しており，総設備に占める産業用ロボットの自動車産業におけるシェアは，2015年の38％から2020年には21％に継続的に低下している。

なお，2020年には，製造業の導入した平均ロボット密度は，1万人の従業員あたり126台であった。近年の大量のロボット設置に牽引されて，アジアの平均ロボット密度は2015年から18％増加し，2020年には従業員10,000人あたり134台となった。ヨーロッパのロボット密度は2015年からわずか6％増加であり，2020年には1万人の従業員あたり123台で，アメリカ大陸では，同じく1万人の従業員あたり111台のロボット（前年比11％増）であった。

4　2021年から2024年における展望

2021年は，現時点においてCovid-19パンデミックからの回復が期待されており，世界のロボット導入は力強く回復し，2021年には13％増加して43万5,000台になると予想されており，2018年に達成された約42万2,000台の記録的なレベルを超える。

北米での導入台数は前年比17％増加して約4万3,000台になると予想されている。ヨーロッパでの設置は8％増加して約7万3,000台になると予想されている。アジアでのロボットの設置は30万台を超え，前年の結果に15％追加されると予想されており，ほぼすべての東南アジア市場が2021年には2桁の成長率で成長すると予想されている。

「危機後のブーム」（揺り返し）は，2022年に世界規模で衰退すると予想されているが，2021年から2024年まで，中程度の1桁の範囲の平均年間成長率が見込まれている。2024年には全世界で年間50万台の設置が見込まれ，中でも北米市場では年平均10％の成長が見込まれる。欧州市場の成長期待は，1桁台前半の範囲では少し低くなっている。中央および東ヨーロッパは，西ヨーロッパよりも強力なパフォーマンスが期待され，アジア市場は引き続き堅調傾向にあることが予想される。

【 連載 溶射の基礎と応用 第8回 】
皮膜の破壊靭性, 溶射技術の応用

園家 啓嗣

ソノヤラボ㈱（山梨大学名誉教授）

1 破壊靭性

　溶射皮膜の靭性（ネバサ）は，割れ発生の大きな要因となる。溶射皮膜の靭性を評価する手法としてはDCB（Double Cantilever Beam）試験法がある。その測定値は破断時のき裂長さにも依存するため，DCB試験を改良したTDCB（Tapered Double Cantilever Beam）試験法が有効である。この試験法は，破壊靭性の測定値は破断荷重のみに依存するため，溶射皮膜の破壊靭性値を正確に評価することが可能である。TDCB試験は図1に示すように斜辺を斜めにカットした試験片をTDCB試験片として使用する。TDCB試験片のコンプライアンスは，図2に示すようにき裂と正比例関係にあることから，溶射皮膜の皮膜方向の破壊靭性値（動ひずみエネルギー解放率（GIC））は，式（1）で表される。

$$G_{Ic} = \frac{F_c^2}{2B} \frac{\partial C}{\partial a} \ (J/m^2) \ \text{----------} \ (1)$$

ここで，Fcは破壊荷重で，Bは試験片の幅であり，Cは試験片のコンプライアンスで,aはき裂長さである。従って，式（1）を用いることによって破断荷重を測定する

だけで溶射皮膜の破壊靭性値を求めることができる。
　TDCB試験片にボンドコートとして軟鋼基材に100μm厚のNiAl皮膜をプラズマ溶射し，トップコートとして8%wtY$_2$O$_3$で部分安定化した粒径30-45μmのZrO$_2$粉末（YSZと呼ぶ）を用いて，膜厚600〜700μmプラズマ溶射して皮膜を積層した。図3は，破壊靭性に及ぼす溶射距離の影響を示したものである。溶射距離が120mmでは，破壊靭性値は距離が80mmの場合の1/2に低下するのが分かる。図4に溶射距離が80mmと120mmで溶射したままの皮膜表面の形態を示す。表面に比較的平らな扁平粒子が認められ，粒子中には垂直な縦割れが認められる。このことは，YSZ溶射皮膜は，完全溶融した溶射扁平粒子が積層して形成されたことを示唆している。また，プラズマ溶射YSZ皮膜は，図5に示すプラズマ溶射アルミナ皮膜のように積層した皮膜粒子間で多量の未結合部が存在する。
　TDCB試験では，荷重は皮膜積層方向に加えられ，亀裂は粒子間を伝播し進展していく。図6は，破断面の形態を示したもので，破断面は皮膜表面の形態と同じであることからも，き裂は試験中に皮膜の積層粒子間を伝播したことが明らかである。従って，皮膜の粒子間の

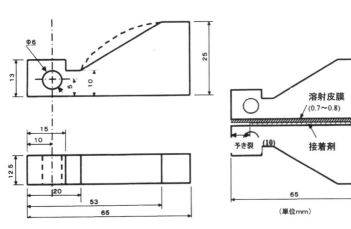

図1　TDCB試験片形状

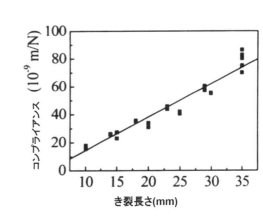

図2　TDCB試験片でのき裂長さとコンプライアンスの関係

結合状態は，その破壊靭性を大きく支配する。図7は，YSZ溶射皮膜の粒子間結合率に及ぼす溶射距離の影響を示したものである。上述のようにYSZ溶射皮膜の破壊靭性値は，溶射距離が80mmから120mmに増加すると急激な低下が認められるが，このような変化は皮膜の粒子間結合率の溶射距離依存性と一致する。このことから，皮膜積層方向の破壊靭性値は積層粒子間の結合率に支配される。プラズマ溶射YSZ皮膜の破壊靭性値と皮膜の粒子間結合率の関係を求めると図8のように直線関係を示し，粒子間結合率が高い程破壊靭性値も高くなるこのことから，破壊靭性は粒子間結合率に支配されていることが明らかである。プラズマ溶射されたアルミナ溶射皮膜でも同様な現象が認められている。

2 溶射皮膜の変質

WC-Co，Cr_3C_2-NiCrなどのサーメットは耐摩耗特性に優れた溶射材料である。WC-Co溶射皮膜は500℃以上の高温にさらされるとWCの脱炭，酸化が顕著になるため，主に500℃までの摩耗防止に使用される。一方，Cr_3C_2-NiCr溶射皮膜は850℃までの高温で耐酸化性を有するため，WC-Co系サーメットに比べて高温領域での摩耗防止に使われている。

これらのカーバイドは化学安定性を欠くため，高温になると酸化され易くなる。カーバイド系サーメット溶射粒子は，溶射中に高温のフレームにさらされるためカーバイドは酸化する。その酸化によって皮膜の耐

図3 破壊靭性値と溶射距離の関係

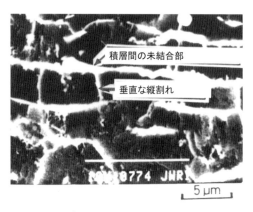

図5 プラズマ溶射アルミナ皮膜の積層組織

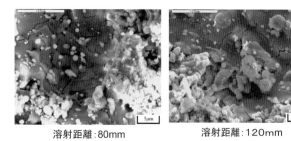

溶射距離：80mm 溶射距離：120mm

図4 YSZ溶射皮膜の表面SEM観察結果

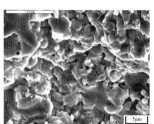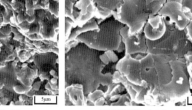

溶射距離：80mm 溶射距離：120mm

図6 TDCB試験後のYSZ溶射皮膜の破断面SEM観察結果

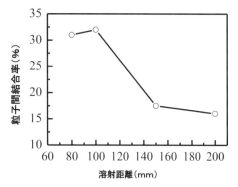

図7 YSZ溶射皮膜の粒子間結合率と溶射距離の関係

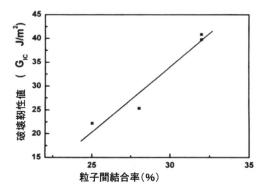

図8 YSZ溶射皮膜の粒子間結合率と破壊靭性値の関係

摩耗性を持たせるカーバイド粒子の脱炭が生じ耐摩耗性の低い低級炭化物になり，極端な場合は金属まで脱炭して皮膜の耐摩耗性を著しく低下させる。対策として，高速フレーム（HVOF）溶射を使用することによってカーバイドの脱炭はある程度抑えることができる。溶射中の炭素量の減少は，使用する粉末の構造，粉末中のカーバイド粒子のサイズに大きく左右される。酸化による炭素の損失は全体の一部であり，支配的な炭素損失メカニズムは図9に示すように大きなカーバイ

ド粒子の跳ね返りによる。図10はHVOF溶射Cr_3C_2-NiCr皮膜の炭素含有量とビッカース硬さの関係を示す。炭素量が多い程，溶射皮膜の硬さも高くなることが分かる。図11は，溶射粉末のカーバイド粒子径と摩耗減量の関係を示したもので，カーバイド粒子径が大きいと皮膜の摩耗減量も大きくなることが分かる。これは，大きなカーバイド粒子が跳ね返って脱炭するためである。

3 電気的性質

　一般的に，アルミニウムなどの金属溶射皮膜は，導電性が良いので導電皮膜，電気抵抗体として用いられる。また，アルミナなどのセラミックス溶射皮膜は，比誘電率が大きい。またセラミックス溶射皮膜は電気抵抗や絶縁破壊電圧が高いので，絶縁皮膜としても用いられる。図12に，大気プラズマ溶射と減圧プラズマ

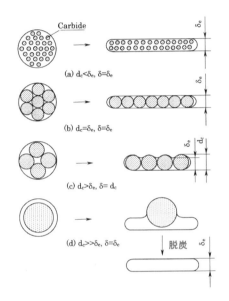

dc：カーバイド粒子径　　δe：扁平粒子厚さ

図9　カーバイド粒子の脱炭のメカニズム

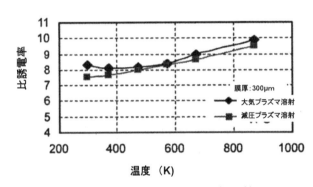

図12　Al_2O_3溶射皮膜の温度と比誘電率の関係

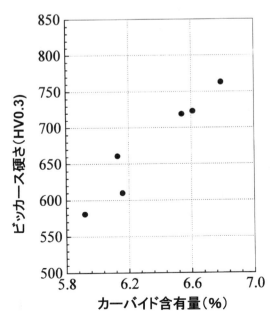

図10　皮膜中のカーバイド含有量とビッカース硬さの関係

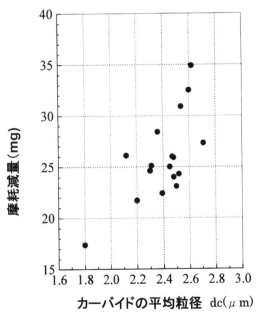

図11　溶射粉末のカーバイドの平均粒径と摩耗減量の関係

溶射技術

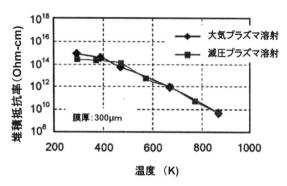

図13　Al$_2$O$_3$溶射皮膜の温度と体積抵抗率の関係

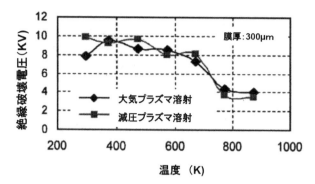

図14　Al$_2$O$_3$溶射皮膜の温度と絶縁破壊電圧の関係

溶射したアルミナ皮膜の比誘電率の例を示す。図13お
よび図14は大気プラズマ溶射と減圧プラズマ溶射した
アルミナ皮膜の体積抵抗率と絶縁破壊電圧の例を示し
たものである。

4　残留応力

　溶射時に生じる皮膜の残留応力は溶射法により異な
る。図15にHVOF溶射と大気プラズマ溶射した時に
皮膜に生じる残留応力を示す。HVOF溶射した場合は
圧縮応力が生じ，例えばWC-Co皮膜では200MPa程度
の圧縮応力となる。一方，大気プラズマ溶射した場合は
引張応力が生じ，例えばCr$_3$C$_2$-NiCr皮膜では200MPa
程度の引張応力が生じる。また，溶射皮膜の膜厚が厚く
なると残留応力は蓄積される。これらの残留応力は溶射
皮膜の密着強さに影響を与えることがある。

5　溶射技術の応用

　溶射技術の進歩は著しく，プラズマ溶射，高速フレー
ム（HVOF）溶射，爆発溶射などの各種の溶射法が実用
化されている。またレーザ溶射法も開発された。
　これらの溶射技術は，鉄鋼構造物，各種の機械製品，
装置，の部材，器具などの表面に，耐環境性を向上する
ために用いられる。耐熱性，断熱性，耐食性，耐摩耗性
などの基材表面の性能を向上させることを目的とする。
また，溶射技術は，基材が持たない新しい機能を製品に
付与するために用いられる。
　導電性，電気絶縁性，熱放射性などの新しい機能を基
材表面に付けることを目的とする。このように，溶射技
術は多くの分野で適用されるようになった。本章では，
筆者が今までに関わった溶射応用研究を主として，溶射
適用事例について説明する。

6　航空機のジェットエンジン

　航空機のジェットエンジンでは図16に示すように，

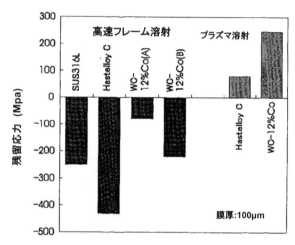

図15　高速フレーム溶射および大気プラズマ溶射により生じる残留応力

耐熱性，耐酸化性，耐摩耗性，耐フレッテイング性，ア
ブレイダブル性などの性能を満たすために，溶射技術が
多くの部品に適用されている。

7　熱サイクル特性

　ガスタービンは，出力の増大，変換効率の向上，環境
負荷低減のため，タービン可動温度の高温下が推進され
ている。そのためのガスタービンの動，静翼（Co基や
Ni基超合金）には，図17に示すごとく断熱皮膜（TBC）
が適用されている。TBCはボンドコートのMCrAlY
（M：金属元素）とトップコートの8%wtY$_2$O$_3$部分安定
化ZrO$_2$（YSZと呼ぶ）の2層構造になっている。ガス
タービンは，稼働中にの熱応力や燃焼ガスなどにより
MCrAlYボンドコートとYSZの間に厚いAl$_2$O$_3$酸化層
（Thermally Grown Oxide:TGOと呼ぶ）が生じて（図
20参照），熱ひずみが負荷されその部分ではく離して熱
サイクル寿命となる。
　ガスタービンの動・静翼に適用される遮熱溶射皮膜で
は，以下の①～③の研究がされている。①電子ビーム物
理蒸着（EB-PVD）技術の適用：EB-PVDによってトッ

プコートの YSZ を柱状晶化して熱ひずみを緩和させる研究がされている。この手法では装置が大きくなりコストが非常に高い。また，トップコートとボンドコートの界面の密着力に課題がある②大気プラズマ溶射による柱状晶化：EB-PVD の代わりに，簡易的に大気プラズマ溶射を用いてトップコートを柱状晶化する研究例もあるが，条件設定が難しい③トップコートの緻密化：トップコートを熱処理で焼結して緻密化したり，微量元素を添加して酸化性を向上させる研究も行われているが，熱ひずみの緩和に難があり，コストも高くなる。

熱サイクル寿命延伸が期待できる新しい TBC として，現状2層構造である遮熱溶射皮膜に，酸化で生じる

SiO$_2$ が自己修復性（き裂内を SiO$_2$ で充填する機能）を有する MoSi$_2$ と NiCrAlY との混合皮膜を中間層に導入して，ボンドコートの酸化を防止し TGO の生成を抑える手法を一例として挙げることができる。

表1に示す候補となる各種溶射皮膜についての熱サイクル試験結果から，表2のごとく中間層を導入した新しい TBC の熱サイクル特性が良好であることが分かる。

新しい TBC の中間層に導入した MoSi$_2$ と NiCrAlY との混合皮膜は，酸化により形成される緻密で保護性のある SiO$_2$ 皮膜が熱応力などで生じるき裂（気孔）などを封孔する特性を有しており，主にき裂などを経由する大気からの酸素侵入が阻止されてボンドコートの酸化が

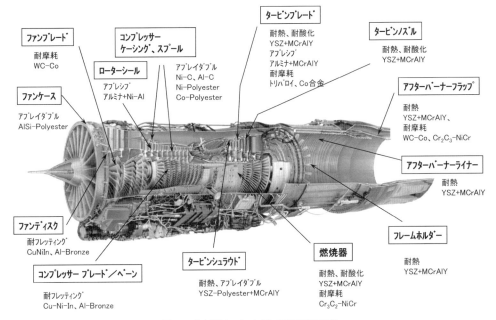

図16 航空機ジェットエンジンの溶射適用部位

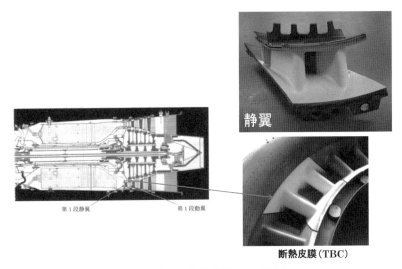

図17 ガスタービン動，静翼へのTBC適用

表1　各種の溶射皮膜の熱サイクル試験結果

溶射皮膜	皮膜A	皮膜B	皮膜C（現状法）	皮膜D（新しい方法）	皮膜E
ボンドコート	NiCrAlY（LPPS※）	NiCrAlY（LPPS）	NiCrAlY（LPPS）	NiCrAlY（LPPS）	NiCrAlY（LPPS）
中間層	$MoSi_2$+YSZ（APS※※）	$MoSi_2$（APS）	—	$MoSi_2$+NiCrAlY（LPPS）	—
トップコート	YSZ（APS）	YSZ（APS）	YSZ（APS）	YSZ（APS）	YSZ+$MoSi_2$（APS）

※LPPS:減圧プラズマ溶射　※※APS:大気プラズマ溶射

表2　各種の溶射皮膜の熱サイクル試験結果

溶射皮膜	皮膜A	皮膜B	皮膜C	皮膜D	皮膜E
破損繰り返し数	1	1	20	60（破損なし）	1
破損位置	中間層とボンドコートの間	中間層とボンドコートの間	トップコートとボンドコートの間	—	トップコートとボンドコートの間

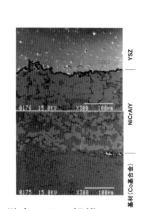

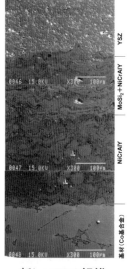

従来のTBC組織　　　新しいTBC組織

図18　1000℃で100時間酸化後のTBC組織

図20　アブレイダブル溶射した圧縮機ケース部

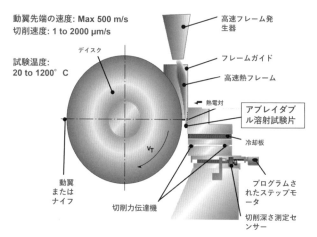

図19　アブレイダブル試験装置の概略

防止される。また，中間層は緻密であり，熱サイクルでの熱膨張・熱収縮も傾斜的に緩和されるため，図18に示すように，はく離の主原因となるTGOの生成が抑えられ，熱サイクル特性が向上すると推定される。

8　アブレイダビリテイ（被切削性）

　ジェットエンジンの効率を上げるために，圧縮機の動翼の先端とケーシング部の隙間を出来るだけ小さくし，動翼の前後の圧力差を大きくする必要がある。その際，動翼の先端が相手溶射皮膜を容易に切削できるようになっている。この削れ易さがアブレイダビリテイ（被切削性）である。溶射皮膜のアブレイダビリテイは，図19に示すような装置を使って溶射試験片を回転体で切削し，溶射皮膜の削れ易さを評価する。

　図20は圧縮機のケーシング部にアブレイダブル溶射

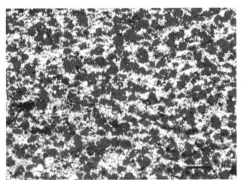

・Al/Si-ポリエステル、・Al/Si-グラファイト、
Ni-グラファイト、

図21 アブレイダブル溶射部のミクロ組織

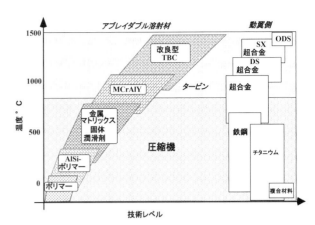

図22 アブレイダブル溶射皮膜と使用温度の関係

ファン動翼

HVOF溶射WC-Co皮膜の組織

図23 ファン動翼へのHVOF溶射WC-Co皮膜の適用

図24 Cu-Niなどがプラズマ溶射されたファンデイスク

を施工した一例である。溶射皮膜のミクロ組織は，図21 のように Al/Si の地（白色）にポリエステル（灰色）が混在した組織となっている。また，アブレイダブル溶射皮膜は色々な稼働温度で適用されており，図22 に示すように使用温度によって異なる種類のものが使われている。低温部ではアブレイダブル材として主にポリマーが使用されている。

1000℃ 以上の高温部では，TBC 用に使用される MCrAlY がアブレイダブル材としても適用されている。

9 耐摩耗性

タービン動翼などは耐摩耗性のため Co 基合金，燃焼器は耐摩耗性のため Cr_3C_2-NiCr 皮膜，アフターバーナーやファン動翼は，図23 に示すように耐摩耗性のため HVOF 溶射した WC-Co 皮膜が使用されている。圧縮機の動・静翼やファンデイスク（図24）は耐フレッテイングのためプラズマ溶射した Cu-Ni，Cu-Ni-In，または Al- ブロンズ皮膜などが用いられている。

【 連載 腐食防食の基礎 第3回 】
ステンレス鋼溶接部の腐食

高谷　泰之

トーカロ㈱ 溶射技術開発研究所

1　はじめに

　もの作りには必ずといっていいほど部材同士を溶接する必要が生じるが，ステンレス鋼を溶接する場合，表面に形成されるスケールや溶接ビード近傍の熱影響部（HAZ：Heat-affected zone）が素材の耐食性を低下させる。前者は溶接した際に溶接部が黒褐色になる現象であり，一般に溶接焼けと呼ばれている。後者は被加工物の基材が溶接時に加熱され，冷却される時にその冷却速度によって結晶粒界に炭化物や窒化物などが析出する鋭敏化現象である。本報では，溶接施工がもたらすオーステナイト系ステンレス鋼の耐食性劣化にともなう腐食損傷事例を紹介し，その防止対策などを解説する。

2　溶接部の焼け（酸化物スケール形成）

　溶接部が高温になると大気と反応して，表面には極薄い密着性のある酸化物スケールが形成される。溶接部の晒される温度で酸化物スケールの厚さが変化し，光の干渉作用によって金色→青色→紫色→黒（灰）色を呈する。それ故に酸化物スケールはテンパーカラーとも呼ばれる[1]。

　ステンレス鋼をスポット的に加熱した際の表面の変色（焼け）状況を図1に示す。200℃加熱（a）ではさほど変色が見られないが，700℃加熱（b）された表面は円周状に変色していることが解る。次に，アルゴンガスシー

ルドを行った場合とガスシールドが不十分な場合で，実際に溶接施工した溶接部の外観状況を図2に示す。アルゴンガスで十分にシールドした場合（a），溶接ビードや周辺の基材表面には変色が見られない。一方，ガスシールドが不十分な場合（b）では，褐色の焼けが見られる。焼けすなわちこの酸化物スケールは，大気中でステンレス鋼表面に形成される不働態皮膜とは異なり，Cr濃度が低く，かつFeが濃化した酸化物皮膜であるといわれている[1]。さらに，酸化物スケールがそのもの自体がすき間を形成するともいわれている[2]。すなわち，酸化物スケールが形成されると，溶接構造物の表面が著しく損なわれた外観となる。そればかりでなく，使用環境によっては孔食やすき間腐食，または粒界腐食が発生しやすくなる。

　酸化物スケールが形成されたステンレス鋼の耐食性の劣化状態を調べるには，電気化学測定によって孔食電位を測定すればよい[3]。孔食電位の測定は塩化物イオンを含む水溶液中（例えばNaCl水溶液）でポテンショスタットを用いて試料をアノード分極する。得られる分極曲線の一例を図3に示すが，腐食電位（試料を水溶液に浸漬した時に示す電位）から貴な方向に電位を走査すると，一定の電流値（不働態化）を示した後に急激に電流が増加する。この急激な電流の増加は試料に孔食が発生していることを意味する。この時の電位を孔食電位と呼び，

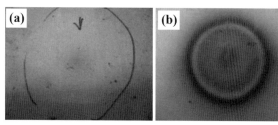

図1　大気中SUS304鋼加熱面の表面変色
加熱温度：(a)200℃，(b)700℃

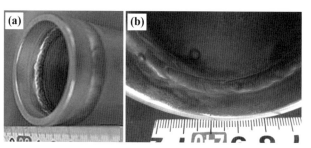

図2　溶接施工による焼け（内面の酸化）
(a)アルゴンガスシールド，(b)シールド不足（酸素1%以下）

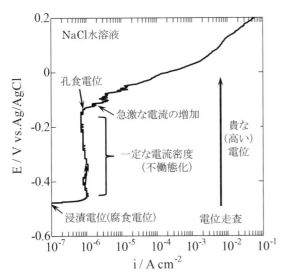

図3　アノード分極曲線からの孔食電位の測定（模式図）

この電位が貴（高い）であるほどステンレス鋼が耐孔食性に優れると判断する。なお，孔食電位は V vs.SCE（飽和甘こう電極）あるいは Ag/AgCl（銀－塩化銀電極）に対する相対値で表示する。これらの電極を参照電極という。

SUS316L 鋼を熱処理すると，600〜700℃の加熱で孔食電位が低下し，その際に形成される酸化物スケール直下のステンレス鋼基材の Cr 濃度が低下していることがわかっている[1]。また，SUS409 と SUS436 のフェライト系ステンレス鋼の大気中酸化処理において，酸化処理温度と孔食電位の関係が調べられている[4, 5]。3種類のステンレス鋼を #600SiC 研磨紙で仕上げて酸化物スケールを除去したステンレス鋼の孔食電位[4, 5]は SUS316L：0.08VvsSCE，SUS444：0.22V，SUS329J2：0.47V である。これに対し，酸化物スケールが形成されたステンレス鋼の孔食電位は，SUS316L：0.02V，SUS444：− 0.03V，SUS329J2：0.12V であり，孔食電位が卑に（低下）なる。すなわち，酸化物スケールが存在すると，ステンレス鋼の耐孔食性が劣化する。

溶接時に，このような酸化物スケールの形成を防止するためには，溶接部にシールドガスを流し，大気と遮断する方法が行われる。しかし，シールドが十分でない場合や溶接法によってはシールドガスが使用できない場合など，また，現場作業では周囲の雰囲気や風の影響などによって，アルゴンシールドが不十分になることも多く，酸化物スケールの形成は避けられない。そこで，溶接後に機械的方法もしくは化学処理などによって表面の酸化物スケールを除去することになる。

酸化物スケールの機械的除去方法としては，グライン

ディング，サンドブラスト，エメリー紙による研磨などがある。化学処理の酸洗法は各種酸水溶液による溶解処理であるが，過剰な酸洗は肌荒れや表面損傷を引き起こす恐れがある。これら酸化物スケールの除去法の違いによる耐孔食性について，人工海水中におけるSUS329J2L 鋼の孔食電位が調べられている[4, 6]。それによると，酸化物スケールがある場合，孔食電位が 0.05Vであるのに対し，ステンレス鋼製ワイヤブラシ：0.04V，サンドブラスト：0.05V，#80 グラインダ研磨：0.12V，ペースト状酸洗剤：0.18V，#600 研磨：0.28V，硝酸弗酸洗浄：0.43V の順に孔食電位が貴な値となり，ワイヤブラシおよびサンドブラスト処理では耐孔食性の改善効果がなく，他の方法では耐孔食性が回復する結果を得ている。

3　溶接における熱影響部（HAZ：Heat-affected zone）

ステンレス鋼を溶接した際に，結晶粒界に析出する炭化物，窒化物などの析出物の種類を図4に示す。その中でもクロム炭化物は溶着金属（溶接ビード）から4〜5mm 程度離れた熱影響部の結晶粒界に連続して線状に析出する。炭化物近傍の母材はクロム含有量が極端に少なくなり（クロム欠乏層），耐食性の目安となるクロム含有量が 13mass% 以下になる。これをステンレス鋼の鋭敏化と呼ぶ。この詳細は本誌前号で解説した[7]。溶接施工時の鋭敏化現象は，溶接ビードから4〜5mm 離れた平板では帯状に，管では円周状に生じる。帯状あるいは円周状に鋭敏化される領域を溶接における熱影響部（HAZ）という。このような金属組織になると，使用環境においては結晶粒界近傍のクロム欠乏層が選択的に溶解し，粒界腐食が発生する。

ステンレス鋼部材の鋭敏化を評価する試験法として日本産業規格（JIS）に規定されている。それらの鋭敏化データの収集と解析がなされている[8]。ほとんどの試験が破壊試験であるのに対し，ここでは非破壊試験である「ステンレス鋼の電気化学的活性化率測定」[9]（JISG0580-2003）を紹介する。その測定例を図5に示す。前述した孔食電位を求めた電気化学測定装置を用いて，アノード分極曲線を測定する。この場合，往路と復路のアノード電流値（溶解）から鋭敏化率を求める。具体的には，試験片の電位を浸漬電位から貴な方向に走査させると，溶解が始まる（電流が増加：往路）。その後，電流が小さくなり不働態化する。不働態化した電位から折り返し，逆に電位を卑な方向に 0.3V 走査させ，再び溶解させる（復路）。その時に流れる復路の電流が大きいほど，ステンレス鋼の鋭敏化が生じていることになる。電気化学的

再活性化率（％）は次式により求められる。

電気化学的再活性化率（％）＝（復路の電流密度／往路の電流密度）×100

実機における鋭敏化率の測定方法は，熱影響部に電解セルを組み，部材（WE），白金対極（CE），および参照電極（RE）を設置し，セル内に試験液を満たして測定を実施する。同時に，ラボ試験を行うことで金属組織や使用される実機模擬環境における鋭敏化率などの耐食性データを取得しておき，これらを参考に実機溶接部の耐食性を評価する。

4 溶接部における腐食事例

オーステナイト系ステンレス鋼の溶接ビード付近にある熱影響部に生じた腐食損傷事例を紹介する。

4.1 SUS304鋼製温水タンク溶接部付近の腐食

SUS304鋼製温水タンクの溶接ビード付近に発生した腐食事例を図6に示す。温水側鋼表面（a）において溶接ビードに沿った母材部に腐食生成物のさびこぶが見ら

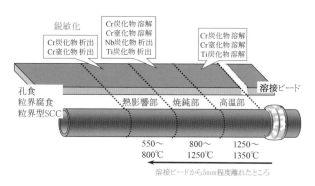

図4 溶接施工における溶接ビード付近の金属組織の変化

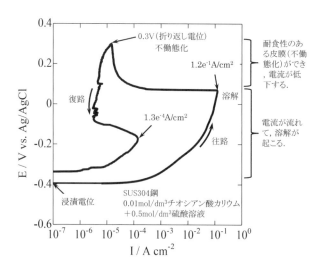

図5 アノード分極曲線からのステンレス鋼の電気化学的再活性化率の測定

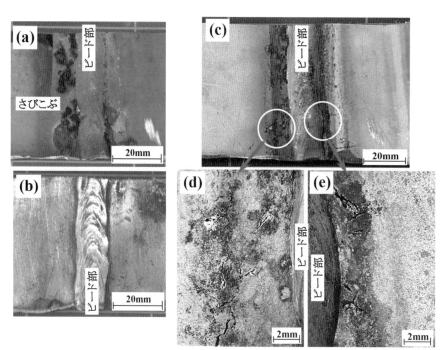

図6 SUS304鋼溶接ビード近傍（図3(a)）の腐食 環境：温水（約60℃）
(a)温水側の表面外観（錆こぶ），(b)大気側の表面外観（研磨されている），(c)腐食生成物（錆）を除去した温水側表面
(d)溶接ビードより約5mm離れた箇所，(e)溶接ビードと母材境界部

れる。さびで覆われているために前述した酸化物スケールは確認できない。外面（b）は水漏れがあり確認のため研削されている。

これらのさびを化学洗浄して除去した後，溶接ビード付近の表面状態を（c）に示す。溶接ビードには腐食痕がなく，溶接ビードから約5mm離れた箇所に大きな腐食痕（d）が見られ，それらが連結して深くえぐれた溝状になっている。これが粒界腐食（Intergranular corrosion）の様相である。一方，反対側の溶接ビードと母材の境界近くにも同様な溝状腐食痕が見られる（e）。このことから，両板部材の溶接が均等でなかったものと推察された。

同様にSUS304鋼溶接部材に生じた溶接ビード付近の腐食損傷事例を図7に示す。溶接ビードに沿って連続してさびこぶが連なっている（a）。さびこぶと溶接ビードを横断して（b）に示すように切断し，その断面組織を（c）に示す。溶接ビードは健全であるが，温水に接する基材表面には粒界腐食（孔食も確認されている）が見られ（d）（e），そこを起点に割れが伝播している。反対側（写真右側）の箇所（f）にもき裂が生じている。継ぎ合わせた板部材は湾曲している様子が確認され，溶接施工時の残留応力が非常に高いことが伺える。すなわ

ち，鋭敏化に起因して粒界腐食や孔食が発生し，溶接の残留応力によって，それらを起点とした応力腐食割れ（SCC：Stress corrosion cracking）が生じている。図8に，断面観察した腐食のき裂破面を示す。熱影響部の分離状況を（a）に，き裂面を（b）に示し，その破断面のSEM像を（c）および（d）に示している。き裂の起点となる表面層付近の鋭敏化した結晶粒界が鮮明ではなく，き裂進展は貫粒型SCCの様相であった。

4.3 熱影響部に生じたトンネル状の腐食損傷

SUS304鋼製管の溶接部に生じた腐食を図9に示す。管外面の表面（a）は比較的清浄であるが，管内面の溶接ビード付近（b）には溶接焼けが見られる。その断面を（c）に示す。溶接ビードから5mmほど離れた箇所（溶接熱影響部）に腐食が生じている。腐食された孔は表面が閉塞され，深さ方向に半球状に腐食が進行している（d）。閉塞した孔の中では食孔内の腐食液と外液との移動が少なく，腐食反応によって食孔内の溶液が酸性化し，活性溶解するために腐食跡がトンネル状の形態になる。（e）にその金属組織の拡大写真を示した。金属組織は完全に鋭敏化されている状況ではないが，食孔の側

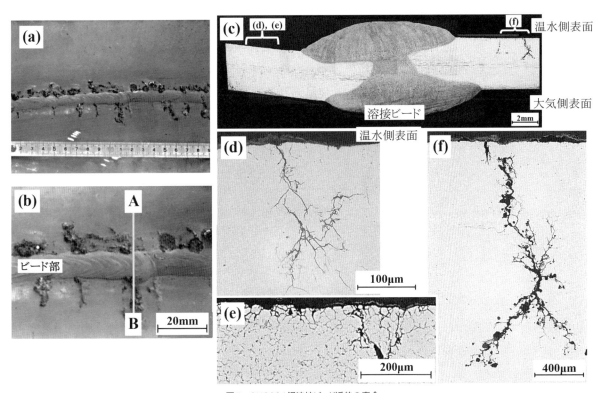

図7　SUS304鋼溶接ビード近傍の腐食
(a),(b)連なった錆こぶ, A−B:切断(断面観察)
断面金属組織:(c)溶接ビード付近の全断面, (d)溶接ビードより左約5mm離れた箇所
(e)溶接ビードより左約5mm離れた箇所の表面拡大, (f)溶接ビードより右約5mm離れた箇所

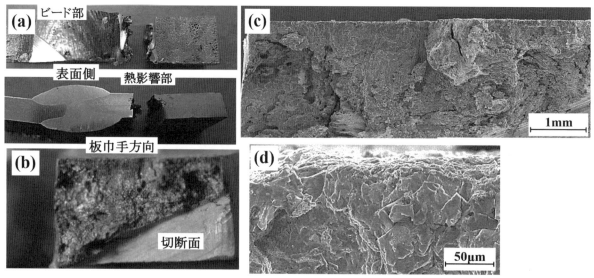

図8　SUS304鋼溶接ビード近傍の腐食破断面
(a)熱影響部の分割,(b)腐食箇所のき裂進展破断面,(c)き裂進展面のSEM像,(d)起点付近面のSEM像

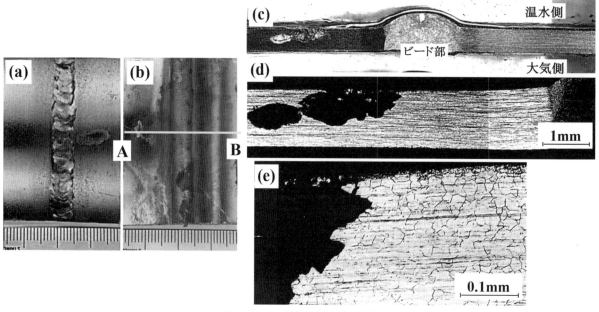

図9　SUS304鋼溶接ビード近傍の腐食
(a)外表面(大気側),(b)内表面(温水側),A−B:切断(断面観察)(c)溶接ビードより約5mm離れた箇所,(d)トンネル状の腐食,(e)トンネル状食孔の金属組織

壁は結晶粒界に沿って溶解されている。

4.4　SUS304鋼製ガス配管連結管の腐食

　海塩粒子が飛来する海岸近くの事業所に設置された
SUS304鋼製配管連結管の溶接箇所からガス漏れが発生
した。配管連結管はガス容器の集合装置であり，配管の
設置状況を図10（a）に示す。本管から無数の細管が伸
びているが，本管にはソケットが上向きに溶接され，さ
らにソケットに細管が溶接接続されていた。使用期間は
約1.5年であり，ソケットと細管の溶接部250箇所のう

ち，19箇所においてガス漏れが発生した。細管材料は
SUS304TP-s（配管用ステンレス鋼管／継目無鋼管）で
あり，　そのサイズは外径φ 6.35mm，厚さは1mmで
あった。溶接相手のソケットはSUS304鋼製で，サイズ
は外径φ 10mm，厚さが1.75mmであった。細管とソケッ
トの接合は溶接棒を使用しないでソケットの先端を溶融
した「TIGなめ付け溶接」あるいは「共付溶接」であった。
損傷を起こした配管連結部品の外観を図10（b）に示す。
細管箇所のみに茶色のさびが堆積していた。細管の表面
（c）にはわずかながら茶色のさびが見られ，ソケットと

細管の溶接部にはさびの堆積し，茶色さびに囲まれて孔が空いている様子が見られた。また，孔の空いている箇所は溶接施工の終点部であり，溶接ビードが重なった（2パス施工）位置と一致していた。

ソケットと細管の溶接接合部において孔が観察された箇所を図11に示す。溶接が重なった箇所で孔を横断するように，管を半割り（A−B）にしたものを（a）に，

配管切断後のソケット／溶接ビード／細管の断面形状を（b）に示す。ソケット／溶接ビード／細管の接合部断面を見ると，ソケットに差し込んだ細管はソケット先端を溶融させることでソケットと細管が接合されていた。溶接ビードの形状は，下方が一回の溶接（1パス）であり，溶接ビードが細管を貫通しておらず，入熱が少なかったことが示唆された。

さらに，溶接ビード部を詳細に観察するために，シュウ酸水溶液を用いた電解エッチングを行った。配管断面の金属組織を（c）と（d）に示す。溶接施工の終点部（c）において溶接が重なった箇所（2パス施工）では，細管の板厚全体に溶け込んだ状態の溶接ビード形状となっており，その溶接ビードの面積は1パス溶接施工時（d）の溶接ビードに比べて広くなっていた。すなわち，溶接重なり部では過剰な入熱があったと考えられる。溶接の終点部（2パス施工）では，ソケットと溶接ビードの境界において管外面から内面に向かって貫通した溶解跡が見られた。この貫通孔がガス漏れ事故を起こした箇所である。

貫通した溶接付近の溶接ビード／ソケット境界（a）と細管／溶接ビード近傍（b）の金属組織を図12に示す。溶接ビード部はデンドライト状の金属組織となっていた。溶接ビード境界のソケットともに金属組織が鋭敏化され，管外面や溶接ビード，ソケットともに粒界腐食が進展していた。溶接ビード境界近傍の細管（b）には，わずかながら結晶粒界が鋭敏化されていたが腐食は生じていなかった。

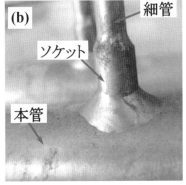

図10　SUS304鋼の溶接部の腐食
(a)ガス配管の配列,(b)漏れを起こしたソケットと細管の溶接部,(c)漏れ孔

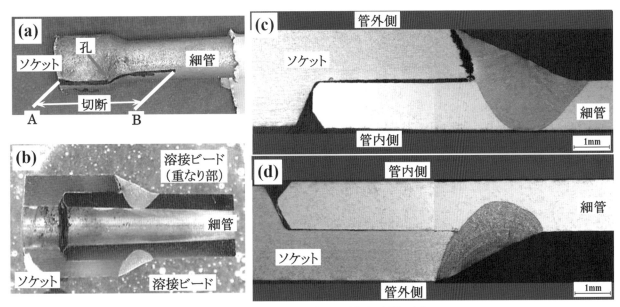

図11　SUS304鋼の共付け溶接した溶接ビード近傍の腐食
(a)溶接最終箇所(重なり),A−B:切断,(b)溶接箇所断面,(c)溶接最終箇所(重なり)の断面,(d)溶接最終箇所反対側の断面

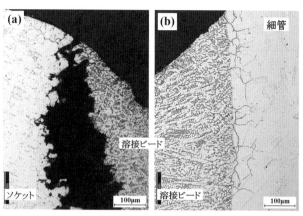

図12 SUS304鋼の共付け溶接した溶接ビード近傍の腐食
(a)溶接最終箇所(重なり), (b)溶接最終箇所反対側

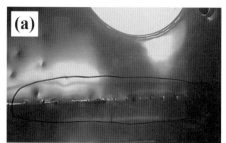

図13 SUS304鋼製タンク(a)と内面の不連続溶接施工による腐食

以上のように,SUS304鋼のソケットにSUS304鋼の細管を差し込み,ソケットの先端を溶融させてソケットと細管を溶接したガス配管連結管において,溶接接合の終点部が2パス分重なることで,入熱が多くなってソケット部が鋭敏化され,ソケット/溶接ビードの部分が海塩粒子飛散によって腐食を引き起こしたものと考えられた。しかし,海塩粒子の飛来や堆積は避けられず,現状ではソケットおよび細管の材質をSUS304鋼からSUS316鋼に変更した。

次に,溶接を不連続に施工したSUS304鋼製タンクに生じた腐食事例を図13に示す。腐食箇所はそれぞれの溶接の終点部であり,その個所は溶接が停滞しやすく入熱が多くなった結果,腐食しやすくなったといえる。

4 おわりに

ステンレス鋼は比較的耐食性に優れ,あらゆる分野で重宝され多用されているが,本報で紹介したようにステンレス鋼の溶接時には,溶接焼け(酸化物スケール)や熱影響部(HAZ)における金属組織の鋭敏化が生じ,それらは重複することが多い。特に,SUS304鋼に代表されるオーステナイト系ステンレス鋼では,溶接熱影響部での予期しない早期な腐食損傷が生じることに十分な注意を払う必要がある。

参 考 文 献

1) ステンレス協会編:ステンレス鋼便覧 – 第3版 –,pp1170(2003) 日刊工業新聞社.

2) 東茂樹,幸英明,村山順一郎,工藤赳夫:材料と環境,Vol.39,No.pp603-609(1990).

3) 日本規格協会:JIS G0577-2014「ステンレス鋼の孔食電位測定方法」

4) 諸石大司,三浦 実,幸 英昭,高田正志:第8回腐食防食討論会予稿集,pp11-13(1981)

5) 幸英明:材料と環境,Vol.40.No.pp567-568(1991)

6) 幸英昭:腐食センターニュース,No.047,pp11-17,腐食防食学会腐食センター (2008)

7) 高谷泰之:溶射技術,Vol.40,No.4,pp2-7,産報出版 (2021)

8) 腐食防食協会ステンレス鋼の鋭敏化曲線評価分科会:防食技術,Vol.39,No.11,pp641-652(1990)

9) 日本規格協会:JIS G0580-2003「ステンレス鋼の電気化学的再活性化率の測定」

岩手工技セ, 金属 AM で金型試作

岩手工業技術センター（岩手県盛岡市, 木村卓也理事長）はパウダーベッド（PB）方式による金属 AM 技術とレーザクラッディング技術を組み合わせた複合造形積層技術によって硬化層を持つ積層造形品を製造することに成功した。

効率的に冷却できる複雑形状の水管構造を内蔵する成形金型の表面に部分的に硬化層を造形させることが可能となり, 硬化層の造形で製品の耐摩耗性を高めることで, 高冷却機能と長寿命化を両立した金型の製造といった応用が期待できる。

今回の技術開発ではレーザビームを熱源とする金属 AM 装置でマルエージング鋼を素材とするスパイラル型の冷却水管を内蔵した成形金型を造形。内部の冷却水管の構造をスパイラル型にすることで, 従来の機械加工などで製造可能な直管型の金型と比較して, より効率的な金型の冷却を可能にした。

成形金型では製造の過程で負荷の掛かる部位から摩耗するため, 他の部分が健全であっても摩耗した部分の補修を行うか, 金型自体を交換する必要があり, ランニングコストが増大する要因となっていた。

そこで負荷が掛かることが想定される箇所にレーザクラッディングを適用して耐摩耗性を向上させ, 金型の製品寿命を延ばす技術を考案した。

レーザクラッディングは, レーザ照射部の励起発熱反応を利用して表面改質などを行う技術で出力を精密に制御でき, 母材への熱影響を低く抑えながら表面改質ができるため, PB方式で積層造形した製品においても部分硬化などの適用が容易となる。

今回の研究では 2018 年に同センターが導入した出力 6 kW の半導体レーザ複合加工装置を使用してレーザクラッディングを実施。Wc—12Co と

Ni—50Cr を組み合わせた粉末を照射することでスパイラル型の冷却水管を内蔵した金型の表面に冷却機能を維持したまま硬化層を造形させることに成功した。

同センター素形材プロセス技術部の桑嶋孝幸上席専門研究員は「金属 AM 技術は積層造形方式によって得意, 不得意がある。複雑な形状の積層造形が得意というレーザを熱源とする PB 方式の特徴を生かしながら, レーザ加工機を活用したレーザクラッディングで耐摩耗性を付与することで製品を高め技術を複合させることがものづくりの可能性を広げる」と AM 技術とレーザ複合加工機を活用した技術を融合させる意義について語る。

AM 技術は軽量化した上で, 複雑な形状をした構造物を製造できるというメリットがある一方で, 造形できる構造物の大きさが AM 機のサイズに依存するため大型構造物の造形するためには装置自体を巨大化させる必要がある。同センターでは金属 AM 装置で造形した製品や部品にレーザクラッディングなどを適用することで高機能性を維持したままで構造物の大型化を可能にする技術の確立など金属 AM 技術における構造物の高機能性と溶接技術による加工の柔軟性を両立させる研究を進めている。

▲金属 AM を用いた金型

橋建協, 新年交礼会「鋼橋技術で社会に貢献」

日本橋梁建設協会（高田和彦会長＝横河ブリッジ社長, 橋建協）は 1 月 13 日, 東京・千代田区の都市センター

ホテルで 2022 年新年交礼会を開催。会場には会員を中心に約 200 人が参集した。着席方式とし, 出席者を制限するなどコロナ対策を徹底し開催した。

冒頭, 高田会長は「ウィズコロナの中, 経済をどのように回していくかを勉強した一年だった。昨年各地の発注者と対面での意見交換会を実施し, 率直な議論を行った。我々橋建協は鋼橋技術を通じて社会に貢献をしていく」と所信を示した。

また協会活動の重点項目として「鋼橋成長力の強化」「鋼橋技術力の強化継承」「鋼橋メンテナンス事業の推進」を挙げた。近年, 会員企業の受注案件では, 新設橋梁の減少にともないメンテナンス事業の比率が上昇傾向にあるが, 現場管理の整備など業界としての課題も多い。高田会長は「持続的な公共事業の発展に向け全力で課題に取り組む」と述べた。

続いて来賓挨拶として参議院議員の佐藤信秋氏と足立敏之氏, 国土交通省の山田邦博事務次官と吉岡幹夫技監, 日本道路協会の菊川滋会長が橋建協活動への期待を示した。

山田事務次官は「近年の台風災害などで, あらためて橋梁インフラの重要性を認識している。DX の推進とともに生産性の向上が重要」, 吉岡技監は「国土強靭化のための 5 ヵ年計画ではメンテナンスが重要だと考えている。新設を上回る市場に育てていきたい」などと述べた。

橋建協, 高専生に橋梁業界を PR

日本橋梁建設協会（橋建協）は昨年 10 月, 香川高等専門学校高松キャンパス（香川県高松市）で, 同校建設環境工学科 3 年生 40 人を対象に「香川鋼橋高等専門学校」と題した特別プログラムを実施し, 橋梁業界のインフラとしての重要性やその魅力を伝えた。

当日は橋梁業界で働く専門家が橋

梁の魅力や，インフラを維持し守ることをテーマに講話が行われ，若手技術者の体験談の他，高専生が橋梁メンテナンスの現場で行われている錆の除去や亀裂の探査などを実際に体験した。

同プログラムは，橋建協と日本鋼構造物循環式ブラスト技術協会，日本非破壊検査工業会，ツタワルドボクが連携して実施する事業。2018年から全国各地の高等専門学校で同様の特別プログラムを開催し，今回が3回目，四国では初めての開催となった。

授業当日は，橋建協保全委員会幹事長の本間順氏（駒井ハルテック技術本部橋梁設計部長）が日本の公共工事における役割分担や鋼橋の施工事例を紹介した後，兵庫県南部地震や熊本地震による鋼橋の被害調査や修繕に関わった体験，設計開発，製作，架設の各部門の業務についても解説した。また橋梁メンテナンス体験実習としてブラスト技術を使い鉄板の錆の除去を体験した。受講した学生からは「今まで橋の建設と言っても，どんなことをしているのか分からなかったが，実際の仕事を学べてよかった」と感想があがった。このほか，鋼板の疲労亀裂のメカニズムや破壊検査装置を使っての実習を行った。

▲高専生が橋梁技術を学んだ

大陽日酸，シリンダーガスの価格改定

大陽日酸（永田研二社長）は12月21日，各種シリンダーガスの出荷価格を2022年2月出荷分より改定すると発表した。対象製品は一般シリンダーガス（カードル，LGC含む），特殊ガス（高純度ガス，標準ガス，混合ガス，半導体材料ガスの一部），溶解アセチレンガスとなっている。改定幅は一般シリンダーガスは現行出荷価格に対し平均20％の値上げ，特殊ガスは現行出荷価格に対し10～35％以上の値上げ，溶解アセチレンガスは現行出荷価格より1kgあたり300円以上の値上げとなっている。

改定理由は，各種シリンダーガスに関して鋼材価格の高騰によって容器や容器再検査に関わる附属品の価格上昇によるもの。さらに，エネルギーコストや電力価格の高騰に加え，溶解アセチレンガスはカーバイドメーカーによる原料の大幅値上げもあり，原材料費などの製造コストの上昇，働き方改革関連法対応や燃料費高騰に起因する輸送費上昇，製造設備のメンテナンスコスト上昇も改定理由にあげる。

はばたく中小300社決定

「はばたく中小企業・小規模事業者300社」が12月22日に発表。金属・表面処理関連では最新鋭溶断機を積極的に導入し女性が働きやすい職場環境を整備する溶接H形鋼製作の玉造（北海道札幌市）や独自のレーザ微細加工で工具を開発する内山刃物（浜松市中区）など22社が選ばれた。これは中小企業庁が，中小企業が抱える課題に対して，独自のアイデアや技術で解決し，成果を出した中小企業を選定しているもの。選定された300社の取り組み事例を情報発信することで，さらに多くの中小企業が革新的な製品開発・サービスの創造，地域経済活性化，国際競争力強化への取り組みが加速することを目的としている。

今回は，ITサービス導入や経営資源の有効活用などによる「生産性向上」，積極的な海外展開やインバウンド需要の取り込みによる「需要獲得」，働き方改革の推進や円滑な事業継承による「人材育成」の3分野で活躍する企業を選定した。溶接関係の選定企業は次の通り。

【生産性向上】池田熱処理工業（北海道札幌市，金属加工技術を活かし航空機産業へ挑戦）吉増製作所（東京・あきる野市，Nadcapを4分野保有）コンチネンタル（富山市，IT化で生産性向上）内山刃物（静岡県浜松市，独自のレーザ微細加工技術を高度化）アイエルテクノロジー（愛知県岡崎市，レーザで非接触・非破壊検査）シンニチ工業（愛知県豊川市，独自の溶接・塑性技術で大径薄肉パイプ製造）サノアック（愛知県刈谷市，ファイバーレーザ活用で複雑形状に応える）藤崎商会（広島市，スポット溶接で鉄筋交差箇所の作業を省力化）コスモツール（福岡県直方市，金型救急救命センターとして地域支える）岡部マイカ工業所（福岡県中間市，最新加工設備の積極導入で付加価値アップ）

【需要獲得】東洋機械（仙台市青葉区，ハイブリッド車両を開発）地建興業（愛知県刈谷市，SDGsビジネス支援事業で途上国にも目を向ける）トライエンジニアリング（名古屋市守山区，ロボットによるヘム加工システム開発）高橋金属（滋賀県長浜市，金属部品加工や環境などニッチ分野でトップ目指す）TONEZ（大阪市西淀川区，高い技術に支えられた熱処理加工）徳山興産（山口県周南市，ステンレスの特性を知り尽くした溶接・曲げ加工）

【人材育成】玉造（札幌市豊平区，最新鋭の溶断機を積極的に導入し，女性が働きやすい職場環境を整備）くだ屋技研（堺市美原区，高レベルの溶接要求に応える）オーツー（大阪府八尾市，自社ブランド展開の体制構築）ヒロメンテナンス商会（福岡県宗像市，デジタルと心で進める技術伝承）丸山ステンレス工業（熊本県山鹿市，手加工による研磨技術と溶接技術を融合）ホウザキ（大分市，鉄筋加工，スポット溶接，ユニット化によるプレハブ工程を独自に構築）

講演大会

（一社）日本溶接協会
レーザ加工シンポジウム
■日時／2022年2月24日
■会場／Zoomによるオンライン開催
■内容／レーザ加工の基礎・最近のトレンド，アディティブマニファクチャリング，短パルス・短波長レーザ加工，自動車車体など
■定員／120人
■参加費／会員15,000円，後援団体18,000円，一般20,000円
■問い合わせ先／日本溶接協会，電話03-5823-6324

（一社）日本機械学会
（一社）日本溶射学会共催
PDプロセス講演会
■日時／2022年3月8日
■会場／オンライン開催
■内容／レーザコーティング技術，サスペンションプラズマ溶射遮熱コーティングの耐熱サイクル特性
■参加費／無料
■申し込み先／日本溶射学会HPの入力フォーマット参照

－－－－－－－－－－－－－

（公社）日本金属学会
第170回講演大会
■日時／2022年3月15日—17日，22日（ポスターセッション・オンライン）
■会場／東京大学駒場キャンパス
■内容／学会賞記念講演，学術講演・材料科学，エネルギー関連材料の特性評価，金属表面の材料化学など
■参加費／事前申込（2月25日まで）会員10,000円，一般24,000円
■問い合わせ先／日本金属学会，電話022-223-3685

国際会議

国際溶射学会
ITSC2022
■日時／2022年5月4日—6日
■会場／オーストリア・ウィーン

内外行事リストは変更する場合もありますので，事前にお問い合わせください。

溶射の星

―第45話―

作・角野虎彦

サンポー溶射工場では全員集合で新年用HPの撮影を行っていた

チーズ！

パシャ

アハハ

わあ

きゃっ

きゃっ

パシャ

パシャ

やっぱ新年は華やかに晴れ着ゆうことやな

オレらはいつもこのスーツやな

オマエらが晴れ着やったらコントやで

そのスーツでも普段は着てませんゆう感じまる出しやないか

社長〜

それならいっそ社長とお揃いで紋付きとか

はっ、はっ、はっ

誰がモンキーやねん

アンタはカンペイちゃんか

唐突やけど各自本年の抱負を書いて30分以内に提出すること！

ワンフレーズで！

鶴見隆

30分！？

ゴメンねー
アンタらに
言うの忘れてた

唐突すぎです
高石さん！

メールでも
入れといて
もらわんと

あら私の
言うこと
聞けない？

ちなみに私は
経理担当の
責任者♡

毎月のお給料が
振り込まれるのは
私のおかげなのよ

あはははは

まさかの
人質！？

う〜〜ん

鶴見 隆

製造部 北

福島 哲朗

製造部 平野 嘉

気の利いたワン
フレーズを30分は
キツいスねェ

「あけまして
おめでとう」しか
思いつかへん

平野は今年
やりたい事とか
あるか？

そうです
ねェ・・・

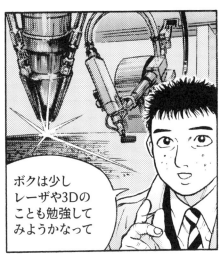

ボクは少し
レーザや3Dの
ことも勉強して
みようかなって

あれって
溶射なん
かなぁ？

もひとつ
ピンと
来ません

さっき
摂津さんが
言ってたん
です

時代は大きく
動こうとして
います！

溶射業界も
未来で闘う道を
模索せねば！

あらゆる分野の
技術を積極的に
取り入れるべき
なのです！

まぁアイツは
言うやろなぁ

冬でも
熱い

福島さんと
北さんは？

ん？

オレが3年目の
時に鶴見さんと
城東さんが
NEOマイスターに
選ばれたんや

メッチャ
憧れた
もんなぁ

オレもいつか
人から認められる
職人になりたい！

今も変わらぬ
目標や！

今年どうこうて
わけやないけど

オレは賞状
欲しいな！

その目標オレも
いただきや！

先輩やのに
北に頭
上がらんなんて
ゴメンやからな

鶴見さんは
どうです？

え？

溶射の日
4月28日

オレは
べつに
・・・・

目標とか
は・・・・

ただささっきの
摂津の話や
ないけど

オレら現場は
ちゃんと変化に
ついて行かな
あかんなぁて

けどひとりが
突っ走っても
ダメなんや

オレも遅れず
そして誰も遅れ
させずに

溶射はひとりで
できるもんや
ないからな

編集後記

◆ワクチン接種の普及とともに徐々に日常生活を取り戻しつつあった社会活動も、年明け早々から変異株のオミクロン株の急速な拡大や第6波の到来で、再び重苦しい雰囲気が漂っています。ただ今回は感染力が強いものの、重症度が低いことやこの2年間で培ってきたコロナ対策などが支えとなり、以前ほど動揺は少ないように思います。それでも油断は禁物。うがい手洗い、マスク着用。今できることを心がけましょう。

◆今年も新年会や賀詞会が無かったにも関わらず、時はあっという間に過ぎ去り気がつけば、もう2月。叶うなら「時を戻そう…」と言ってみたいものです（笑）。2月と言えば「節分」。今年は2月3日でした。『みんなが健康で幸せに過ごせますように』という意味を込め、「鬼は外、福はうち」と言いながら豆をまき、悪いものを追い出す日だそうです。さしずめ、今なら「コロナ・外。笑顔・うち」というところでしょうか。

◆本号で紹介した日本溶射学会・小川和洋会長と日本溶射工業会・立石豊会長の「溶射をもっと盛り上げよう！」「溶射の魅力を発信しよう！」という熱意や、地域を元気付ける村田ボーリング技研のサプライズ花火大会など、今年も溶射界に笑顔を招き入れるような話題で溢れますように（T）

次号予告

◇話題の溶射・コーティング技術を追って
◇ハイエントロピー合金と溶射

溶射技術

●定価 3,300円（本体 3,000円＋税10%）＋送料 310円
●年間予約購読料 13,200円

第41巻 第3号 2022年2月4日発行
編集発行人　久木田　裕

発　行　所　産報出版株式会社 ©
印　刷　所　株式会社ケーエスアイ

東京本社　〒101-0025 東京都千代田区神田佐久間町1-11（産報佐久間ビル）
電話 03（3258）6411（代表）　FAX 03（3258）6430　振替口座 00100-7-27544
関西支社　〒556-0016 大阪市浪速区元町2-8-9（難波ビル）
電話 06（6633）0720（代表）　FAX 06（6633）0840
ホームページアドレス（URL）https://www.sanpo-pub.co.jp

Website Pick Up !

広告掲載企業ホームページ一覧 (掲載ページ順)

企業名	URL
ユテクジャパン株式会社	www.eutectic.co.jp
エリコンジャパン株式会社	www.oerlikon.com/metco
株式会社シンコーメタリコン	www.shinco-metalicon.co.jp
倉敷ボーリング機工株式会社	www.kbknet.co.jp
株式会社澤村溶射センター	yosha.jp
株式会社アルミネ	www.almine.co.jp/
株式会社フジミインコーポレーテッド	www.fujimiinc.co.jp
三興物産株式会社	www.sanko-stellite.co.jp
大阪ウェルディング工業株式会社	www.osakawel.co.jp

Website Pick Up !　広告掲載企業ホームページ一覧（掲載ページ順）

福田金属箔粉工業株式会社	www.fukuda-kyoto.co.jp
厚地鉄工株式会社	www.atsuchi-ascon.co.jp
九溶技研株式会社／島津工業有限会社	www.tpajp.com
株式会社鳥谷溶接研究所	www.toritani.co.jp
村田ボーリング技研株式会社	www.murata-brg.co.jp
Elcometer 株式会社	www.elcometer.com/ja
山陽特殊製鋼株式会社	www.sanyo-steel.co.jp
中国メタリコン工業株式会社（広島市経済観光局 ひろしまの企業情報ページ）	www.hitec.city.hiroshima.jp/sj/level7/n401209001.html
コーケン・テクノ株式会社	www.coaken-techno.co.jp
トーカロ株式会社	www.tocalo.co.jp